矿井水

资源化利用和零排放处理技术与工程案例

郭中权 ◎编著

中国煤炭加工利用协会
北京泛地能源咨询中心
组织

中国石化出版社

图书在版编目（CIP）数据

矿井水资源化利用和零排放处理技术与工程案例 / 郭中权编著.
—北京：中国石化出版社, 2022.5
ISBN 978-7-5114-6668-6

Ⅰ.①矿… Ⅱ.①郭… Ⅲ.①煤矿—矿井水—废水综合利用②煤矿—矿井水—废水处理 Ⅳ.①X752.03
②TD743

中国版本图书馆CIP数据核字(2022)第066404号

中国石化出版社出版发行
地址:北京市朝阳区吉市口路9号
邮编:100020　电话:(010)59964500
发行部电话:(010)59964526
http://www.sinopec-press.com
E-mail:press@sinopec.com
北京力信诚印刷有限公司印刷
全国各地新华书店经销
*
787×1092毫米 16开本 13印张 300千字
2022年5月第1版　2022年5月第1次印刷
定价:160.00元

编 委 会

前言

“十四五”规划的大型煤炭基地覆盖了我国东、中、西部地区，山西、内蒙古、陕西、新疆等地区成为主要煤炭产区。煤炭资源的大规模、高强度开发，带来了生态破坏、环境污染等问题，特别是内蒙古、陕西、新疆、宁夏、山西及山东等大型煤炭基地，矿井水普遍呈现水量大、含盐量高的特征，对我国中西部生态环境脆弱地区，以及南水北调沿线带来了较大的环境影响，与人民群众持续增长的环保意识及国家环保要求、绿色矿山建设目标等存在较大矛盾。

矿井水是煤炭开采过程中产生的伴生水资源，其污染成分主要是以煤粉、岩粉为主的悬浮物和以硫酸钠、氯化钠、碳酸钠等为主的溶解性总固体。矿井水经过资源化处理与利用，出水作为非常规水资源，可以替代宝贵的地表与地下水资源，对于改善矿区水资源紧缺的局面，尤其对新疆、内蒙古、陕西、宁夏等新兴煤炭、化工基地的用水安全具有重要意义。

2020 年我国矿井水抽排量约为 71 亿 t，其中绝大部分为含悬浮物矿井水，约 30% 以上的矿井水溶解性总固体（TDS）或全盐量超过 1000mg/L，存在全盐量超标问题。目前针对矿井水全盐量超标的问题，国家及地方均出台了相应的要求，2020 年 10 月 30 日国家生态环境部会同国家发展和改革委员会、国家能源局联合发布《关于进一步加强煤炭资源开发环境影响评价管理的通知》〔(环环评 2020) 63 号〕，对今后一个时期我国矿井水处理与利用提出了具体要求。通知要求：矿井水应优先用于项目建设及生产，并鼓励多途径利用多余矿井水。可以利用的矿井水未得到合理、充分利用的，不得开采及使用其他地表水和地下水水源作为生产水源，并不得擅自外排。矿井水在充分利用后仍有剩余且确需外排的，经处理后拟外排的，除应符合相关法律法规政策外，其相关水质因子值还应满足或优于受纳水体环境功能区划规定的地表水环境质量对应值，全盐量不得超过 1000mg/L，且不得影响上下游相关河段水功能需求。

在此背景下，由中国煤炭加工利用协会煤化工环保专业委员会、北京泛地能源咨询中心牵头，中煤科工集团杭州研究院有限公司和中国矿业大学（北京）相关专家和学者编写了《矿井水资源化利用和零排放处理技术与工程案例》。

本书介绍了矿井水的来源与分类、相关政策与标准规范、常规处理技术与工艺、脱盐与资源化处理技术与工艺、零排放处理工艺与案例以及新技术展望等。

此书内容全面丰富，含有大量的工程实例，学术性与系统性强，可供环境工程、化学工程、水处理工程等领域的工程技术人员、科研人员和管理人员参考。

由于时间仓促，编者水平所限，本书难免存在错误与不足，恳请读者批评指正。

目 录

第1章 概 述

我国是一个干旱缺水严重的国家，全国的淡水资源总量为28000亿m^3，占全球水资源的6%，我国的人均水资源量只有2300m^3，仅为世界平均水平的1/4，是全球人均水资源最贫乏的国家之一。根据国家统计局和煤炭行业协会统计资料，2020年，我国原煤产量为39.03亿t，煤矿矿井涌水量约为71亿m^3，矿井水资源利用率约78.7%，而美国早在20世纪80年代初期，矿井水的利用率就达81%，与发达国家相比，我们还有一定的差距。节约水资源，进行矿井水资源化利用具有重要意义。

我国也是煤炭生产与消费大国，随着能源结构调整和去产能政策的实施，煤炭消费比例逐步降低，但以煤为主的能源资源禀赋和能源结构难以根本改变，煤炭资源开发与利用在今后相当长一段时间内仍是我国最主要的能源形式。近些年来，我国煤炭资源进行了高强度开发，大型煤炭基地覆盖了我国东、中、西部地区，内蒙古、山西、陕西、新疆等地区成为主要产煤区域。煤炭资源的大规模、高强度开发，带来了生态破坏、环境污染等问题，特别是内蒙古、陕西、新疆、宁夏、山西及山东等大型煤炭基地，矿井水普遍呈现水量大、含盐量高的特征，对我国中、西部生态环境脆弱地区，以及南水北调沿线带来了较大的环境影响，与人民群众持续增长的环保意识及国家环保要求、绿色矿山建设目标等存在较大矛盾。

党的十九大报告要求：“推进资源全面节约和循环利用，实施国家节水行动，推进绿色发展”，把建设美丽中国作为全面建设社会主义现代化强国的重大目标，生态文明建设和生态环境保护被提到前所未有的高度。国家能源局在2016年发布的《关于煤炭工业“十三五”节能环保与资源综合利用的指导意见》提出：“推动矿井水产业化，提高矿井水利用率；加强水资源节约、保护和循环高效利用”。水利部《关于非常规水源纳入水资源统一配置的指导意见》（水资源[2017]274号）指出：“将非常规水源纳入水资源统一配置，缓解水资源供需矛盾，提高区域水资源配置效率和利用效益”。在此背景下2020年10月30日生态环境部会同国家发展和改革委员会、国家能源局联合发布《关于进一步加强煤炭资源开发环境影响评价管理的通知（环环评2020）63号》，对今后一个时期我国矿井水处理与利用提出了具体要求。针对矿井水应当考虑主要污染因子及污染影响等特点，通过优化开采范围和开采方式，采取针对性处理措施等，从源头减少和有效防治高盐、酸性、高氟化物、放射性等矿井水。矿井水应优先用于项目建设及生产，并鼓励多途径利用多余矿井水。可以利用的矿井水未得到合理、充分利用的，不得开采及使用其他地表水和地下水水源作为生产水源，并不得擅自外排。矿井水在充分利用后仍有剩余且确需外排的，经处理后拟外排的，除应符合相关法律法规政策外，其相关水质因子值还应满足或优于受纳水体环境功能区划规定的地表水环境质量对应值，含盐量不得超过1000mg/L，且不得影响上下游相关河段水功能需求。

由此可见，做好煤矿矿井水资源化利用，特别是高盐矿井水的资源化利用和零排放处理，有效提升煤炭资源开发过程中的生态环境保护与恢复、污染防治和综合利用水平，从源头保护生态环境，减缓生态破坏与环境污染，对矿井水资源化利用与零排放处理，激发矿井水所蕴含的巨大环境和社会效益，努力追求“绿水青山就是金山银山”的矿区生态发展观，建设“绿色矿山”，既是国家的需要，也是未来一个时期煤炭行业需要重点解决的环保难题，对于我国煤炭行业健康、绿色发展以及国家能源安全都具有重要意义。

1.1 矿井水的来源及水质特征

1.1.1 矿井水的来源

矿井水的形成一般是由于巷道揭露和采空区塌陷波及水源所致，其水源主要是大气降水、地表水、断层水、含水层水和采空区水。

1. 大气降水

大气降水是矿井水的总根源，它除了一部分被蒸发和随河流流走以外，另一部分则沿岩石的孔隙和裂隙进入地下，或直接进入矿井。大气降水在不同地区、不同季节、不同开采深度对矿井水的影响也各不相同。在降雨量少的西北地区，矿井涌水量就小，在降雨量多的南方地区，矿井涌水量就大，即使在同一地区，由于大气降雨量随季节的变化，矿井涌水量也随着发生周期性变化，同时由于矿井开采深度不同，矿井涌水量也随之发生相应变化。一般而言，矿井涌水量随开采深度增加而增加，开采上山水平矿井涌水量较小，开采下山水平矿井涌水量较大。

2. 地表水

位于矿井附近或直接分布在矿井以上的地表水体，如河流、湖泊、水池、水库等，是矿井充水的重要因素，可直接或间接地通过岩石的孔隙、裂隙、岩溶等流入矿井，威胁矿井生产的安全。

3. 断层水

大量流入矿井的水往往和区域地质有关，断层破碎带是地下水的通道和聚积区，沿断层破碎带可沟通各个含水层，并与地表水发生水力联系，形成断层水。

断层水对矿井生产的影响，主要是由于巷道揭露或采掘活动破坏了围岩的隔水性能造成断层带的水涌入井下。其特点是静储量小，动储量大，与地表水高压强含水层沟通，对矿井生产造成巨大威胁，特别是在断层交叉处最容易发生透水事故。

4. 含水层水

含水层水是矿井主要的充水来源。多数情况下，大气降水与地表水先是补给含水层，然后再流入矿井。流入矿井的含水层水包括静储量和动储量。静储量就是巷道未揭露含水层前，实际赋存在含水层中的地下水，它的大小决定于含水层的厚度，岩石裂隙大小及多少。一般在矿井开采初期排出的矿井水主要是静储量，能在矿井排水中逐渐减少以至疏干。如果降水、地表水，包括其他水源不断流入含水层中，使含水层的水得到新的补充，虽然井下长期排水，但含水层中的水仍源源而来，不会中断，这些补给含水层的水量称为动储量。因此，属静储量的含水层水对矿井生产初期有一定影响，尔后逐渐减弱；属动储量的含水层水对矿井生产的影响将长期存在。

1.1.2 矿井水的分类与水质特征

1.1.2.1 矿井水的分类

习惯上将矿井水按污染物类型分为洁净矿井水、含悬浮物矿井水、高盐矿井水（又称高矿化度矿井水）、酸性矿井水和含特殊污染物矿井水5类。

1. 洁净矿井水

洁净矿井水是指悬浮物含量极低的矿井水，通常是煤矿开采过程中为了生产安全单独抽放的含水层疏干水。该类矿井水未被开采活动污染，悬浮物含量极低，浊度低，大多数情况pH值为中性，有毒有害元素少，基本符合国家《生活饮用水卫生标准》（GB 5749—2006），有的还含多种微量元素，可开发为矿泉水，对这类矿井水如果能在井下妥善截留、收集，通过独立排水管道排至地面，可按一般地下水稍加处理及消毒后直接作为生产、生活用水；对于全盐量高的洁净矿井水需增加脱盐处理工艺。

2. 含悬浮物矿井水

含悬浮物矿井水一般指以悬浮物为主要污染成分的矿井水，pH值通常为中性，矿井水中的悬浮物含量变化较大，低时悬浮物主要为煤粉微粒，其平均密度只是地表水中悬浮物（主要为泥沙）平均密度的一半左右，水中所含固体颗粒细，灰分高，颗粒表面多带负电荷。由于颗粒多带同号电荷，它们之间产生斥力阻止颗粒间彼此接近聚合成大颗粒而下沉；同时颗粒同周围水分子发生水化作用，形成水化膜，也阻止颗粒聚合，使颗粒在水中保持分散状态；此外，煤泥颗粒在水中还受颗粒的布朗运动的影响，颗粒界面间的相互作用，使得煤泥水性质复杂化，不但有悬浮物的特性，还有胶体的某些性质。

3. 高盐矿井水

高盐矿井水含盐量>1000mg/L，又称为高矿化度矿井水、含盐矿井水。据不完全统计，我国煤矿高盐矿井水的含盐量一般为1000~10000mg/L，大部分为1000~5000mg/L，少量矿井水超过10000mg/L。高盐矿井水水量约占我国北方重点煤矿矿井涌水量的60%以上，它主要含有SO_4^{2-}、Cl^-、Ca^{2+}、K^+、Na^+、HCO_3^-等离子，水质多数呈中性或偏碱，带苦涩味，少数为酸性。高盐矿井水不利于作物生长，长期饮用，将引起腹泻和消化不良。中国北方缺水煤矿的矿井水往往属于高矿化度矿井水。

矿井水中全盐量高的原因是多种因素形成的，主要是：

（1）被采煤层中含有大量碳酸盐矿物及硫酸盐类矿物，使矿井水中Ca^{2+}、Mg^{2+}、SO_4^{2-}、Cl^-等盐类离子增加。

（2）地区干旱，降水量小，蒸发量大，地下水补给不足，促使矿井水盐分浓缩。

（3）当开采高硫煤层时，因硫化物氧化产生游离酸，再同碳酸盐矿物、碱性物质发生反应，使矿井水中Ca^{2+}、Mg^{2+}、SO_4^{2-}、等离子增加。

（4）矿区处于沿海地带，海水浸入煤田。

4. 酸性矿井水

酸性矿井水是指 pH 值 <6. 0 的矿井水，一般 pH 值为 3~5. 5，少数矿区 <3，总酸度高。根据 pH 值，可将酸性矿井水分为强酸型（pH<3）和弱酸型（3≤pH≤6. 5）。根据所含重金属种类，酸性矿井水又可以分为一般酸性矿井水、高铁锰酸性矿井水和含其他重金属酸性矿井水。

矿井水呈酸性的主要原因是由于采煤活动使原来的还原环境变为氧化环境，与煤共生伴生的还原态硫铁矿被氧化成硫酸，pH 值下降。当煤系地层中的碱性矿物不足以中和酸性成分时，就形成酸性矿井水。酸性矿井水的形成与煤的赋存状态、含硫量、矿井的涌水量、密闭状态、空气流通状况以及微生物的种类和数量等有密切关系，酸性矿井水易溶解煤层中各类可溶性物质，加剧水质恶化，例如全盐量和有毒有害元素的增加。

5. 含特殊污染物矿井水

主要是指矿井水中氟、铁、锰、铜、锌、铅及铀、镭等微量元素或放射性元素超标的矿井水。

含氟矿井水主要是由于含氟地下水进入矿井水所形成；含铁、锰矿井水一般是在地下水还原条件下形成，多呈 Fe^{2+}、Mn^{2+} 的低价状态，有铁腥味，易变浑浊，可使地表水的溶解氧降低；含重金属矿井水主要有铜、锌、铅等；含放射性矿井水主要含有铀、镭等天然放射性核素及其衰变产物，其含量超过饮用水标准。含放射性矿井水主要由于矿区所在地土壤和岩石具有一定的放射水平，煤炭开采破坏了原有的岩石结构，岩石裂隙增多，地下水经过岩石裂隙到煤系地层，导致矿井水具有放射性。影响矿井水放射性水平的因素比较复杂，除主要受煤层和周围岩层原生放射性核素含量决定外，还受水文地质条件、地下水的酸度、水中络合离子含量、岩石结构及水力联系等因素的影响。

实际上矿井水的水质往往是复合型的。如既含悬浮物，又具有较高全盐量的含悬浮物型高盐矿井水；既含悬浮物，又具有酸性的含悬浮物型酸性矿井水等。

1. 1. 2. 2　矿井水的水质特征

矿井水具有地下水的特征，但由于受到采煤影响，具有显著的行业特点。矿井水的污染程度较其他工业废水轻，有机污染物较少，一般不含有毒物质，主要超标物有酸度、悬浮物、浊度、硬度、全盐量、硫酸盐、氟化物等。大部分矿井水比较浑浊，色度高；悬浮物颗粒直径小、相对密度较小、沉降速度较小；化学需氧量（COD）超标；个别矿井水中铁、锰及重金属离子超标。矿井水主要水质特征如下：

（1）洁净矿井水水质呈中性，浊度低，全盐量低，有毒有害元素含量很低，基本符合生活饮用水标准。

（2）含悬浮物矿井水的主要特点是粒径差异大、密度小、沉降速度慢。悬浮物含量通常为每升几十至几百毫克，最高每升可达上万毫克。由于有机物和无机物混合在一起，煤分子所含的憎水物质会随着煤化程度的提高而增多，因此很难与矾花结合，混凝沉降处理效果差。且含悬浮物矿井水中还含有大量的煤粉，通常矿井水呈现黑色，感观性差。

（3）高盐矿井水全盐量 >1000mg/L，一般为 1000~10000mg/L，大部分为 1000~5000mg/L，少量矿井水超过 10000mg/L，全盐量主要来自 K^{+}、Ca^{2+}、Na^{+}、Mg^{2+}、Cl^{-}、

SO_4^{2-} 等离子。

（4）一般酸性矿井水 pH<6. 0，总铁 <6. 0mg/L，总锰 <4. 0mg/L，其他重金属离子浓度均低于相关排放标准；高铁锰酸性矿井水 pH<6. 0，总铁 >6. 0mg/L，总锰 >4. 0mg/L，其他重金属离子浓度均低于相关排放标准。含其他重金属酸性矿井水 pH<6. 0，总铁 <6. 0mg/L，总锰 <4. 0mg/L，部分重金属离子浓度高于相关排放标准。

（5）特殊污染物矿井水主要是含有氟、铁、锰、铜、锌、铅及铀、镭等微量元素或放射性元素等物质。

1. 1. 3 矿井水排水量预测与矿井水水质评价

1. 1. 3. 1 矿井水排水量预测

1. 矿井水排水量预测的意义

预测是在掌握相关信息的基础上，运用哲学、社会学、经济学、统计学、数学、计算机、工程技术及经验分析等定性定量的方法，研究事物未来发展及其运行规律，并对各要素的变动趋势做出估计、描述和分析的一门学科。

矿井水排水量受降雨、河流、含水层等自然因素和煤矿开拓面积的扩大，水平的延伸等人为因素的影响，而且排水量时间序列是非线性的，所以，根据准确的调查资料，选用较高预测精度的数学模型，通过一定的计算方法对矿井水排水量进行预测具有非常重要的意义。

2. 预测方法分类

按预测方法的性质分类可以分为定性预测和定量预测。定性预测注重于事物发展在性质方面的预测，具有较大的灵活性，易受主观因素的影响，缺乏对事物发展在数量上的精确描述。例如预测某地区矿井水排水量在一定时间内的变化情况，定量预测注重于事物发展在数量方面的分析，更多地依据历史统计资料，较少受主观因素的影响；定性预测和定量预测并不是相互排斥，而是可以相互补充，在实际预测过程中应该把两者正确的结合起来使用。

按预测时是否考虑的时间因素可分为静态预测和动态预测。静态预测指不包含时间变动因素，对事物在同一时期的因果关系进行预测；动态预测指包含时间变动因素，根据事物发展的历史和现状，对其未来发展前景做出的预测。

按预测的长短可分为长期预测、中期预测、短期预测、近期预测。长期预测一般指 10 年以上，中期预测一般指 5~10 年，短期预测一般指 1~5 年，近期预测一般指 1 年以内。

3. 时间序列预测方法

时间序列预测方法，是根据系统有限的观测数据建立起能够比较精确地反映时间序列中所包含的动态依存关系的数学模型，并借助一定的规则根据该模型对系统的未来行为进行预测。基本的时间序列模型有如下四种：自回归模型（AR）、滑动平均模型（MA）、自回归滑动平均模型（ARMA）和累积式自回归滑动平均模型（ARIMA）。

一段历史时期的负荷资料组成的时间序列可以看成一个随机过程。某一时期的负荷与它过去的负荷有关，是在过去负荷基础上的随机波动，这种相关关系可以用自协方差函数和自相关函数来描述，时间序列方法正是通过研究这种相关关系来建立模型和进行预测的。一般可通过对原时间序列进行相关分析，即计算序列的均值自相关和偏相关函数来确定模型的类型。

1）自回归模型（AR）

自回归模型主要是应用有限项的过去观测值及现时干扰来确定模型的现时值。在自回归模型中当前负荷值 $Y(t)$ 可以由其有限过去值 $Y(t-1)$，$Y(t-2)$，…，的加权平均值和一个干扰量 $a(t)$ 来表示，即：

$$Y(t) = \Phi_1 Y(t-1) + \Phi_2 Y(t-2) + \ldots + \Phi_p Y(t-p) + a(t) \tag{1-1}$$

引入延迟算子 B 使得 $Y(t-1) = BY(t)$；则式（1-1）可以表示为：

$$\Phi(B)Y(t)=a(t) \tag{1-2}$$

式（1-2）中，

$$\Phi(B) = 1-\Phi_1 B_1-\Phi_2 B_2-\ldots-\Phi_p BP \tag{1-3}$$

2）滑动平均模型（MA）

滑动平均模型是利用现时干扰与过去干扰的有限项来确定模型的现时值。在滑动平均模型中，当前负荷值 $Y(t)$ 可以由其现时和以前的干扰项 $a(t)$，$a(t-1)$，… 来表示。即，

$$Y(t) = a(t)-\theta_1 a(t-1)-\theta_2 a(t-2)-\ldots-\theta_p a(t-p) \tag{1-4}$$

类似地如果引入 B 使得 $a(t-1)=Ba(t)$，则式（1-4）可以表示为：

$$Y(t)=\theta(B)a(t) \tag{1-5}$$

式（1-5）中，

$$\theta(B) = 1-\theta_1 B_1-\theta_2 B_2-\ldots-\theta_p BP \tag{1-6}$$

3）自回归滑动平均模型（ARMA）

将自回归模型和滑动平均模型相结合，就得到了自回归滑动平均模型。即，

$$Y(t) = \Phi_1 Y(t-1) + \Phi_2 Y(t-1) + \ldots + \Phi_p Y(t-\mathrm{p}) + a(t)-\theta_1 \mathrm{a}(t-1)- \theta_2 \mathrm{a}(t-2)-\ldots- \theta_p a(t-p) \tag{1-7}$$

根据前面关于 $\Phi(B)$ 和 $\theta(B)$ 的定义式（1-7）可以表示为：

$$\Phi(B)Y(t) = \theta(B)a(t) \tag{1-8}$$

4）累积式自回归滑动平均模型（ARIMA）

时间序列方法建立的模型必须满足平稳性条件和可逆性条件，不满足这两个条件的模型不能用来作为预测模型。前面介绍的 AR、MA、ARMA，描述的都是平稳随机过程，这意味着在所研究的过程中，无论取哪一段它的平均值应该是不变的；否则，研究的过程就是非平稳随机过程，对于非平稳随机过程，首先要从中分离出平稳随机过程因素，并把分离过程包含在最后模型中。

对于一个非平稳随机过程 $Y(t)$，引入差分算子 $\nabla =1-B$ 后，可使 $(1-B)\mathrm{d}Y(t)$ 序列成为一个平稳随机时间序列。

这样得到的平稳随机序列就可以描述为：

$$\Phi(B) \nabla \mathrm{d}Y(t) = \theta(B)a(t) \tag{1-9}$$

模型辨识后，利用原序列有关的样本数据对模型参数进行估计，之后可以用确定的模型进行负荷预测。对于通用的时间序列方法，虽然考虑了负荷的历史发展趋势，但无法顾及气候、日期特征等敏感因素对有功负荷的影响。

4. 灰色系统模型

1982年，中国学者邓聚龙教授创立的灰色系统理论，是一种研究少数据、贫信息不确定性问题的新方法。如果一个系统具有层次、结构关系的模糊性，动态变化的随机性，指标数据的不完备或不确定性，则称这些特性为灰色性；具有灰色性的系统称为灰色系统；对灰色系统建立的预测模型称为灰色模型（GM模型），它揭示了系统内部事物连续发展变化的过程。

灰色系统分析方法主要是根据具体灰色系统的行为特征数据，充分利用数量不多的数据和信息寻求相关因素自身与各因素之间的数学关系，即建立相应的数学模型。其建模过程为：

设 $\{X^{(0)}(t)\}$, t=1, 2, …, n，为原始数据序列，记 $X^{(0)}=\{X^{(0)}(1), X^{(0)}(2), \ldots, X^{(0)}(N)\}$

令

$$X^{(1)}(K)=\Sigma^{k}_{i=1}X^{(0)}(i) \quad k=1, 2, \ldots, n \tag{1-10}$$

则 $\{X^{(1)}(K)\}$ 即为 $\{X^{(0)}(t)\}$ 的一次累加生成序列。

根据灰色系统理论，对于一次累加生成序列 $\{X^{(1)}(K)\}, K = 1, 2, \ldots, N$，有微分方程：

$$\frac{\mathrm{d}X^{(1)}(t)}{\mathrm{d}t}+aX^{(1)}(t)=u \tag{1-11}$$

其白化值（灰区间中的一个可能的值），为 $\hat{a}=(a, u)^{\mathrm{T}}$。利用最小二乘法求解，得：

$$\hat{a}=(a, u)^{\mathrm{T}}=(B^{\mathrm{T}}B)^{-1}B^{\mathrm{T}}Y_n \tag{1-12}$$

其中，

$$B=\begin{bmatrix} -0.5[X^{(1)}(1)+X^{(1)}(2)] & 1 \\ -0.5[X^{(1)}(2)+X^{(1)}(3)] & 1 \\ \cdots & \cdots \\ -0.5[X^{(1)}(n-1)+X^{(1)}(n)] & 1 \end{bmatrix} \quad Y_N=\begin{bmatrix} X^{(0)}(2) \\ X^{(0)}(3) \\ \cdots \\ X^{(0)}(n) \end{bmatrix}$$

求出 $\hat{a}$ 后代入微分方程，得：

$$\hat{X}^{(1)}(k+1)=\{X^{(0)}(1)-u/a\}\, e^{-ak}+u/a \tag{1-13}$$

然后对 $\hat{X}^{(1)}(k+1)$ 进行一次累加生成，可得到还原数据：

$$\hat{X}^{(0)}(k+1)=\hat{X}^{(1)}(k+1)-\hat{X}^{(1)}(k)=(1-e^{a})\{X^{(0)}(1)-u/a\}\, e^{-ak} \quad (k=1, 2, \ldots, n) \tag{1-14}$$

式（1-14）即为灰色预测的基本模型。当 $k<n$ 时，称 $\hat{X}^{(0)}(k)$ 为模型模拟值；当 $k=n$ 时，称 $\hat{X}^{(0)}(k)$ 为模型滤波值；当 $k>n$ 时，称 $\hat{X}^{(0)}(k)$ 为模型预测值。

由于在残差预测模式中，检验数是根据前面的数据推算出来的，并依次递推地检验。每一检验值对模型来说都是后验值，因此也称为后验差检验。

设由 GM（1，1）模型得到：

$$X^{(0)}=\{X^{(0)}(1), X^{(0)}(2), \ldots, X^{(0)}(N)\} \tag{1-15}$$

计算残差：

$$e(k)=X^{(0)}(k)-\hat{X}^{(0)}(k),\ k=1, 2, 3\ldots, n \tag{1-16}$$

记原始数据值 $X^{(0)}$ 及其方差 S_1^2，S_2^2 则

$$S_1^2=\frac{1}{n}\Sigma_{k=1}^{n}(X^{(0)}(k)-\bar{X}^{(0)})^2 \tag{1-17}$$

$$S_2^2=\frac{1}{n}\Sigma_{k=1}^{n}(e(k)-\bar{e})^2 \tag{1-18}$$

式中：$\bar{X}^{(0)}=\frac{1}{n}\Sigma_{k=1}^{n}X^{(0)}(k)$；$\bar{e}=\frac{1}{n}\Sigma_{k=1}^{n}e(k)$ 然后，计算后检验指标：

后验差比值 $$C=S_2/S_1 \tag{1-19}$$

$$P=\{e(k)<0.6745S\} \tag{1-20}$$

P 称为小误差频率。指标 C 越小越好，C 越小表明尽管原始数据很离散，而模型所得计算值与实际值之差离散程度小。指标 P 越大越好，P 越大，表明残差和残差的平均值小于给定值 $0.6745S_1$ 的点较多，预报精度高。模型精度等级 =max{P 所在等级，C 所在等级}，表 1-1 列出了根据 C、P 取值的模型精度等级。

表 1-1　模型精度等级

模型精度等级	P	C
1 级（好）	$0.95 \leqslant P$	$C \leqslant 0.35$
2 级（合格）	$0.80 \leqslant P < 0.95$	$0.35 < C \leqslant 0.65$
3 级（勉强）	$0.70 \leqslant P < 0.80$	$0.50 < C \leqslant 0.65$
4 级（不合格）	$P < 0.7$	$0.65 < C$

5. 人工神经网络方法

在人工神经网络研究领域中，有代表性的网络模型已达数十种。随着应用研究的不断深入，新的模型也在不断推出。目前研究和应用最多的是四种基本模型，即 Hopfield 神经网络、多层感知器、自组织神经网络和概率神经网络及它们的改进模型。

人工神经网络可以用大量的统计数据做分析。在预测中应用最多的是带有隐层的 BP 神经网络。其思想是：根据 BP 网络可以记忆复杂的非线性输入输出映射关系的特性，我们可以选择适当的样本集来对其进行训练。利用在给定输入情况下，网络的实际输出和给定输出之间的误差来不断修改其权值，直至达到期望目标。以大量历史数据作样本训练过的网络，在达到一定的精度后，就可用于预测。

BP 网络模型的学习过程由正向和反向传播组成，正向传播输入样本的输入信息，反向传播传递误差及调整信息。在正向传播时，输入信息在神经元中均由 S 型激励函数激活后输出，S 型激励函数为：

$$f(x)=1/[1+\exp(-x)] \tag{1-21}$$

BP 网络的输入节点一般没有阈值，也没有激励函数，对输入节点的输入就直接等于输入节点的输出。隐层和输出层节点的阈值按权值处理。它们所采用的神经元模型为：

隐含层：$$O_j=f(\textstyle\sum_{(k=0)}^{n}W_{jk}\times O_k) \tag{1-22}$$

输出层：$$O_i=f(\textstyle\sum_{(j=0)}^{n}W_{ij}\times O_j) \tag{1-23}$$

其中，O_k 是上一层第 k 个节点的输出，（O_j 同理），O_i 是输出层第 i 个节点的输出。W_{jk} 是上一层第 j 个节点与本层第 k 个节点的联结权值（W_{ij} 同理）。$W_{i0}=\theta_i$，$W_{j0}=\theta_j$，即每一层的第一个权值是该层阈值。

通常的误差测度准则是平方误差最小，即能量函数为：

$$E=\frac{1}{2}\Sigma_{i=1}^{n}(Y_i-O_i) \tag{1-24}$$

网络的学习就是利用梯度搜索技术调整 W_{ij} 和 W_{jk}，使 E 趋于最小。

但由于该算法采用梯度搜索法，得不到全局最优解。可采用改进 *BP* 网络模型，

$$W_{ij}(n+1) = W_{ij}(n)+\eta o_i \delta_j+\alpha[W_{ij}(n)-W_{ij}(n-1)],\ 0 < a < 1 \tag{1-25}$$

为了加快收敛速度，采用学习速率自适应调整，使学习的时间缩短。

6. 支持向量回归机（SVR）

1995 年，Vapnik 等人提出以有限样本统计学习理论为基础支持向量机，支持向量机是建立在 VC 维理论和结构风险最小化原理基础上，根据有限的样本信息建立的模型可以获得最好的推广能力。

设训练样本集 $(x_i, y_i), i=1, 2, \cdots, n$

（1）线性回归。线性回归问题化为下面的优化问题。

$$\begin{aligned} &\min \frac{1}{2}\|\omega\|^2 \\ &\text{s. t. } |(\omega\cdot x_i) + b-y_i| \leqslant \varepsilon, i=1, \ldots, n \end{aligned} \tag{1-26}$$

另外，考虑到可能存在一定误差，因此引入两组松弛变量 $\zeta_i, \zeta^*_i, (i=1, \ldots, n)$ 和惩罚参数 C。于是，上述关系式可以修正为

$$\begin{aligned} &\min \frac{1}{2}\|\omega\|^2 + C\sum_i^1(\xi_i+\xi_i^*) \\ &\text{s. t. } (\omega \cdot x_i) + b-y_i \leqslant \zeta^*_i+\varepsilon(i = 1, \ldots, n) \\ &y_i-(\omega \cdot x_i)-b \leqslant \zeta^*_i+\varepsilon(i = 1, \ldots, n) \\ &\xi_i, \zeta^*_i \geqslant 0(i=1, \ldots, n) \end{aligned} \tag{1-27}$$

式中，第一项 $\|\omega\|$ 称为结构风险，代表模型的复杂程度，其作用使函数更为平坦，从而提高泛化能力；第二项称为经验风险，代表模型的误差；C 称为惩罚参数，用来调节结构风险和经验风险部分之间平衡。

建立 Lagrange 函数，并根据 KKT 条件求解，化简后，得到原约束问题的对偶问题是：

$$\min \frac{1}{2}\sum_{i,j=1}^{1}(\alpha_i^* - \alpha_i)(\alpha_j^* - \alpha_j)(x_i - x_j) + \varepsilon\sum_{i=1}^{1}(\alpha_i^* + \alpha_i) - \sum_{i=1}^{1}(\alpha_i^* - \alpha_i)$$

$$\text{s.t.} \sum_i^1(\alpha_i - \alpha_i^*) = 0$$

$$\text{s.t.} \sum_i^1(\alpha_i - \alpha_i^*) = 0$$

$$0 \leqslant \alpha_i \leqslant \mathrm{C};\ 0 \leqslant \alpha^*_i \leqslant \mathrm{C} \tag{1-28}$$

得到最优解 $\alpha=(\alpha_1, \alpha_1^*, \ldots, \alpha_i, \alpha_i^*)\ T$。

利用 α 解得 ω，计算 b。

最后回归决策函数为：

$$f(x)(\overline{\omega}x) + \overline{b} = \Sigma_{i=1}^{1}(\overline{\alpha_i^*} - \overline{\alpha_i})(x_i x) + \overline{b} \tag{1-29}$$

（2）非线性回归。当数据集不能实现线性回归时，将原数据集通过一非线性影射 $\varphi(x)$，影射到一高维特征空间，在高维特征空间中进行线性回归，则此时约束表达式为：

$$\min=\frac{1}{2}\sum_{i,j=1}^{1}(\alpha_i^*-\alpha_i)(\alpha_j^*-\alpha_j)(\varphi(x_i)\varphi(x_j))+\varepsilon\sum_{i=1}^{1}(\alpha_i^*+\alpha_i)-\sum_{i=1}^{1}y_i(\alpha_i^*-\alpha_i) \tag{1-30}$$

高维特征空间上的内积运算可定义核函数函数：$K(x_i, x_j)=\varphi(x_i)\varphi(x_j)$，只需对变量在原低维空间进行核函数运算即可得到其在高维空间上的内积：

$$\min=\frac{1}{2}\sum_{i,j=1}^{1}(\alpha_i^*-\alpha_i)(\alpha_j^*-\alpha_j)K(x_i,x_j)+\varepsilon\sum_{i=1}^{1}(\alpha_i^*+\alpha_i)-\sum_{i=1}^{1}y_i(\alpha_i^*-\alpha_i)$$

$$\text{s.t.}\sum_{i}^{1}(a_i-a_i^* *)=0$$

$$0\leqslant\alpha_i\leqslant C;\ 0\leqslant\alpha_i^*\leqslant C \tag{1-31}$$

得到最优解：

$$\bar{\alpha}=(\overline{\alpha_1},\overline{\alpha_1}^*,\cdots,\overline{\alpha_i},\overline{\alpha_i}^*)^{\mathrm{T}} \tag{1-32}$$

选择的正分量 $\alpha_j>0$，据此计算：

$$\bar{b}=y_i-\sum_{i=1}^{1}(\overline{\alpha_i^*}-\overline{\alpha_i})K(x_ix)+\varepsilon \tag{1-33}$$

最后回归决策函数为：

$$f(x)=\sum_{i=1}^{1}(\overline{\alpha_i^*}-\overline{\alpha_i})K(x_ix)+\bar{b} \tag{1-34}$$

支持向量机网络模型见图 1-1 支持向量机网络模型：

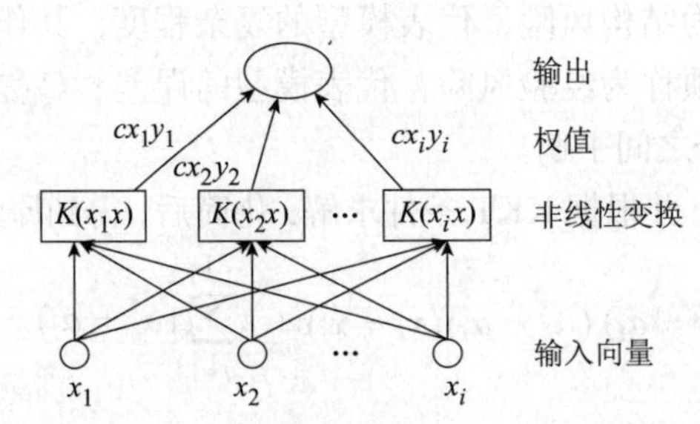

图 1-1　支持向量机网络模型

7. 各种预测方法优缺点

矿井水排水量预测是一件困难的工作。受降雨、河流、含水层等自然因素和煤矿开拓面积的扩大、水平延伸等人为因素的影响，矿井水年排水量时间序列是非线性的，因此，时间序列预测方法往往不能满足预测要求，需要考虑非线性预测方法。

采用灰色系统模型具有如下优势：①不需要大量样本；②样本不需要有规律性分布；③计算工作量小；④定量分析结果与定性分析结果不会不一致；⑤可用于 Recent、短期、中长期预测；⑥灰色预测准确度高。但它只适用于呈近似指数增长规律的数据序列，而且求解参数的算法也有一些缺陷，所以，对于受多因素影响的复杂矿井水排水量预测问题，灰色预测方法显得比较吃力。

人工神经网络预测模型可以将传统显式函数的自变量和因变量作为网络的输入和输出，将传统的函数关系转化为高维的非线性映射，再通过神经网络强大的学习能力把样本中所隐含的规律分布在神经网络各层的连接权上。正是由于人工神经网络强大的非线性映射能力，使其在矿井水排水量预测中得到较高的预测精度和良好的预测效果。

支持向量机预测模型，适合处理小样本、非线性问题，与神经网络和灰色理论预测结果进行比较，说明其预测精度更高，而且随着训练样本数量的增加，其精度会进一步提高，这些显示了支持向量机有神经网络和灰色理论无法比拟的优点，也为矿井水排水量的预测提供一条新的可行之路。

1.1.3.2 矿井水水质评价

1. 矿井水水质评价的意义

矿井水水质评价指按照评价目标，选择相应的水质参数、水质标准和评价方法，对水体的质量利用价值及水的处理要求作出评定。依据矿井水特点及其水质标准，选择合适的矿井水评价方法，对矿井水水质进行评价，对于合理开发利用和保护矿井水资源具有重要意义。

2. 矿井水水质评价的方法

1）单因子评价法

单因子评价法是我国《地表水环境质量标准》（GB 3838—2002）中规定的评价方法，即以水质最差的单项指标所属的类别来确定水体综合水质类别。其方法是用水体各监测指标的监测结果对照该指标的分类标准，确定该指标的水质类别，被评价水体的水质类别由最差的水质类别决定。

2）水污染指数法

水污染指数法基于单因子评价法的评价原则，依据水质类别与WPI值对应表（表1-2），应用内插方法计算出某一断面每个参与水质评价指标的WPI值，选取最高的WPI值作为该断面的WPI值。

表1-2 水质类别与WPI值对应表

水质类别	Ⅰ类	Ⅱ类	Ⅲ类	Ⅳ类	Ⅴ类	劣Ⅴ类
WPI值	20	20~40	40~60	60~80	80~100	>100

Ⅰ～Ⅴ类水质限值时WPI值计算方法：

$$\mathrm{WPI}(i)=\mathrm{WPI}_{\mathrm{l}}(i)+\frac{\mathrm{WPI}_{\mathrm{h}}(i)-\mathrm{WPI}_{\mathrm{l}}(i)}{C_{\mathrm{h}}(i)-C_{\mathrm{l}}(i)}\times[C(i)-C_{\mathrm{l}}(i)] \tag{1-35}$$

式中，$C(i)$为第i个评价指标的监测浓度值；$C_{\mathrm{l}}(i)$为第i个评价指标所在类别标准的下限浓度值；$C_{\mathrm{h}}(i)$为第i个评价指标所在类别标准的上限浓度值；$\mathrm{WPI}_{\mathrm{l}}(i)$为第$i$个评价指标所在类别标准下限浓度值所对应的指数值；$\mathrm{WPI}_{\mathrm{h}}(i)$为第$i$个评价指标所在类别标准上限浓度值所对应的指数值；$\mathrm{WPI}(i)$为第$i$个评价指标所对应的指数值。

超过Ⅴ类水质限值时WPI值计算方法：

$$\mathrm{WPI}(i)=100+\frac{C(i)-C_{1}(i)}{C_{5}(i)}\times 40 \tag{1-36}$$

式中：$C_5(i)$为第i个评价指标的Ⅴ类标准限值。

3）综合水质标识指数法

综合水质标识指数法是由徐祖信等人于2005年在单因子水质标识指数法的基础上，提出的一种全新的综合水质评价方法。综合水质标识指数总体上包括两部分：一是综合

水质指数 X_1 和 X_2，由计算获得；二是标识码 X_3 和 X_4，在求得综合水质指数的基础上，通过判断获得，其结构为：

$$WQI=X_1X_2X_3X_4 \tag{1-37}$$

式中：X_1 为水体总体的水质类别；X_2 为水质在 X_1 类水质变化区间内所处的位置，从而实现在同类水质中进行优劣比较；X_3 为在参与水质评价的评价因子中，劣于水环境功能区目标的单项指标个数；X_4 为水质类别与水体功能区类别的比较结果。

综合水质标识指数的核心是 X_1 和 X_2 的计算，即根据监测数据确定水体的综合水质类别，并确定水质在该类别变化区间中的位置。

4）综合污染指数法

综合污染指数法是对各污染指标的相对污染指数进行统计，从而得出代表水体污染程度的数值。该方法用以确定污染程度和主要污染物，并对水污染状况进行综合判断。在一般情况下综合污染指数评价方法的应用，是假设各参与评价因子对水质的贡献基本相同，采用各评价因子标准指数加和的算术平均值进行计算。

5）内梅罗指数法

内梅罗指数法由美国叙拉古大学内梅罗（N. L. Nemerow）教授于 1974 年在其所著的《河流污染科学分析》一书中提出的一种水污染指数，是一种兼顾极值或称突出最大值的计权型多因子环境质量指数。

1.2 各类矿井水处理现状和存在问题

我国矿山开采 90% 以上为地下开采，矿山开采期间，必须将大量的矿井水从井下排出，以保障作业人员安全。在煤矿开采过程中所带来的矿井水污染问题是难以避免的，矿井水的直接排出不仅造成了水资源的流失，而且也会污染矿区的水环境。我国矿井水处理技术取得了长足的进步，随着国家对排放要求的提高，矿井水处理技术还有很大发展空间。

洁净矿井水水质一般是良好的，只需要进行消毒处理即可利用。通常洁净矿井水可直接回用于工业、农业等用途。以下主要对含悬浮物矿井水、高盐矿井水、酸性矿井水和含特殊污染物矿井水的处理现状及存在问题进行分析。

1.2.1 含悬浮物矿井水处理现状及存在问题

我国矿井水大多属于含悬浮物矿井水，而其他类型矿井水也都含有一定数量的悬浮物，其中悬浮物含量低于 300mg/L 的矿井水约占我国矿井水总量的 80%，悬浮物含量高于 500mg/L 的矿井水占比也超过 10%；含悬浮物矿井水水质呈中性，外观多为灰黑色，悬浮物含量高。

目前，含悬浮物矿井水处理工艺比较成熟，采用常规的混凝、沉淀、过滤、消毒等工艺，可有效去除矿井水中的悬浮物和胶体物质，能够满足国家及行业相关污染物排放标准要求；近年来含悬浮物矿井水中较高的溶解性盐类导致矿井水外排无法满足相关环境质量标准或对全盐量的要求。

水处理中最重要环节是混凝处理，选用混凝剂的原则是产生大、重、强的矾花，净水效果好，对水质没有不良影响。常规混凝剂和助凝剂多为聚合硫酸铁和聚合氯化铝铁类产品，易于购买和获取，且具有较高的去浊率。

混凝之后需要进行沉淀处理斜板（斜管）沉淀池工艺发展较早，通过增加斜板（斜管）降低雷诺数 Re，减少水的紊动，从而促进沉淀。图 1–2 为典型的斜板（斜管）去除矿井水悬浮物的工艺流程。

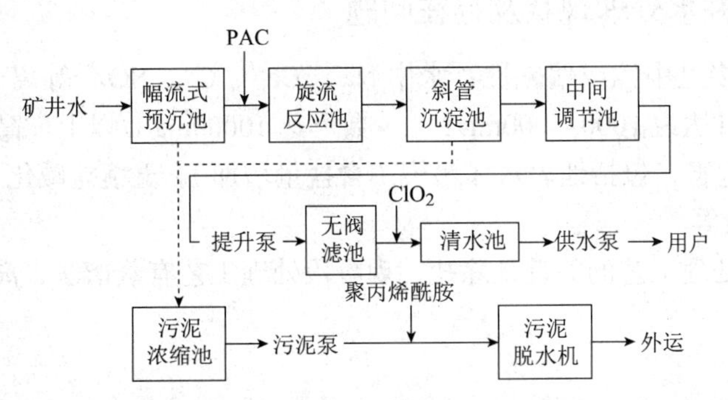

图 1–2 斜板（斜管）沉淀工艺脱除矿井水悬浮物工艺流程

斜板（斜管）沉淀工艺具有运行稳定、处理效果好、抗冲击负荷能力强、运行费用低等优点；同时也存在占地面积大，建设周期长等不足。

高效旋流工艺是将含悬浮物的矿井水进入旋流器高速旋转，在离心力和重力的作用下，不同粒度的颗粒被甩向不同位置，细小颗粒从上面溢流，较大的矿物颗粒在下部沉积。高效旋流一体净化工艺流程图如图 1–3 所示。

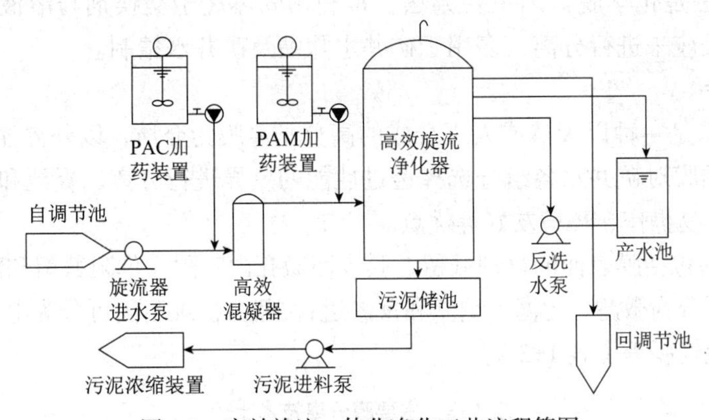

图 1-3 高效旋流一体化净化工艺流程简图

高效旋流工艺具有占地面积小、建设周期短等优点；同时也存在耐久性不强、抗冲击负荷能力弱、排泥浓度低、运行成本高等不足。

磁絮凝的工作原理是通过向矿井水中添加磁种介质与微磁絮凝药剂，使得矿井水中悬浮物同磁种介质相互凝结在一起，产生具备磁性的絮团，然后通过磁分离设备的高强度磁场，在强磁场力的作用下对絮团进行快速分离。图 1–4 为磁絮凝与磁分离工艺流程。

磁分离工艺具有设备占地面积小、处理水量大、煤泥含水率低、水力停留时间短等优点；同时也存在出水 SS 高、药剂用量大、吨水电耗高等不足。

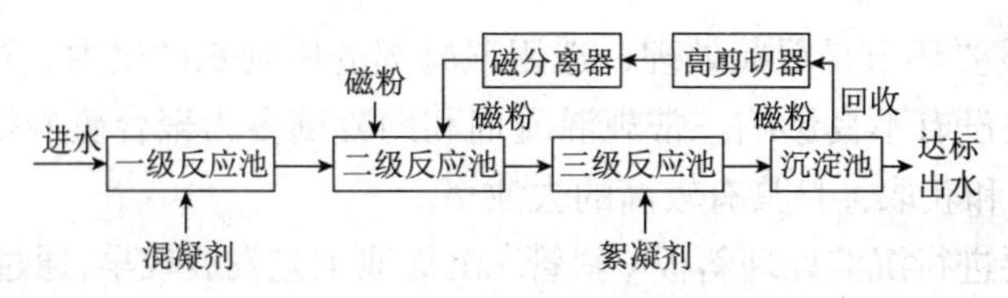

图 1-4　磁絮凝与磁分离工艺流程

1.2.2　高盐矿井水处理现状及存在问题

高盐矿井水多呈中性或偏碱性，水中 Na^+、Ca^{2+}、Cl^-、SO_4^{2-} 等离子质量浓度较高，硬度大，全盐量可达为 1000~5000mg/L，少数可达 10000mg/L 以上。高盐矿井水直排会给生态环境带来危害，包括地表水体污染（含盐量增加）、土壤盐碱化、地表植被减少、浅地表地下水污染等。

高盐矿井水处理工艺的关键是除盐，现阶段处理工艺有蒸馏法、离子交换法和膜分离法等。

1. 蒸馏法

热力法中的蒸馏法是以消耗热能进行脱盐淡化的有效方法，一般适合于含盐量 >4000mg/L 的高盐矿井水。此法需要消耗大量热能，在煤矿区可利用煤矸石和低热值煤作燃料，从而降低了成本。目前多采用低温多效蒸发、多级闪蒸等方法，即使热量经济利用，又避免了严重的结垢现象。其优点是运营寿命长、预处理要求低、可操作性强、回收率高；缺点是热表面易结垢、能耗高、设备重、需具备防腐防蚀能力等。

2. 离子交换法

离子交换法是化学脱盐的主要方法，是利用固体离子交换剂与溶液中的离子之间所发生的交换反应来进行分离，多用于矿井水除硬及矿井水精制。

3. 膜分离法

膜分离技术是一种以天然或人工合成的高分子薄膜为介质，以外界能量或化学位差为推动力，利用膜对矿井水各组分选择透过性能的差异进行分离、提纯和浓缩；具有效率高、能耗低、易操作、环境友好等优点。

膜分离机理包括膜表面的物理截留、膜表面微孔内吸附、位阻截留和静电排斥截留。按膜孔径大小可分为微滤、超滤、纳滤和反渗透；按截留机理不同可分为电渗析、反渗透、电驱离子膜和脱气膜等（表 1-3）。

表 1-3　主要膜分离技术比较

膜名称	膜孔径 /nm	膜去除物	膜驱动力
微滤	100	分离大胶体、大颗粒，纯化含有微粒、细菌的溶液	机械压力
超滤	10	提浓含大分子、胶体、细菌、病毒等溶液	机械压力
纳滤	1	降低部分硬度、去除小分子有机物	机械压力
反渗透	0.1	降低电导率、去除盐分	机械压力
电驱动离子交换膜	—	盐分	直流电场
脱气膜	—	气体	—

微滤、超滤膜孔径较大，适合去除直径 10nm 以上的细菌、病毒等大分子物质，可

用于高盐矿井水处理过程中的预处理单元。电渗析也被应用于高盐矿井水处理，常存在电耗大、处理成本高、回收率低等问题，目前逐渐被主流的反渗透膜分离技术替代。反渗透膜分离技术中膜易遭受污染、堵塞、腐蚀，当矿井水中含盐量>6000mg/L时，对脱盐率影响较大。目前国内神华宁煤清水营煤矿、兖矿东滩煤矿、山西汾西曙光煤矿、山西平朔井工一矿、河北范各庄煤矿、神华宁夏灵新煤矿等矿井，以高盐矿井水利用为目的的反渗透处理系统回收率为60%~75%，脱盐率>98%~99. 3%，每吨处理成本1. 6~3. 0元，出水可达到饮用水标准，但是对反渗透浓水，目前国内外都缺少低成本的处理方法，是高盐矿井水处理的难题。

1. 2. 3 酸性矿井水处理现状及存在问题

在煤矿开采过程中，如果遇到大量的高硫煤层，多会产生酸性矿井水。我国酸性矿井水主要分布在贵州、江西等南方省份，其他省份如宁夏等亦有分布。目前，酸性矿井水的处理方法主要有以下几类。

1. 化学中和法

通过投加石灰石、石灰等碱性物质对酸性矿井水进行中和，该方法也是目前应用最广泛的方法。化学中和法会产生大量的污泥，会加重后续污泥处理的难度，且容易形成二次污染，最大的好处是处理方法简单，运行控制简单。

2. 生物处理法

通过硫酸盐还原菌新陈代谢，将硫酸盐还原，并生成碱度，中和酸性矿井水，但是需要投加大量碳源，药剂量消耗大。

3. 湿地生态工程处理法

湿地生态工程处理法是利用湿地中的吸附材料对酸性矿井水进行处理，常见的低成本吸附剂包括天然吸附材料，如贝壳粉、生物炭及黏土吸附材料等。新西兰学者自2006年起开始用当地资源禀赋丰富的废贻贝壳处理酸性矿井水，贻贝壳碳酸钙含量高达90%~95%，处理效果整体优于灰岩，具备步骤简单、可持续性强、效率高等优点。美国学者在2011年利用活性污泥生物质的吸附特性和城市污水的碱性联合处理酸性矿井水，中和并去除金属元素。工业生产副产品、城市建筑垃圾，如废弃混凝土等；农业废弃物，如植物堆肥等吸附材料，对酸性矿井水中的有害组分均具有较理想的吸附效果，并且来源广泛、价格低廉，部分吸附剂本身就是废弃物，因此根据地区情况就地取材将其作为吸附剂，对酸性矿井水进行净化不但可以保护环境，还能够降低后续处理费用，但需要避免其可能诱发的二次污染问题。该法能够节省投资、减少运行费用，易于管理等，且此方法发展迅速，引起人们的广泛关注。

1. 2. 4 含特殊污染物矿井水处理现状及存在问题

含特殊污染物矿井水主要是指含有微量元素或放射性元素氟、铁、锰、铜、锌、铅及铀、镭等特殊污染物的矿井水；如含放射性矿井水、含高氟矿井水、重金属矿井水等。

1. 含放射性矿井水

含放射性矿井水因含来自铀、钍、镭等天然放射性元素的总α、β放射性超标而称为含放射性矿井水，受煤层中天然放射性元素的赋存和衰变产物的影响，各个矿区普遍存在。去除矿井水中的放射性元素，可采用反渗透、电渗析、离子交换法、石灰软化、活性材料吸附法等。较常用的处理方法是化学沉淀法和吸附法。德国利用水动力学和自然衰减特征预测放射性的污染物逐年减少，从而制定相关补救和后处理措施。

2. 含氟矿井水

去除矿井水中的氟，一般采用混凝沉淀法、吸附过滤法、离子交换法、膜分离法处理技术。混凝沉淀法常用的药剂包括铝盐（硫酸铝、氯化铝等）、铝酸钠等。吸附过滤法常用的过滤介质包括活性氧化铝、活性炭、氢氧化铝、磷酸三钙等。膜分离法常用的方法包括电渗析、反渗透等。含氟矿井水是当前矿井水处理面临的难题之一。

3. 含重金属矿井水

含重金属矿井水多和酸性矿井水共生。矿井水在酸性条件下能够溶解，累积大量矿床中的重金属元素（Mn、Cd、Cr、Cu、As、Zn、Pb 等），使其含量超标。去除矿井水中的重金属，可采用化学沉淀法、离子交换法、活性炭吸附法、反渗透法、电渗析法、蒸发浓缩法等处理技术。现阶段重金属矿井水处理的常用方法是絮凝沉淀法和离子交换法。

含特殊污染物矿井水因其成分的特殊性导致处理难度大、污染威胁严重、毒性明显，对当地生态环境恢复和矿井水的资源化利用造成极大障碍。目前针对含特殊污染物矿井水处理工艺的研究仍在探索和尝试中，寻求效率高、成本低、次生污染少的处理方法仍是矿井水处理研究的重点之一。

1.3 我国矿井水资源化利用总体规划

1.3.1 矿井水利用存在的主要问题

我国目前进行矿井水资源化利用的过程中取得了显著进步，但仍存在较多问题，主要有：

1. 资源化利用矿井水认识不到位

采矿活动本身要求把能进入井巷或威胁井巷的水有效地从采场周围疏干，因而需要排出大量的矿井水，它是采矿过程中不可避免产生的伴生物。长期以来，抽排矿井水对改善井下采矿环境、保证安全生产起着十分重要的作用。但矿井水作为地下水的一部分，是一种数量有限与其他环境要素关系密切的资源，若对其长期无节制地疏干排放，则可能会导致该区域水资源枯竭、诱发岩溶地面塌陷、地面沉降、影响环境效益等一系列环境问题。长期以来我们未把矿井水资源化利用融入矿区发展循环经济、保护生态环境、实施可持续发展战略中，仅注重煤炭开采而忽视伴生资源的合理开发和利用。

2. 矿井水利用政策支持和激励机制不到位

我国对于合理利用水资源、提高水资源利用率很重视，为缓解我国水资源短缺问题采取了一系列相关措施，但至今尚未对矿井水资源化利用提供相关法律法规的规范和引导。目前企业完全是在市场经济条件下运作矿井水资源的利用，而且受到诸多因素的制约：①矿井水利用未纳入地方供水计划，不允许矿区对外供水，企业自身用水也受到一定的限制，影响了企业的发展；②若利用矿井水，就得缴纳水资源费。上述管理政策与措施使得企业利用矿井水时左右为难，也因此影响了企业利用矿井水的积极性。

3. 矿井水处理投入高，效益不明显

建设矿井水利用工程需要投入大量资金，小规模矿井水利用工程则使其综合成本过高，对于企业来说既不能获得相应的经济效益，对环境的效益值也不高。矿井水利用是解决矿区水资源环境问题的重要措施，目前已经具备一个发展基础。随着矿井水资源化利用的市场需求不断扩大，利用规模不断增加，矿井水利用成本逐渐降低，经济效益将会进一步提高，这为煤矿企业大规模利用矿井水提供了有利的市场环境。

4. 矿井水处理技术需进一步提高

部分采矿企业仍旧沿用落后的矿井水处理设备和工艺。没有根据本地域矿井水的水质特点进行处理，甚至照搬地表水厂的，处理工艺，导致矿井水出水水质达不到初期设计要求。矿井水处理站自动化程度不高，投药量不易控制，工人劳动强度大，直接影响矿井水处理效果。矿井水处理应增加科技投入，针对矿井水中严重污染的因子，经初级处理后仍会有一些无机盐类、金属和有毒物质超标，达不到生活饮用水、工业用水、景观环境用水及农田灌溉用水标准，亟须深入细致研究电渗析、反渗透、离子交换、蒸馏法、生物脱硝等高级处理单元，提高矿井水处理技术，增加矿井水资源综合利用率。

1.3.2 矿井水利用面临的形势和任务

矿井水作为一种宝贵的自然资源，在非常规水资源中占有重要的地位，是我国社会进步、经济发展、居民生活以及生态环境建设的一个重要因素。通过对矿井水资源化利用，能够产生良好的经济效益、社会效益和环境效益。矿井水经过处理后作为二次水资源用于农业灌溉、煤矿生产和居民生活，具有水量稳定、水源可靠等优点；实现矿井水资源化能够在一定程度上缓解水资源紧张问题，能够改善矿区环境；实现矿井水资源化，有助于缓解地下水位下降，对维护地下水的良性循环具有积极作用。

针对矿井水资源化利用，需要因地制宜选择合适的矿井水处理技术和利用方向，加强对新技术的研究工作，提高技术装备水平，向低成本、高成效方向发展，同时需要国家加大政策支持，充分发挥行业协会力量，倡导企业加大投资力度，使矿井水资源化利用进一步规模化、产业化。

实现矿井水资源化，为子孙后代留下碧水，对重建矿区优美的生态环境，实现矿区环境、经济和社会的和谐、稳定、持续发展，具有重要的现实意义和深远的历史意义。

1.3.3 矿井水利用发展重点

1. 高盐矿井水处理与利用

以煤炭为主的能源供应格局很长一段时期都难以改变，我国“十四五”规划的 14 个大型煤炭基地，大多位于北部、西北部等水资源稀缺、地表径流量小、生态脆弱地区。煤矿矿井水如果不经过处理直接外排会对环境造成严重破坏，尤其是高盐矿井水无法直接利用，外排会造成植物枯萎、土地盐碱化，带来灾难性的环境后果。将矿井水尤其是高盐矿井水进行脱盐处理，既可以获得大量优质的水资源，满足当地生产、生活用水需要，又可以保护生态、改善地区水环境质量，实现矿区煤炭与水资源共采，促进地方经济与生态环境和谐有序发展，可谓一举多得。

对此国家及地方政府已经形成高度共识，生态环境部联合国家发展和改革委员会、国家能源局共同印发《关于进一步加强煤炭资源开发环境影响评价管理的通知》（环环评63号）要求，矿井水在充分利用后仍有剩余且确需外排的，经处理后拟外排的，除应符合相关法律法规政策外，其相关水质因子值还应满足或优于受纳水体环境功能区划规定的地表水环境质量对应值，含盐量不得超过1000mg/L，且不得影响上下游相关河段水功能需求，进一步明确了矿井水处理、利用、排放的要求。内蒙古、宁夏、新疆等地普遍要求所有煤矿矿井水处理后达到生活饮用水标准或者地表水质量标准三类要求，并且全盐量≤1000mg/L后才能够排放；山东省专门制定了地方标准《流域水污染物综合排放标准第1部分：南四湖东平湖流域》要求南水北调东线流域内排放矿井水达到全盐量≤1600mgL、硫酸根≤650mgL。

可见在未来很长一段时期，高盐矿井水处理与利用都是煤炭行业的重点任务。

2. 关闭煤矿矿井水处理与利用

随着国家能源战略调整，大型煤炭基地向北部、西北部集中，我国南方及东北、华东地区关闭煤矿越来越多，这些关闭煤矿的采空区会被矿井水逐渐充满。一方面大量优质水资源滞留在采空区无法利用，影响了地下水径流；另一方面矿井水充满采空区后会溢流出地面，尤其是南方浅埋煤矿，这部分关闭煤矿的矿井水属于酸性、含铁锰等特殊污染物矿井水，不经处理会严重危害地表水系。

针对我国南方及东北、华北地区关闭煤矿矿井水及矿坑水特点，结合国外对废弃煤矿水资源利用的经验，采用资源化、生态化方式建立关闭煤矿矿井水资源化、无害化处理与利用模式显得尤为必要。

3. 严重缺水矿区的矿井水利用

我国西北、华北、华东一些矿区缺水严重，生产、生活用水非常紧张，东北、中南、西南一些矿区也因为水质问题，生产、生活用水困难。对这些矿区，矿井水处理利用的重点是为当地居民生活供水，以缓解目前生活用水困难的状况，提高矿区居民生活质量。

1.3.4 矿井水利用的建议与对策

1. 将矿井水作为资源统一配置

矿井水是矿产开采过程中产生的地下涌水，属于非常规水资源，相对于常规水资源，矿井水资源量小且难以利用，主要由矿产部门管理利用，基本没有纳入区域水资源系统进行统一配置利用，严重影响了矿井水资源的利用效率。因此，需要加强部门之间的协调，将矿井水作为资源统一配置，提高综合利用效率。

2. 出台鼓励政策，从低征收水资源税

制定矿井水资源利用企业的水资源税减免政策，对矿井水资源利用的企业可按标准从低征收水资源税，降低矿井水资源的利用成本，鼓励企业利用矿井水资源。

3. 政府制定相关考核制度

将矿井水资源的利用纳入企业考核指标，促使企业提高矿井水资源的利用率，必要时给予企业一定奖励或税收优惠。

4. 制定相关标准规范

研究建立矿井水资源利用的相关标准体系，规范矿井水资源利用工程设计和生产工艺过程，建立矿井水资源利用的工艺生产、过程控制及质量标准体系，使矿井水资源利用规范有序。

5. 充分发挥行业协会作用

搭建矿井水资源利用的技术交流与协调配合平台，加强矿井水资源利用技术指导、信息服务和经验交流，促进矿井水资源利用的产业发展和技术装备升级，让企业知道矿井水“怎么用、如何用”。

第 2 章　矿井水相关政策与标准

2.1　矿井水相关政策

我国的煤炭资源与水资源分布呈逆向分布，富煤地区往往是水资源匮乏的生态环境脆弱区。在煤炭开采过程中，采煤层及开拓巷道附近的地下水及少部分地表水经岩层裂隙渗入巷道形成矿井水，未经处理矿井水的大量外排不仅对地表水、地下水和土壤环境造成了严重的环境污染，还造成了水资源的严重浪费，这与中央推行的生态文明和黄河保护要求相违背。党的十九大对生态文明建设和生态环境保护提出了一系列新理念、新要求、新目标、新部署，为提升生态文明、建设美丽中国指明了前进方向。2018 年 3 月，第十三届全国人民代表大会第一次会议决定首次将生态文明写入宪法，上升为国家战略，相关环保要求日益从严。

黄河流域特别是中上游煤炭资源储量丰富，该地区煤炭产量约占全国煤炭产量 70%，煤矿矿井水问题突出。沿黄河煤化工项目基本上在坑口周边布局，全国 4 个煤化工基地，其中 3 个布局在黄河中上游地区，同时已建成每年投运 760 万 t 的煤制油项目 100%、低阶煤分质利用项目的 90% 以上产能布局在该区域。一方面矿井水排放受政策和环保制约难以找到出路，另一方面，煤化工亟须大量水资源，黄河流域极度缺水也很难承受，如何使矿井水资源化和煤化工水资源保障有机结合，成为行业内研究重点。

原国家计委、财政部计价格［1994］1005 号文件《关于对煤矿矿井水和采用直流方式的电厂冷却水收取污水排污费的有关通知》第 1 条明确规定“煤炭开采过程中从煤矿矿井抽放出的矿井水不属于污水排污费的征收范围”。即国家确定矿井水单独排放不交纳污水排污费。

1994 年 9 月水利部以政资法［1994（41）］号文件规定“矿井疏干排出的水经净化处理后用于矿井生产和职工生活的部分，实质是利用水资源，不属《取水许可制度实施办法》第四条第二项‘为保障矿井等地下工程施工安全和生产安全必须取水的’免予申请取水许可证的范围”。各省级水利部门要求综合利用矿井水的煤矿办理《取水许可证》，并先后对矿井水综合利用部分征收水资源费。这种对矿井水综合利用征收水资源费而直接排放不征收水资源费的做法一度引起了广泛讨论。

2003 年颁布《排污费征收使用管理条例》和《排污费征收标准管理办法》明确对煤矿矿井水征收排污费；矿井水中含有的悬浮物、无机物等污染物给地表水体及生态环境造成了严重的污染；明确了矿井水具有污染物的属性，使人们认识到矿井水污染的危害。

2006 年《取水许可和水资源费征收管理条例》颁布，进一步规定“为保障矿井等地下工程施工安全和生产安全必须进行临时应急取（排）水的免予申请取水许可证”，但对矿井水是否需要申请取水许可证以及缴纳水资源费没有明确规定。随后各地依据该条例制定了各地的取水许可和水资源费征收管理办法，但对矿井水是否需要办理取水许可，是否缴纳水资源费各地规定不一。

2013 年发改委关于水资源费征收标准有关问题的通知（发改价格［2013］29 号）提出“鼓励水资源回收利用。采矿排水（疏干排水）应当依法征收水资源费。采矿排水（疏干排水）由本企业回收利用的，其水资源费征收标准可从低征收”。

2013 年为保障矿山地区水资源可持续利用，国家发展和改革委员会、国家能源局印发了《矿井水利用发展规划》（发改环资 [2013]118 号），提出需要逐步建立较完善的矿井水利用法律法规体系、宏观管理和技术支撑体系，实现矿井水利用产业化的目标。

2015 年发布的《关于加快推进生态文明建设的意见》（中发 [2015]12 号）提出“积极开发利用再生水、矿井水、空中云水、海水等非常规水源”。《国务院关于印发水污染防治行动计划的通知》（国发 [2015]17 号）指出“推进矿井水综合利用，煤炭矿区的补充用水、周边地区生产和生态用水应优先使用矿井水，加强选煤废水循环利用”。

2015 年《现代煤化工建设项目环境准入条件》，强化节水措施，减少新鲜水用量，具备条件的地区，优先使用矿井疏干水、再生水，禁止取用地下水作为生产用水。沿海地区应利用海水作为循环冷却用水，缺水地区应优先选用空冷、闭式循环等节水技术。废水处理产生的无法资源化利用的盐泥暂按危险废物进行管理；作为副产品外售的应满足适用的产品质量标准要求，并确保作为产品使用时不产生环境问题。

2016 年 11 月国家能源局《关于煤炭工业“十三五”节能环保与资源综合利用的指导意见》要求“推动矿井水产业化，提高矿井水利用率；加强水资源节约、保护和循环高效利用”。

2017 年水利部《关于非常规水源纳入水资源统一配置的指导意见》（水资源 [2017]274 号）要求“将非常规水源纳入水资源统一配置，缓解水资源供需矛盾，提高区域水资源配置效率和利用效益”。

2017 年国家发展改革委工业和信息化部关于印发《现代煤化工产业创新发展布局方案》“加强全水系统管理，鼓励采用废水、中水、矿井水回用技术和空气冷却、密闭式循环冷却水系统等节水技术，施行严格的用水定额标准，不断降低水资源消耗强度，提高利用效率”。

2020 年 10 月 30 日生态环境部会同国家发展和改革委员会、国家能源局联合发布《关于进一步加强煤炭资源开发环境影响评价管理的通知（环环评 2020）63 号》对今后一个时期我国矿井水处理与利用提出了具体要求。针对矿井水应当考虑主要污染因子及污染影响特点等，通过优化开采范围和开采方式、采取针对性处理措施等，从源头减少和有效防治高盐、酸性、高氟化物、放射性等矿井水。矿井水应优先用于项目建设及生产，并鼓励多途径利用多余矿井水。可以利用的矿井水未得到合理、充分利用的，不得开采及使用其他地表水和地下水水源作为生产水源，并不得擅自外排。矿井水在充分利用后仍有剩余且确需外排的，经处理后拟外排的，除应符合相关法律法规政策外，其相关水质因子值还应满足或优于受纳水体环境功能区划规定的地表水环境质量对应值，含盐量不得超过 1000mg/L，且不得影响上下游相关河段水功能需求。

2.2 矿井水相关标准

2.2.1 污水综合排放标准（GB 8978—1996）

1. 主题内容与适用范围

（1）主题内容。本标准按照污水排放去向，分年限规定了 69 种水污染物最高允许排放浓度及部分行业最高允许排水量。

（2）适用范围。本标准适用于现有单位水污染物的排放管理，以及建设项目的环境影响评价、建设项目环境保护设施设计、竣工验收及其投产后的排放管理。

按照国家综合排放标准与国家行业排放标准不交叉执行的原则，造纸工业执行 GB 3544—1992《造纸工业水污染物排放标准》，船舶执行 GB 3552—1983《船舶污染物排放标准》，船舶工业执行 GB 4286—1984《船舶工业污染物排放标准》，海洋石油开发工业执行 GB 4914—1985《海洋石油开发工业含油污水排放标准》，纺织染整工业执行 GB 4287—1992《纺织染整工业水污染物排放标准》，肉类加工工业执行 GB 13457—1992《肉类加工工业水污染物排放标准》，合成氨工业执行 GB 13458—1992《合成氨工业水污染物排放标准》，钢铁工业执行 GB 13456—1992《钢铁工业水污染物排放标准》，航天推进剂使用执行 GB 14374—1993《航天推进剂水污染物排放标准》，兵器工业执行 GB 14470.1~GB 14470.3—1993 和 GB 4274~GB 4279—1984《兵器工业水污染物排放标准》，磷肥工业执行 GB 15580—1995《磷肥工业水污染物排放标准》，烧碱、聚氯乙烯工业执行 GB 15581—1995《烧碱、聚氯乙烯工业水污染物排放标准》，其他水污染物排放均执行本标准。

2. 引用标准

下列标准所包含的条文，通过在本标准中引用而构成为本标准的条文。本标准出版时，所示版本均为有效。所有标准都会被修订，使用本标准的各方应探讨使用下列标准最新版本的可能性。

GB 3097—1982《海水水质标准》。

GB 3838—1988《地面水环境质量标准》。

GB 8703—1988《辐射防护规定》。

3. 定义

（1）污水。指在生产与生活活动中排放的水的总称。

（2）排水量。指在生产过程中直接用于工艺生产的水的排放量。不包括间接冷却水、厂区锅炉、电站排水。

（3）一切排污单位。指本标准适用范围所包括的一切排污单位。

（4）其他排污单位。指在某一控制项目中，除所列行业外的一切排污单位。

4. 技术内容

1）标准分级

（1）排入 GB 3838 Ⅲ类水域（划定的保护区和游泳区除外）和排入 GB 3097 中二类海域的污水，执行一级标准。

（2）排入 GB 3838 中Ⅳ类、Ⅴ类水域和排入 GB 3097 中三类海域的污水，执行二级标准。

（3）排入设置二级污水处理厂的城镇排水系统的污水，执行三级标准。

（4）排入未设置二级污水处理厂的城镇排水系统的污水，必须根据排水系统出水受纳水域的功能要求，分别执行（1）和（2）的规定。

（5）GB 3838 中Ⅰ类、Ⅱ类水域和Ⅲ类水域中划定的保护区，GB 3097 中一类海域，禁止新建排污口，现有排污口应按水体功能要求，实行污染物总量控制，以保证受纳水体水质符合规定用途的水质标准。

2）标准值

（1）本标准将排放的污染物按其性质及控制方式分为两类污染物。

第一类污染物：不分行业和污水排放方式，也不分受纳水体的功能类别，一律在车间或车间处理设施排放口采样，其最高允许排放浓度必须达到本标准要求（采矿行业的尾矿坝出水口不得视为车间排放口）。

第二类污染物：在排污单位排放口采样，其最高允许排放浓度必须达到本标准要求。

（2）本标准按年限规定了第一类污染物和第二类污染物最高允许排放浓度及部分行业最高允许排水量，分别为：

1997 年 12 月 31 日之前建设（包括改、扩建）的单位，水污染物的排放必须同时执行表 2-1、表 2-2、表 2-3 的规定。

1998 年 1 月 1 日起建设（包括改、扩建）的单位，水污染物的排放必须同时执行表 2-1、表 2-4、表 2-5 的规定。

建设（包括改、扩建）单位的建设时间，以环境影响评价报告书（表）批准日期为准划分。

3）其他规定

（1）同一排放口排放两种或两种以上不同类别的污水，且每种污水的排放标准又不同时，其混合污水的排放标准按附录 A 计算。

（2）工业污水污染物的最高允许排放负荷量按附录 B 计算。

（3）污染物最高允许年排放总量按附录 C 计算。

（4）对于排放含有放射性物质的污水，除执行本标准外，还须符合 GB 8703—88《辐射防护规定》。

表 2-1　第一类污染物最高允许排放浓度　　mg/L

序号	污染物	最高允许排放浓度
1	总汞	0.05
2	烷基汞	不得检出
3	总镉	0.1
4	总铬	1.5
5	六价铬	0.5
6	总砷	0.5
7	总铅	1.0
8	总镍	1.0
9	苯并（a）芘	0.00003

续表

序号	污染物	最高允许排放浓度
10	总铍	0.005
11	总银	0.5
12	总 α 放射性	1Bq/L
13	总 β 放射性	10Bq/L

表 2-2　第二类污染物最高允许排放浓度

(1997 年 12 月 31 日之前建设的单位)　　mg/L

序号	污染物	适用范围	一级标准	二级标准	三级标准
1	pH 值	一切排污单位	6~9	6~9	6~9
2	色度（稀释倍数）	染料工业	50	180	—
		其他排污单位	50	80	—
3	悬浮物（SS）	采矿、选矿、选煤工业	100	300	—
		脉金选矿	100	500	—
		边远地区砂金选矿	100	800	—
		城镇二级污水处理厂	20	30	—
		其他排污单位	70	200	400
4	五日生化需氧量（BOD_5）	甘蔗制糖、苎麻脱胶、湿法纤维板工业	30	100	600
		甜菜制糖、酒精、味精、皮革、化纤浆粕工业	30	150	600
		城镇二级污水处理厂	20	30	—
		其他排污单位	30	60	300
5	化学需氧量（COD）	甜菜制糖、焦化、合成脂肪酸、湿法纤维板、染料、洗毛、有机磷农药工业	100	200	1000
		味精、酒精、医药原料药、生物制药、苎麻脱胶、皮革、化纤浆粕工业	100	300	1000
		石油化工工业（包括石油炼制）	100	150	500
		城镇二级污水处理厂	60	120	—
		其他排污单位	100	150	500
6	石油类	一切排污单位	10	10	30
7	动植物油	一切排污单位	20	20	100
8	挥发酚	一切排污单位	0.5	0.5	2.0
9	总氰化合物	电影洗片（铁氰化合物）	0.5	5.0	5.0
		其他排污单位	0.5	0.5	1.0
10	硫化物	一切排污单位	1.0	1.0	2.0
11	氨氮	医药原料药、染料、石油化工工业	15	50	—
12	氟化物	黄磷工业	10	20	20
		低氟地区（水体含氟量 <0.5mg/L）	10	20	30
		其他排污单位	10	10	20
13	磷酸盐（以 P 计）	一切排污单位	0.5	1.0	—
14	甲醛	一切排污单位	1.0	2.0	5.0
15	苯胺类	一切排污单位	1.0	2.0	5.0
16	硝基苯类	一切排污单位	2.0	3.0	5.0

续表

序号	污染物	适用范围	一级标准	二级标准	三级标准
17	阴离子表面活性剂（LAS）	合成洗涤剂工业	5. 0	15	20
		其他排污单位	5. 0	10	20
18	总铜	一切排污单位	0. 5	1. 0	2. 0
19	总锌	一切排污单位	2. 0	5. 0	5. 0
20	总锰	合成脂肪酸工业	2. 0	5. 0	5. 0
		其他排污单位	2. 0	2. 0	5. 0
21	彩色显影剂	电影洗片	2. 0	3. 0	5. 0
22	显影剂及氧化物总量	电影洗片	3. 0	6. 0	6. 0
23	元素磷	一切排污单位	0. 1	0. 3	0. 3
24	有机磷农药（以 P 计）	一切排污单位	不得检出	0. 5	0. 5
25	粪大肠菌群数	医院①、兽医院及医疗机构含病原体污水	500 个 /L	1000 个 /L	5000 个 /L
		传染病、结核病医院污水	100 个 /L	500 个 /L	1000 个 /L
26	总余氯（采用氯化消毒的医院污水）	医院①、兽医院及医疗机构含病原体污水	<0. 5②	>3（接触时间≥1h）	>2（接触时间≥1h）
		传染病、结核病医院污水	<0. 5②	>6. 5（接触时间≥1. 5h）	>5（接触时间≥1. 5h）

注：①指 50 个床位以上的医院。
②加氯消毒后必须进行脱氯处理，达到本标准。

表 2-3　部分行业最高允许排水量

（1997 年 12 月 31 日之前建设的单位）

序号	行业类别			最高允许或最低允许水重复利用率	
1	矿山工业	有色金属系统选矿		水重复利用率 75%	
		其他矿山工业采矿、选矿、选煤等		水重复利用率 90%（选煤）	
		脉金选矿	重选	16. 0m^3/t（矿石）	
			浮选	9. 0m^3/t（矿石）	
			氰化	8. 0m^3/t（矿石）	
			碳浆	8. 0m^3/t（矿石）	
2	焦化企业（煤气厂）			1. 2m^3/t（焦炭）	
3	有色金属冶炼及金属加工			水重复利用率 80%	
4	石油炼制工业（不包括直排水炼油厂） 加工深度分类： A. 燃料型炼油厂			A	>500 万 t，1. 0m^3/t（原油） 250~500 万 t，1. 2m^3/t（原油） <250 万 t，1. 5m^3/t（原油）
	B. 燃料 + 润滑油型炼油厂			B	>500 万 t，1. 5m^3/t（原油） 250~500 万 t，2. 0m^3/t（原油） <250 万 t，2. 0m^3/t（原油）
	C. 燃料 + 润滑油型 + 炼油化工型炼油厂 （包括加工高含硫原油页岩油和石油添加剂生产基地的炼油厂）			C	>500 万 t，2. 0m^3/t（原油） 250~500 万 t，2. 5m^3/t（原油） <250 万 t，2. 5m^3/t（原油）
5	合成洗涤工业	氯化法生产烷基苯		200. 0m^3/t（烷基苯）	
		裂解法生产烷基苯		70. 0m^3/t（烷基苯）	
		烷基苯生产合成洗涤剂		10. 0m^3/t（产品）	

续表

序号	行业类别			最高允许或最低允许水重复利用率
6	合成脂肪酸工业			200.0m^3/t（产品）
7	湿法生产纤维板工业			30.0m^3/t（板）
8	制糖工业	甘蔗制糖		10.0m^3/t（甘蔗）
		甜菜制糖		4.0m^3/t（甜菜）
9	皮革工业	猪盐湿皮		60.0m^3/t（原皮）
		牛干皮		100.0m^3/t（原皮）
		羊干皮		150.0m^3/t（原皮）
10	发酵酿造工业	酒精工业	以玉米为原料	100.0m^3/t（酒精）
			以薯类为原料	80.0m^3/t（酒精）
			以糖蜜为原料	70.0m^3/t（酒精）
		味精工业		600.0m^3/t（味精）
		啤酒工业（排水量不包括麦芽水部分）		16.0m^3/t（啤酒）
11	铬盐工业			5.0m^3/t（产品）
12	硫酸工业（水洗法）			15.0m^3/t（硫酸）
13	苎麻脱胶工业			500m^3/t（原麻） 或 750m^3/t（精干麻）
14	化纤浆粕			本色：150m^3/t（浆） 漂白：240m^3/t（浆）
15	黏胶纤维工业（单纯纤维）	短纤维（棉型中长纤维、毛型中长纤维）		300m^3/t（纤维）
		长纤维		800m^3/t（纤维）
16	铁路货车洗刷			5.0m^3/辆
17	电影洗片			5m^3/1000m（35mm 的胶片）
18	石油沥青工业			冷却池的水循环利用率 95%

表 2-4 第二类污染物最高允许排放浓度

（1998 年 1 月 1 日后建设的单位）

mg/L

序号	污染物	适用范围	一级标准	二级标准	三级标准
1	pH 值	一切排污单位	6~9	6~9	6~9
2	色度（稀释倍数）	一切排污单位	50	80	—
3	悬浮物（SS）	采矿、选矿、选煤工业	70	300	—
		脉金选矿	70	400	—
		边远地区砂金选矿	70	800	—
		城镇二级污水处理厂	20	30	—
		其他排污单位	70	150	400
4	五日生化需氧量（BOD_5）	甘蔗制糖、苎麻脱胶、湿法纤维板、染料、洗毛工业	20	60	600
		甜菜制糖、酒精、味精、皮革、化纤浆粕工业	20	100	600
		城镇二级污水处理厂	20	30	—
		其他排污单位	20	30	300
5	化学需氧量（COD）	甜菜制糖、合成脂肪酸、湿法纤维板、染料、洗毛、有机磷农药工业	100	200	1000
		味精、酒精、医药原料药、生物制药、苎麻脱胶、皮革、化纤浆粕工业	100	300	1000

续表

序号	污染物	适用范围	一级标准	二级标准	三级标准
5	化学需氧量（COD）	石油化工工业（包括石油炼制）	60	120	500
		城镇二级污水处理厂	60	120	—
		其他排污单位	100	150	500
6	石油类	一切排污单位	5	10	20
7	动植物油	一切排污单位	10	15	100
8	挥发酚	一切排污单位	0.5	0.5	2.0
9	总氰化合物	一切排污单位	0.5	0.5	1.0
10	硫化物	一切排污单位	1.0	1.0	1.0
11	氨氮	医药原料药、染料、石油化工工业	15	50	—
		其他排污单位	15	25	—
12	氟化物	黄磷工业	10	15	20
		低氟地区（水体含氟量 <0.5mg/L）	10	20	30
		其他排污单位	10	10	20
13	磷酸盐（以 P 计）	一切排污单位	0.5	1.0	—
14	甲醛	一切排污单位	1.0	2.0	5.0
15	苯胺类	一切排污单位	1.0	2.0	5.0
16	硝基苯类	一切排污单位	2.0	3.0	5.0
17	阴离子表面活性剂（LAS）	一切排污单位	5.0	10	20
18	总铜	一切排污单位	0.5	1.0	2.0
19	总锌	一切排污单位	2.0	5.0	5.0
20	总锰	合成脂肪酸工业	2.0	5.0	5.0
		其他排污单位	2.0	2.0	5.0
21	彩色显影剂	电影洗片	1.0	2.0	3.0
22	显影剂及氧化物总量	电影洗片	3.0	3.0	6.0
23	元素磷	一切排污单位	0.1	0.1	0.3
24	有机磷农药（以 P 计）	一切排污单位	不得检出	0.5	0.5
25	乐果	一切排污单位	不得检出	1.0	2.0
26	对硫磷	一切排污单位	不得检出	1.0	2.0
27	甲基对硫磷	一切排污单位	不得检出	1.0	2.0
28	马拉硫磷	一切排污单位	不得检出	5.0	10
29	五氯酚及五氯酚钠（以五氯酚计）	一切排污单位	5.0	8.0	10
30	可吸附有机卤化物（AOX）（以 Cl 计）	一切排污单位	1.0	5.0	8.0
31	三氯甲烷	一切排污单位	0.3	0.6	1.0
32	四氯化碳	一切排污单位	0.03	0.06	0.5
33	三氯乙烯	一切排污单位	0.3	0.6	1.0
34	四氯乙烯	一切排污单位	0.1	0.2	0.5
35	苯	一切排污单位	0.1	0.2	0.5
36	甲苯	一切排污单位	0.1	0.2	0.5
37	乙苯	一切排污单位	0.4	0.6	1.0
38	邻 - 二甲苯	一切排污单位	0.4	0.6	1.0
39	对 - 二甲苯	一切排污单位	0.4	0.6	1.0
40	间 - 二甲苯	一切排污单位	0.4	0.6	1.0
41	氯苯	一切排污单位	0.2	0.4	1.0

续表

序号	污染物	适用范围	一级标准	二级标准	三级标准
42	邻－二氯苯	一切排污单位	0.4	0.6	1.0
43	对－二氯苯	一切排污单位	0.4	0.6	1.0
44	对－硝基氯苯	一切排污单位	0.5	1.0	5.0
45	2，4－二硝基氯苯	一切排污单位	0.5	1.0	5.0
46	苯酚	一切排污单位	0.3	0.4	1.0
47	间－甲酚	一切排污单位	0.1	0.2	0.5
48	2，4－二氯酚	一切排污单位	0.6	0.8	1.0
49	2，4，6－三氯酚	一切排污单位	0.6	0.8	1.0
50	邻苯二甲酸二丁酯	一切排污单位	0.2	0.4	2.0
51	邻苯二甲酸二辛酯	一切排污单位	0.3	0.6	2.0
52	丙烯腈	一切排污单位	2.0	5.0	5.0
53	总硒	一切排污单位	0.1	0.2	0.5
54	粪大肠菌群数	医院①、兽医院及医疗机构含病原体污水	500个/L	1000个/L	5000个/L
		传染病、结核病医院污水	100个/L	500个/L	1000个/L
55	总余氯 （采用氯化消毒的医院污水）	医院①、兽医院及医疗机构含病原体污水	<0.5②	>3（接触时间≥1h）	>2（接触时间≥1h）
		传染病、结核病医院污水	<0.5②	>6.5（接触时间≥1.5h）	>5（接触时间≥1.5h）
56	总有机碳（TOC）	合成脂肪酸工业	20	40	—
		苎麻脱胶工业	20	60	—
		其他排污单位	20	30	—

注：其他排污单位：指除在该控制项目中所列行业以外的一切排污单位。

①指50个床位以上的医院。

②加氯消毒后须进行脱氯处理，达到本标准。

表2-5　部分行业最高允许排水量

（1998年1月1日后建设的单位）

序号	行业类别			最高允许或最低允许水重复利用率
1	矿山工业	有色金属系统选矿		水重复利用率75%
		其他矿山工业采矿、选矿、选煤等		水重复利用率90%（选煤）
		脉金选矿	重选	16.0 m^3/t（矿石）
			浮选	9.0 m^3/t（矿石）
			氰化	8.0 m^3/t（矿石）
			碳浆	8.0 m^3/t（矿石）
2	焦化企业（煤气厂）			1.2 m^3/t（焦炭）
3	有色金属冶炼及金属加工			水重复利用率80%
4	石油炼制工业（不包括直排水炼油厂） 加工深度分类： A.燃料型炼油厂		A	>500万t，1.0 m^3/t（原油） 250~500万t，1.2 m^3/t（原油） <250万t，1.5 m^3/t（原油）
	B.燃料＋润滑油型炼油厂		B	>500万t，1.5 m^3/t（原油） 250~500万t，2.0 m^3/t（原油） <250万t，2.0 m^3/t（原油）
	C.燃料＋润滑油型＋炼油化工型炼油厂 （包括加工高含硫原油页岩油和石油添加剂生产基地的炼油厂）		C	>500万t，2.0 m^3/t（原油） 250~500万t，2.5 m^3/t（原油） <250万t，2.5 m^3/t（原油）

续表

序号	行业类别			最高允许或最低允许水重复利用率
5	合成洗涤工业	氯化法生产烷基苯		200. 0m³/t（烷基苯）
		裂解法生产烷基苯		70. 0m³/t（烷基苯）
		烷基苯生产合成洗涤剂		10. 0m³/t（产品）
6	合成脂肪酸工业			200. 0m³/t（产品）
7	湿法生产纤维板工业			30. 0m³/t（板）
8	制糖工业	甘蔗制糖		10. 0m³/t（甘蔗）
		甜菜制糖		4. 0m³/t（甜菜）
9	皮革工业	猪盐湿皮		60. 0m³/t（原皮）
		牛干皮		100. 0m³/t（原皮）
		羊干皮		150. 0m³/t（原皮）
10	发酵酿造工业	酒精工业	以玉米为原料	100. 0m³/t（酒精）
			以薯类为原料	80. 0m³/t（酒精）
			以糖蜜为原料	70. 0m³/t（酒精）
		味精工业		600. 0m³/t（味精）
		啤酒工业（排水量不包括麦芽水部分）		16. 0m³/t（啤酒）
11	铬盐工业			5. 0m³/t（产品）
12	硫酸工业（水洗法）			15. 0m³/t（硫酸）
13	苎麻脱胶工业			750m³/t（精干麻）
14	黏胶纤维工业（单纯纤维）	短纤维（棉型中长纤维、毛型中长纤维）		300m³/t（纤维）
		长纤维		800m³/t（纤维）
15	化纤浆粕			本色：150m³/t（浆） 漂白：240m³/t（浆）
16	制药工业医疗原料药	青霉素		4700m³/t（青霉素）
		链霉素		1450m³/t（链霉素）
		土霉素		1300m³/t（土霉素）
		四环素		1900m³/t（四环素）
		林可霉素		9200m³/t（林可霉素）
		金霉素		3000m³/t（金霉素）
		庆大霉素		20400m³/t（庆大霉素）
		维生素 C		1200m³/t（维生素 C）
		氯霉素		2700m³/t（氯霉素）
		磺胺甲唑		2000m³/t（磺胺甲唑）
		维生素 B1		3400m³/t（维生素 B1）
		安乃近		180m³/t（安乃近）
		非那西汀		750m³/t（非那西汀）
		呋喃唑酮		2400m³/t（呋喃唑酮）
		咖啡因		1200m³/t（咖啡因）
17	有机磷农药工业①	乐果②		700m³/t（产品）
		甲基对硫磷（水相法）②		300m³/t（产品）
		对硫磷（P_2S_6 法）②		500m³/t（产品）
		对硫磷（PSC_{l3} 法）②		550m³/t（产品）
		敌敌畏（敌百虫碱解法）		200m³/t（产品）
		敌百虫		40m³/t（产品）（不包括三氯乙醛生产废水）
		马拉硫磷		700m³/t（产品）

续表

序号	行业类别		最高允许或最低允许水重复利用率
18	除草剂工业①	除草醚	$5m^3/t$（产品）
		五氯酚钠	$2m^3/t$（产品）
		五氯酚	$4m^3/t$（产品）
		二甲四氯	$14m^3/t$（产品）
		2，4-D	$4m^3/t$（产品）
		丁草胺	$4.5m^3/t$（产品）
		绿麦隆（以 Fe 粉还原）	$2m^3/t$（产品）
		绿麦隆（以 Na_2S 还原）	$3m^3/t$（产品）
19	火力发电工业		$3.5m^3/（MW·h）$
20	铁路货车洗刷		$5.0m^3$/ 辆
21	电影洗片		$5m^3/1000m$（35mm 胶片）
22	石油沥青工业		冷却池的水循环利用率 95%

注：①产品按 100% 浓度计。

②不包括 P_2S_5、$PSCl_3$、PCl_3 原料生产废水。

5. 标准实施监督

（1）本标准由县级以上人民政府环境保护行政主管部门负责监督实施。

（2）省、自治区、直辖市人民政府对执行国家水污染物排放标准不能保证达到水环境功能要求时，可以制定严于国家水污染物排放标准的地方水污染物排放标准，并报国家环境保护行政主管部门备案。

附录 A
（标准的附录）

关于排放单位在同一个排污口排放两种或两种以上工业污水，且每种工业污水中同一污染物的排放标准又不同时，可采用如下方法计算混合排放时该污染物的最高允许排放浓度（$C_{混合}$）。

$$C_{混合}=\frac{\sum_{i=1}^{n} C_iQ_iY_i}{\sum_{i=1}^{n} Q_iY_i} \tag{A1}$$

式中 $C_{混合}$——混合污水某污染物最高允许排放浓度，mg/L；

C_i——不同工业污水某污染物最高允许排放浓度，mg/L；

Q_i——不同工业的最高允许排水量（本标准未作规定的行业，其最高允许排水量由地方环保部门与有关部门协商确定），m^3/t（产品）；

Y_i——分别为某种工业产品产量（t/d，以月平均计）。

附录 B
（标准的附录）

工业污水污染物最高允许排放负荷计算：

$$L_{负}=C\times Q\times 10^{-3} \tag{B1}$$

式中　$L_{负}$——工业污水污染物最高允许排放负荷，kg/t（产品）；

C——某污染物最高允许排放浓度，mg/L；

Q——某工业的最高允许排水量，m^3/t（产品）。

附录 C

（标准的附录）

某污染物最高允许年排放总量的计算：

$$L_{总}=L_{负}\times Y\times 10^{-3} \tag{C1}$$

式中　$L_{总}$——某污染物最高允许年排放量，t；

$L_{负}$——某污染物最高允许排放负荷，kg/t（产品）；

Y——核定的产品年产量，t（产品）。

2.2.2　煤炭工业污染物排放标准（GB 20426—2006）

1. 适用范围

本标准规定了原煤开采、选煤水污染物排放限值、煤炭地面生产系统大气污染物排放限值，以及煤炭采选企业所属煤矸石堆置场、煤炭贮存、装卸场所污染物控制技术要求。

本标准适用于现有煤矿（含露天煤矿）、选煤厂及其所属煤矸石堆置场、煤炭贮存、装卸场所污染防治与管理，以及煤炭工业建设项目环境影响评价、环境保护设施设计、竣工环境保护验收及其投产后的污染防治与管理。

本标准适用于法律允许的污染物排放行为，新设立生产线的选址和特殊保护区域内现有生产线的管理，按《中华人民共和国大气污染防治法》第十六条、《中华人民共和国水污染防治法》第二十条和第二十七条、《中华人民共和国海洋环境保护法》第三十条、《饮用水水源保护区污染防治管理规定》的相关规定执行。

2. 规范性引用文件

下列标准的条款通过本标准的引用而成为本标准的条文，与本标准同效。凡不注明日期的引用文件，其最新版本适用于本标准。

GB 3097《海水水质标准》。

GB 3838《地表水环境质量标准》。

GB 5084《农田灌溉水质标准》。

GB 5086. 1~2《固体废物 浸出毒性浸出方法》。

GB/T 6920《水质 pH 值的测定 玻璃电极法》。

GB/T 7466《水质 总铬的测定》。

GB/T 7467《水质 六价铬的测定 二苯碳酰二肼分光光度法》。

GB/T 7468《水质 总汞的测定 冷原子吸收分光光度法》。

GB/T 7470《水质 铅的测定 双硫腙分光光度法》。

GB/T 7471《水质 镉的测定 双硫腙分光光度法》。

GB/T 7472《水质 锌的测定 双硫腙分光光度法》。

GB/T 7475《水质 铜、锌、铅、镉的测定 原子吸收分光光度法水质》。

GB/T 7484《氟化物的测定 离子选择电极法》。

GB/T 7485《水质 总砷的测定 二乙基二硫代氨基甲酸银分光光度法》。

GB/T 8970《空气质量二氧化硫的测定 四氯汞盐 - 盐酸副玫瑰苯胺比色法》。

GB/T 11901《水质 悬浮物的测定 重量法》。

GB/T 11911《水质 铁、锰的测定 火焰原子吸收分光光度法》。

GB/T 11914《水质 化学需氧量的测定 重铬酸盐法》。

GB/T 15432《环境空气 总悬浮颗粒物的测定 重量法》。

GB/T 16157《固定污染源排气中颗粒物测定与气态污染物采样方法》。

GB/T 16488《水质 石油类和动植物油的测定 红外光度法》。

GB 18599《一般工业固体废物贮存、处置场污染控制标准》。

HJ/T 55《大气污染物无组织排放监测技术导则》。

HJ/T 91《地表水和污水监测技术规范》。

3. 术语和定义

下列术语与定义适用于本标准。

（1）煤炭工业（coal industry）：指原煤开采和选煤行业。

（2）煤炭工业废水（coal industry waste water）：煤炭开采和选煤过程中产生的废水，包括采煤废水和选煤废水。

（3）采煤废水（mine drainage）：煤炭开采过程中，排放到环境水体的煤矿矿井水或露天煤矿疏干水。

（4）酸性采煤废水（acid mine drainage）：在未经处理之前，pH 值 <6. 0 或者总铁质量浓度≥10. 0mg/L 的采煤废水。

（5）高矿化度采煤废水（mine drainage of high mineralization）：矿化度（无机盐总含量）>1000mg/L 的采煤废水。

（6）选煤（coal preparation）：利用物理、化学等方法，除掉煤中杂质，将煤按需要分成不同质量、规格产品的加工过程。

（7）选煤厂（coal preparation plant）：对煤炭进行分选，生产不同质量、规格产品的加工厂。

（8）选煤废水（coal preparation waste water）：在选煤厂煤泥水处理工艺中，洗水不能形成闭路循环，需向环境排放的那部分废水。

（9）大气污染物排放质量浓度（air pollutants emission concentration）：指在温度 273. 15K、压力为 101325Pa 状态下，排气筒中污染物任何 1h 的平均质量浓度，单位为：mg/m^3。

（10）煤矸石（coal slack）：采、掘煤炭生产过程中从顶、底板或煤夹矸混入煤中的岩石和选煤厂生产过程中排出的洗矸石。

（11）煤矸石堆置场（waste heap）：堆放煤矸石的场地和设施。

（12）现有生产线（existing facility）：本标准实施之日前已建成投产或环境影响报告书已通过审批的煤矿矿井、露天煤矿、选煤厂以及所属贮存、装卸场所。

（13）新（扩、改）建生产线（new facility）：本标准实施之日起环境影响报告书通过审批的新、扩、改煤矿矿井、露天煤矿、选煤厂以及所属贮存、装卸场所。

4. 煤炭工业水污染物排放限值和控制要求

1）煤炭工业废水有毒污染物排放限值

煤炭工业（包括现有及新（扩、改）建煤矿、选煤厂）废水有毒污染物排放质量浓度不得超过表 2-6 规定的限值。

表 2-6　煤炭工业废水有毒污染物排放限值

序号	污染物	日最高允许排放质量浓度 /（mg/L）	序号	污染物	日最高允许排放质量浓度 /（mg/L）
1	总汞	0. 05	6	总砷	0. 5
2	总镉	0. 1	7	总锌	2. 0
3	总铬	1. 5	8	氟化物	10
4	六价铬	0. 5	9	总 α 放射性	1Bq/L
5	总铅	0. 5	10	总 β 放射性	10Bq/L

2）采煤废水排放限值

现有采煤生产线自 2007 年 10 月 1 日起，执行表 2-7 规定的现有生产线排放限值；在此之前过渡期内仍执行《污水综合排放标准》（GB 8978—1996）。自 2009 年 1 月 1 日起执行表 2-7 规定的新（扩、改）建生产线排放限值。

新（扩、改）建采煤生产线自本标准实施之日 2006 年 10 月 1 日起，执行表 2-7 规定的新（扩、改）建生产线排放限值。

表 2-7　采煤废水污染物排放限值

序号	污染物	日最高允许排放质量浓度 /（mg/L）（pH 值除外）	
		现有生产线	新建（扩、改）生产线
1	pH 值	6~9	6~9
2	总悬浮物	70	50
3	化学需氧量（COD_{Cr}）	70	50
4	石油类	10	5
5	总铁	7	6
6	总锰	4	4

注：总锰限值仅适用于酸性采煤废水。

3）选煤废水排放限值

现有选煤厂自 2007 年 10 月 1 日起，执行表 2-8 规定的现有生产线排放限值；在此之前过渡期内仍执行《污水综合排放标准》（GB 8978—1996）。自 2009 年 1 月 1 日起，应实现水路闭路循环，偶发排放应执行表 2-8 规定新（扩、改）建生产线排放限值。

新（扩、改）建选厂，自本标准实施之日起，应实现水路闭路循环，偶发排放应执行表 2-8 规定新（扩、改）建生产线排放限值。

表 2-8　选煤废水污染物排放限值

序号	污染物	日最高允许排放质量浓度 /（mg/L）（pH 值除外）	
		现有生产线	新（扩、改）建生产线
1	pH 值	6~9	6~9
2	悬浮物	100	70
3	化学需氧量（COD_{Cr}）	100	70
4	石油类	10	5
5	总铁	7	6
6	总锰	4	4

4）煤炭开采（含露天开采）水资源化利用技术规定

（1）对于高矿化度采煤废水，除执行表 2-7 限值外，还应根据实际情况深度处理和综合利用。高矿化度采煤废水用作农田灌溉时，应达到 GB 5084 规定的限值要求。

（2）在新建煤矿设计中应优先选择矿井水作为生产水源，用于煤炭洗选、井下生产用水、消防用水和绿化用水等。

（3）建设坑口燃煤电厂、低热值燃料综合利用电厂，应优先选择矿井水作为供水水源优选方案。

（4）建设和发展其他工业用水项目，应优先选用矿井水作为工业用水水源；可以利用的矿井水未得到合理、充分利用的，不得开采和使用其他地表水和地下水水源。

5. 标准实施监督

（1）本标准 2006 年 10 月 1 日起实施。

（2）本标准由县级以上人民政府环境保护行政保护主管部门负责监督实施。

2.2.3　地表水环境质量标准（GB 3838—2002）

1. 范围

本标准按照地表水环境功能分类和保护目标，规定了水环境质量应控制的项目及限值，以及水质评价、水质项目的分析方法和标准的实施与监督。

本标准适用于中华人民共和国领域内江河、湖泊、运河、渠道、水库等具有使用功能的地表水水域。具有特定功能的水域，执行相应的专业用水水质标准。

2. 引用标准

《生活饮用水卫生规范》（计委，2001 年）和本标准表 2-12~ 表 2-14 所列分析方法标准及规范中所含条文在本标准中被引用即构成为本标准条文，与本标准同效。当上述标准和规范被修订时，应使用其最新版本。

3. 水域功能和标准分类

依据地表水水域环境功能和保护目标，按功能高低依次划分为五类：

Ⅰ类：主要适用于源头水、国家自然保护区。

Ⅱ类：主要适用于集中式生活饮用水地表水源地一级保护区、珍稀水生生物栖息地、鱼虾类产卵场、仔稚幼鱼的索饵场等。

Ⅲ类：主要适用于集中式生活饮用水地表水源地二级保护区、鱼虾类越冬场、洄游通道、水产养殖区等渔业水域及游泳区。

Ⅳ类：主要适用于一般工业用水区及人体非直接接触的娱乐用水区。

Ⅴ类：主要适用于农业用水区及一般景观要求水域。

对应地表水上述五类水域功能，将地表水环境质量标准基本项目标准值分为五类，不同功能类别分别执行相应类别的标准值。水域功能类别高的标准值严于水域功能类别低的标准值。同一水域兼有多类使用功能的，执行最高功能类别对应的标准值。实现水域功能与达功能类别标准为同一含义。

4. 标准值

（1）地表水环境质量标准基本项目标准限值见表2-9。

（2）集中式生活饮用水地表水源地补充项目标准限值见表2-10。

（3）集中式生活饮用水地表水源地特定项目标准限值见表2-11。

5. 水质评价

（1）地表水环境质量评价应根据应实现的水域功能类别，选取相应类别标准，进行单因子评价，评价结果应说明水质达标情况，超标的应说明超标项目和超标倍数。

（2）丰、平、枯水期特征明显的水域，应分水期进行水质评价。

（3）集中式生活饮用水地表水源地水质评价的项目应包括表2-9中的基本项目、表2-10中的补充项目以及由县级以上人民政府环境保护行政主管部门从表2-11中选择确定的特定项目。

表2-9　地表水环境质量标准基本项目标准限值

序号	项目标准值分类		Ⅰ类	Ⅱ类	Ⅲ类	Ⅳ类	Ⅴ类
1	水温/℃		人为造成的环境水温变化应限制在：周平均最大温升≤1，周平均最大温升≤2				
2	pH值		6~9				
3	溶解氧/（mg/L）	≥	饱和率90%（或7.5）	6	5	3	2
4	高锰酸盐指数/（mg/L）	≤	2	4	6	10	15
5	化学需氧量（COD）/（mg/L）	≤	15	15	20	30	40
6	五日生化需氧量（BOD_5）/（mg/L）	≤	3	3	4	6	10
7	氨氮/（mg/L）	≤	0.15	0.5	1.0	1.5	2.0
8	总磷（以P计）/（mg/L）	≤	0.02（湖、库0.01）	0.1（湖、库0.025）	0.2（湖、库0.05）	0.3（湖、库0.1）	0.4（湖、库0.02）
9	总氮(湖、库，以N计)/(mg/L)	≤	0.2	0.5	1.0	1.5	2.0
10	铜/（mg/L）	≤	0.01	1.0	1.0	1.0	1.0
11	锌/（mg/L）	≤	0.05	1.0	1.0	2.0	2.0
12	氟化物（以F^-计）/（mg/L）	≤	1.0	1.0	1.0	1.5	1.5
13	硒/（mg/L）	≤	0.01	0.01	0.01	0.02	0.02
14	砷/（mg/L）	≤	0.05	0.05	0.05	0.1	0.1
15	汞/（mg/L）	≤	0.00005	0.00005	0.0001	0.001	0.001
16	镉/（mg/L）	≤	0.001	0.005	0.005	0.005	0.01
17	铬（六价）/（mg/L）	≤	0.01	0.05	0.05	0.05	0.1
18	铅/（mg/L）	≤	0.01	0.01	0.05	0.05	0.1
19	氰化物/（mg/L）	≤	0.005	0.05	0.2	0.2	0.2

续表

序号	项目标准值分类	Ⅰ类	Ⅱ类	Ⅲ类	Ⅳ类	Ⅴ类
20	挥发酚 /（mg/L） ≤	0.002	0.002	0.005	0.01	0.1
21	石油类 /（mg/L） ≤	0.05	0.05	0.05	0.5	1.0
22	阴离子表面活性剂 /（mg/L） ≤	0.2	0.2	0.2	0.3	0.3
23	硫化物 /（mg/L） ≤	0.05	0.1	0.2	0.5	1.0
24	粪大肠杆菌 /（个 /L） ≤	200	2000	10000	20000	40000

表 2-10　集中式生活饮用水地表水源地补充项目标准限值　mg/L

序号	项　目	标准值
1	硫酸盐（以 SO_4^{2-} 计）	250
2	氯化物（以 Cl^- 计）	250
3	硝酸盐（以 NO_3^- 计）	10
4	铁	0.3
5	锰	0.1

表 2-11　集中式生活饮用水地表水源地特定项目标准限值　mg/L

序号	项　目	标准值	序号	项　目	标准值
1	三氯甲烷	0.06	25	1，2- 二氯苯	1.0
2	四氯化碳	0.002	26	1，4- 二氯苯	0.3
3	三溴甲烷	0.1	27	三氯苯②	0.02
4	二氯甲烷	0.02	28	四氯苯③	0.02
5	1，2- 二氯乙烷	0.03	29	六氯苯	0.05
6	环氧氯丙烷	0.02	30	硝基苯	0.017
7	氯乙烯	0.005	31	二硝基苯④	0.5
8	1，1- 二氯乙烯	0.03	32	2，4- 二硝基甲苯	0.0003
9	1，2- 二氯乙烯	0.05	33	2，4，6- 三硝基甲苯	0.5
10	三氯乙烯	0.07	34	硝基氯苯⑤	0.05
11	四氯乙烯	0.04	35	2，4- 二硝基氯苯	0.5
12	氯丁二烯	0.002	36	2，4- 二氯苯酚	0.093
13	六氯丁二烯	0.0006	37	2，4，6- 三氯苯酚	0.2
14	苯乙烯	0.02	38	五氯酚	0.009
15	甲醛	0.9	39	苯胺	0.1
16	乙醛	0.05	40	联苯胺	0.0002
17	丙烯醛	0.1	41	丙烯酰胺	0.0005
18	三氯乙醛	0.01	42	丙烯腈	0.1
19	苯	0.01	43	邻苯二甲酸二丁酯	0.003
20	甲苯	0.7	44	邻苯二甲酸二（2- 乙基己基）酯	0.008
21	乙苯	0.3	45	水合肼	0.01
22	二甲苯①	0.5	46	四乙基铅	0.0001
23	异丙苯	0.25	47	吡啶	0.2
24	氯苯	0.3	48	松节油	0.2

续表

序号	项　目	标准值	序号	项　目	标准值
49	苦味酸	0.5	65	阿特拉津	0.003
50	丁基黄原酸	0.005	66	苯并（a）芘	2.8×10^{-6}
51	活性氯	0.01	67	甲基汞	1.0×10^{-6}
52	滴滴涕	0.001	68	多氯联苯⑥	2.0×10^{-5}
53	林丹	0.002	69	微囊藻毒素 -LR	0.001
54	环氧七氯	0.0002	70	黄磷	0.003
55	对硫磷	0.003	71	钼	0.07
56	甲基对硫磷	0.002	72	钴	1.0
57	马拉硫磷	0.05	73	铍	0.002
58	乐果	0.08	74	硼	0.5
59	敌敌畏	0.05	75	锑	0.005
60	敌百虫	0.05	76	镍	0.02
61	内吸磷	0.03	77	钡	0.7
62	百菌清	0.01	78	钒	0.05
63	甲萘威	0.05	79	钛	0.1
64	溴氰菊酯	0.02	80	铊	0.0001

注：①二甲苯：指对－二甲苯、间－二甲苯、邻－二甲苯。

②三氯苯：指 1，2，3- 三氯苯、1，2，4- 三氯苯、1，3，5- 三氯苯。

③四氯苯：指 1，2，3，4- 四氯苯、1，2，3，5- 四氯苯、1，2，4，5- 四氯苯。

④二硝基苯：指对－二硝基苯、间－二硝基苯、邻－二硝基苯。

⑤硝基氯苯：指对－硝基氯苯、间－硝基氯苯、邻－硝基氯苯。

⑥多氯联苯：指 PCB-1016、PCB-1221、PCB-1232、PCB-1242、PCB-1248、PCB-1254、PCB-1260。

6. 水质监测

（1）本标准规定的项目标准值，要求水样采集后自然沉降 30min，取上层非沉降部分按规定方法进行分析。

（2）地表水水质监测的采样布点、监测频率应符合国家地表水环境监测技术规范的要求。

（3）本标准水质项目的分析方法应优先选用表 2-12~ 表 2-14 规定的方法，也可采用 ISO 方法体系等其他等效分析方法，但必须进行适用性检验。

表 2-12　地表水环境质量标准基本项目分析方法

序号	项　目	分析方法	最低检出限 /（mg/L）	方法来源
1	水温	温度计法		GB 13195—1991
2	pH 值	玻璃电极法		GB 6920—1986
3	溶解氧	碘量法	0.2	GB 7489—1987
		电化学探头法		GB 11913—1989
4	高锰酸盐指数		0.5	GB 11892—1989
5	化学需氧量	重铬酸盐法	10	GB 11914—1989
6	五日生化需氧量	稀释与接种法	2	GB 7488—1987

续表

序号	项　目	分析方法	最低检出限 /（mg/L）	方法来源
7	氨氮	纳氏试剂比色法	0. 05	GB 7479—1987
		水杨酸分光光度法	0. 01	GB 7481—1987
8	总磷	钼酸铵分光光度法	0. 01	GB 11893—1989
9	总氮	碱性过硫酸钾消解紫外分光光度法	0. 05	GB 11894—1989
10	铜	2，9- 二甲基 -1，10- 菲啰啉分光光度法	0. 06	GB 7473—1987
		二乙基二硫代氨基甲酸钠分光光度法	0. 01	GB 7474—1987
		原子吸收分光光度法（螯合萃取法）	0. 001	GB 7475—1987
11	锌	原子吸收分光光度法	0. 05	GB 7475—1987
12	氟化物	氟试剂分光光度法	0. 05	GB 7483—1987
		离子选择电极法	0. 05	GB 7484—1987
		离子色谱法	0. 02	HJ/T 84—2001
13	硒	2，3- 二氨基萘荧光法	0. 00025	GB 11902—1989
		石墨炉原子吸收分光光度法	0. 003	GB/T 15505—1995
14	砷	二乙基二硫代氨基甲酸银分光光度法	0. 007	GB 7485—1987
		冷原子荧光法	0. 00006	①
15	汞	冷原子吸收分光光度法	0. 00005	GB 7468—1987
		冷原子荧光法	0. 00005	①
16	镉	原子吸收分光光度法（螯合萃取法）	0. 001	GB 7475—1987
17	铬（六价）	二苯碳酰二肼分光光度法	0. 004	GB 7467—1987
18	铅	原子吸收分光光度法（螯合萃取法）	0. 01	GB 7475—1987
19	氰化物	异烟酸 - 吡唑啉酮比色法	0. 004	GB 7487—1987
		吡啶 - 巴比妥酸比色法	0. 002	
20	挥发酚	蒸馏后 4- 氨基安替比林分光光度法	0. 002	GB 7490—1987
21	石油类	红外分光光度法	0. 01	GB/T 16488—1996
22	阴离子表面活性剂	亚甲蓝分光光度法	0. 05	GB 7494—1987
23	硫化物	亚甲基蓝分光光度法	0. 005	GB/T 16489—1996
		直接显色分光光度法	0. 004	GB/T 17133—1997
24	粪大肠菌群	多管发酵法、滤膜法	0. 05	①

注：暂采用下列分析方法，待国家方法标准发布后，执行国家标准。

①《水和废水监测分析方法（第三版）》，中国环境科学出版社，1989 年。

表 2-13　集中式生活饮用水地表水源地补充项目分析方法

序号	项　目	分析方法	最低检出限 /（mg/L）	方法来源
1	硫酸盐	重量法	10	GB 11899—1989
		火焰原子吸收分光光度法	0. 4	GB 13196—1991
		铬酸钡光度法	8	①
		离子色谱法	0. 09	HJ/T 84—2001
2	氯化物	硝酸银滴定法	10	GB 11896—1989
		硝酸汞滴定法	2. 5	①
		离子色谱法	0. 02	HJ/T 84—2001
3	硝酸盐	酚二磺酸分光光度法	0. 02	GB 7480—1987
		紫外分光光度法	0. 08	①
		离子色谱法	0. 08	HJ/T 84—2001

续表

序号	项　目	分析方法	最低检出限 /（mg/L）	方法来源
4	铁	火焰原子吸收分光光度法	0. 03	GB 11911—1989
		邻菲啰啉分光光度法	0. 03	①
5	锰	高碘酸钾分光光度法	0. 02	GB 11899—1989
		火焰原子吸收分光光度法	0. 01	GB 13196—1991
		甲醛肟光度法	0. 01	①

注：暂采用下列分析方法，待国家方法标准发布后，执行国家标准。

①《水和废水监测分析方法（第三版）》，中国环境科学出版社，1989 年。

表 2-14　集中式生活饮用水地表水源地特定项目分析方法

序号	项目	分析方法	最低检出限 /（mg/L）	方法来源
1	三氯甲烷	顶空气相色谱法	0. 0003	GB/T 17130—1997
		气相色谱法	0. 0006	①
2	四氯化碳	顶空气相色谱法	0. 00005	GB/T 17130—1997
		气相色谱法	0. 0003	①
3	三溴甲烷	顶空气相色谱法	0. 001	GB/T 17130—1997
		气相色谱法	0. 006	①
4	二氯甲烷	顶空气相色谱法	0. 0087	①
5	1，2- 二氯乙烷	顶空气相色谱法	0. 0125	①
6	环氧氯丙烷	气相色谱法	0. 02	①
7	氯乙烯	气相色谱法	0. 001	①
8	1，1- 二氯乙烯	吹出捕集气相色谱法	0. 000018	①
9	1，2- 二氯乙烯	吹出捕集气相色谱法	0. 000012	①
10	三氯乙烯	顶空气相色谱法	0. 0005	GB/T 17130—1997
		气相色谱法	0. 003	①
11	四氯乙烯	顶空气相色谱法	0. 0002	GB/T 17130—1997
		气相色谱法	0. 0012	①
12	氯丁二烯	顶空气相色谱法	0. 002	①
13	六氯丁二烯	气相色谱法	0. 00002	①
14	苯乙烯	气相色谱法	0. 01	①
15	甲醛	乙酰丙酮分光光度法	0. 05	GB 13197—1991
		氨基 -3- 联氨 -5- 巯基 -1，2，4- 三氮杂茂（AHMT）分光光度法	0. 05	①
16	乙醛	气相色谱法	0. 24	①
17	丙烯醛	气相色谱法	0. 019	①
18	三氯乙醛	气相色谱法	0. 001	①
19	苯	液上气相色谱法	0. 005	GB 11890—1989
		顶空气相色谱法	0. 00042	①
20	甲苯	液上气相色谱法	0. 005	GB 11890—1989
		二硫化碳萃取气相色谱法	0. 05	
		气相色谱法	0. 01	①
21	乙苯	液上气相色谱法	0. 005	GB 11890—1989
		二硫化碳萃取气相色谱法	0. 05	
		气相色谱法	0. 01	①

续表

序号	项目	分析方法	最低检出限 /（mg/L）	方法来源
22	二甲苯	液上气相色谱法	0. 005	GB 11890—1989
		二硫化碳萃取气相色谱法	0. 05	
		气相色谱法	0. 01	①
23	异丙苯	顶空气相色谱法	0. 0032	①
24	氯苯	气相色谱法	0. 01	HJ/T 74—2001
25	1，2- 二氯苯	气相色谱法	0. 002	GB/T 17131—1997
26	1，4- 二氯苯	气相色谱法	0. 005	GB/T 17131—1997
27	三氯苯	气相色谱法	0. 00004	①
28	四氯苯	气相色谱法	0. 00002	①
29	六氯苯	气相色谱法	0. 00002	①
30	硝基苯	气相色谱法	0. 0002	GB 13194—1991
31	二硝基苯	气相色谱法	0. 2	①
32	2，4- 二硝基甲苯	气相色谱法	0. 0003	GB 13194—1991
33	2，4，3- 三硝基甲苯	气相色谱法	0. 1	①
34	硝基氯苯	气相色谱法	0. 0002	GB 13194—1991
35	2，4- 二硝基氯苯	气相色谱法	0. 1	①
36	2，4- 二氯苯酚	电子捕获 - 毛细色谱法	0. 0004	①
37	2，4，6- 三氯苯酚	电子捕获 - 毛细色谱法	0. 00004	①
38	五氯酚	气相色谱法	0. 00004	GB 8972—1988
		电子捕获 - 毛细色谱法	0. 000024	①
39	苯胺	气相色谱法	0. 002	①
40	联苯胺	气相色谱法	0. 0002	①
41	丙烯酰胺	气相色谱法	0. 00015	①
42	丙烯腈	气相色谱法	0. 10	①
43	邻苯二甲酸二丁酯	液相色谱法	0. 0001	HJ/T 72—2001
44	邻苯二甲酸二（2-乙基己基）酯	气相色谱法	0. 0004	①
45	水合肼	对二甲氨基苯甲醛直接分光光度法	0. 005	①
46	四乙基铅	双硫腙比色法	0. 0001	①
47	吡啶	气相色谱法	0. 031	GB/T 14672—1993
		巴比土酸分光光度法	0. 05	①
48	松节油	气相色谱法	0. 02	①
49	苦味酸	气相色谱法	0. 001	①
50	丁基黄原酸	铜试剂亚铜分光光度法	0. 002	①
51	活性氯	N，N- 二乙基对苯二胺（DPD）分光光度法	0. 01	①
		3，3′，5，5′- 四甲基联苯胺比色法	0. 005	①
52	滴滴涕	气相色谱法	0. 0002	GB 7492—1987
53	林丹	气相色谱法	4×10^{-6}	GB 7492—1987
54	环氧七氯	液液萃取气相色谱法	0. 000083	①
55	对硫磷	气相色谱法	0. 00054	GB 13192—1991
56	甲基对硫磷	气相色谱法	0. 00042	GB 13192—1991
57	马拉硫磷	气相色谱法	0. 00064	GB 13192—1991

续表

序号	项目	分析方法	最低检出限/（mg/L）	方法来源
58	乐果	气相色谱法	0.00057	GB 13192—1991
59	敌敌畏	气相色谱法	0.00006	GB 13192—1991
60	敌百虫	气相色谱法	0.000051	GB 13192—1991
61	内吸磷	气相色谱法	0.0025	①
62	百菌清	气相色谱法	0.0004	①
63	甲萘威	高效液相色谱法	0.001	①
64	溴氰菊酯	气相色谱法	0.0002	①
		高效液相色谱法	0.002	①
65	阿特拉津	气相色谱法		②
66	苯并（a）芘	乙酰化滤纸层析荧光分光光度法	4×10^{-6}	GB 11895—1989
		高效液相色谱法	1×10^{-6}	GB 13198—1991
67	甲基汞	气相色谱法	1×10^{-8}	GB/T 17132—1997
68	多氯联苯	气相色谱法		②
69	微囊藻毒素-LR	高效液相色谱法	0.00001	①
70	黄磷	钼-锑-抗分光光度法	0.0025	①
71	钼	无火焰原子吸收分光光度法	0.00231	①
72	钴	无火焰原子吸收分光光度法	0.001	①
73	铍	铬菁R分光光度法	0.0002	HJ/T 58—2000
		石墨炉原子吸收分光光度法	0.00002	HJ/T 59—2000
		桑色素荧光分光光度法	0.0002	①
		姜黄素分光光度法	0.02	HJ/T 49—1999
74	硼	甲亚胺-H分光光度法	0.2	①
75	锑	氢化原子吸收分光光度法	0.00025	①
76	镍	无火焰原子吸收分光光度	0.00248	①
77	钡	无火焰原子吸收分光光度	0.00618	①
		钽试剂（BPHA）萃取分光光度法	0.018	GB/T 15503—1995
78	钒	无火焰原子吸收分光光度法	0.00698	①
		催化示波极谱法	0.0004	①
79	钛	水杨基荧光酮分光光度法	0.02	①
80	铊	无火焰原子吸收分光光度法	4×10^{-6}	①

注：暂采用下列分析方法，待国家方法标准发布后，执行国家标准。

①《生活饮用水卫生规范》，中华人民共和国卫计委，2001年。

②《水和废水标准检验法》（第15版），中国建筑工业出版社，1985年。

7. 标准的实施与监督

（1）本标准由县级以上人民政府环境保护行政主管部门及相关部门按职责分工监督实施。

（2）集中式生活饮用水地表水源地水质超标项目经自来水厂净化处理后，必须达到《生活饮用水卫生规范》的要求。

（3）省、自治区、直辖市人民政府可以对本标准中未做规定的项目，制定地方补充标准，并报国务院环境保护行政主管部门备案。

2.2.4 地下水质量标准（GB/T 14848—2017）

1. 范围

本标准规定了地下水质量分类、指标及限值，地下水质量调查与监测，地下水质量评价等内容。

本标准适用于地下水质量调查、监测、评价与管理。

2. 规范性引用文件

下列文件对于本文件的应用是必不可少的。凡是注日期的引用文件，仅注日期的版本适用于本文件；凡是不注日期的引用文件，其最新版本（包括所有的修改单）适用于本文件。

GB 5749—2006《生活饮用水卫生标准》。

GB/T 27025—2008《检测和校准实验室能力的通用要求》。

3. 术语和定义

下列术语和定义适用于本文件。

（1）地下水质量（groundwater quality）：地下水的物理、化学和生物性质的总称。

（2）常规指标（regular indices）：反映地下水质量基本状况的指标，包括感官性状及一般化学指标、微生物指标、常见毒理学指标和放射性指标。

（3）非常规指标（non-regular indices）：在常规指标上进行拓展，根据地区和时间差异或特殊情况确定的地下水质量指标，反映地下水中所产生的主要质量问题，包括比较少见的无机和有机毒理学指标。

（4）人体健康风险（human health risk）：地下水中各种组分对人体健康产生危害的概率。

4. 地下水质量分类及指标

1）地下水质量分类

依据我国地下水质量状况和人体健康风险，参照生活饮用水、工业、农业等用水质量要求，依据各组分含量高低（pH 值除外），分为五类。

Ⅰ类：地下水化学组分含量低，适用于各种用途。

Ⅱ类：地下水化学组分含量较低，适用于各种用途。

Ⅲ类：地下水化学组分含量中等，以 GB 5749—2006 为依据，主要适用于集中式生活饮用水水源及工农业用水。

Ⅳ类：地下水化学组分含量较高，以农业和工业用水质量要求以及一定水平的人体健康风险为依据，适用于农业和部分工业用水，适当处理后可作为生活饮用水。

Ⅴ类：地下水化学组分含量高，不宜作为生活饮用水水源，其他用水可根据使用目的选用。

（2）地下水质量分类指标

地下水质量指标分为常规指标和非常规指标，其分类及限值分别见表 2-15 和表 2-16。

表 2-15　地下水质量常规指标及限值

序号	指　标	Ⅰ类	Ⅱ类	Ⅲ类	Ⅳ类	Ⅴ类
	感官性状及一般化学指标					
1	色（铂钴色度单位）	≤ 5	≤5	≤ 15	≤ 25	> 25
2	嗅和味	无	无	无	无	有
3	浑浊度 /NTU①	≤ 3	≤ 3	≤ 3	≤ 10	> 10
4	肉眼可见物	无	无	无	无	有
5	pH 值	6.5 ≤ pH ≤ 8.5			5.5 ≤ pH<6.5 8.5 <pH≤ 9.0	pH <5.5 或 pH > 9.0
6	总硬度（以 $CaCO_3$ 计）/（mg/L）	≤ 150	≤ 300	≤ 450	≤ 650	> 650
7	溶解性总固体 /（mg/L）	≤ 300	≤ 500	≤ 1000	≤ 2000	> 2000
8	硫酸盐 /（mg/L）	≤ 50	≤ 150	≤ 250	≤ 350	> 350
9	氯化物 /（mg/L）	≤ 50	≤ 150	≤ 250	≤ 350	> 350
10	铁 /（mg/L）	≤ 0.1	≤ 0.2	≤ 0.3	≤ 2.0	> 2.0
11	锰 /（mg/L）	≤ 0.05	≤ 0.05	≤ 0.10	≤ 1.50	> 1.50
12	铜 /（mg/L）	≤ 0.01	≤ 0.05	≤ 1.00	≤ 1.50	> 1.50
13	锌 /（mg/L）	≤ 0.05	≤ 0.5	≤ 1.00	≤ 5.00	> 5.00
14	铝 /（mg/L）	≤ 0.01	≤ 0.05	≤ 0.20	≤ 0.50	> 0.50
15	挥发性酚类（以苯酚计）/（mg/L）	≤ 0.001	≤ 0.001	≤ 0.002	≤ 0.01	> 0.01
16	阴离子表面活性剂 /（mg/L）	不得检出	≤ 0.1	≤ 0.3	≤0.3	> 0.3
17	耗氧量（COD_{Mn} 法，以 O_2 计）/（mg/L）	≤ 1.0	≤ 2.0	≤ 3.0	≤ 10.0	> 10.0
18	氨氮（以 N 计）/（mg/L）	≤ 0.02	≤ 0.10	≤ 0.50	≤ 1.50	> 1.50
19	硫化物 /（mg/L）	≤ 0.005	≤ 0.01	≤ 0.02	≤ 0.10	> 0.10
20	钠 /（mg/L）	≤ 100	≤ 150	≤ 200	≤ 400	> 400
	微生物指标					
21	总大肠菌群 /（MPN②/100mL 或 CFU③/100mL）	≤ 3.0	≤ 3.0	≤ 3.0	≤ 100	> 100
22	菌落总数 /（CFU/mL）	≤ 100	≤ 100	≤ 100	≤ 1000	> 1000
	毒理学指标					
23	亚硝酸盐（以 N 计）/（mg/L）	≤ 0.01	≤ 0.10	≤ 1.00	≤ 4.80	> 4.80
24	硝酸盐（以 N 计）/（mg/L）	≤ 2.0	≤ 5.0	≤ 20.0	≤ 30.0	> 30.0
25	氰化物 /（mg/L）	≤ 0.001	≤ 0.01	≤ 0.05	≤ 0.1	> 0.1
26	氟化物 /（mg/L）	≤ 1.0	≤ 1.0	≤ 1.0	≤ 2.0	> 2.0
27	碘化物 /（mg/L）	≤ 0.04	≤ 0.04	≤ 0.08	≤ 0.50	> 0.50
28	汞 /（mg/L）	≤ 0.0001	≤ 0.001	≤ 0.01	≤ 0.05	> 0.05
29	砷 /（mg/L）	≤ 0.001	≤ 0.001	≤ 0.01	≤ 0.05	> 0.05
30	硒 /（mg/L）	≤ 0.01	≤ 0.01	≤ 0.01	≤ 0.1	> 0.1
31	镉 /（mg/L）	≤ 0.0001	≤ 0.001	≤ 0.005	≤ 0.01	> 0.01
32	铬（六价）/（mg/L）	≤ 0.005	≤ 0.01	≤ 0.05	≤ 0.10	> 0.10
33	铅 /（mg/L）	≤ 0.005	≤ 0.005	≤ 0.01	≤ 0.10	> 0.10
34	三氯甲烷 /（μg/L）	≤ 0.5	≤ 6	≤ 60	≤ 300	> 300
35	四氯化碳 /（μg/L）	≤ 0.5	≤ 0.5	≤ 2.0	≤ 50.0	> 50.0
36	苯 /（μg/L）	≤ 0.5	≤ 1.0	≤ 10.0	≤ 120	> 120
37	甲苯 /（μg/L）	≤ 0.5	≤ 140	≤ 700	≤ 1400	> 1400

续表

序号	指　标	Ⅰ类	Ⅱ类	Ⅲ类	Ⅳ类	Ⅴ类
	放射性指标[④]					
38	总 α 放射性 / (Bq/L)	≤ 0.1	≤ 0.1	≤ 0.5	> 0.5	> 0.5
39	总 β 放射性 / (Bq/L)	≤ 0.1	≤ 1.0	≤ 1.0	> 1.0	> 1.0

注：① NTU 为散射浊度单位；② MPN 表示最可能数。

③ CFU 表示菌落形成单位；④ 放射性指标超过指导值，应进行核素分析和评价。

表 2-16　地下水质量非常规指标及限值（毒理学指标）

序号	指　标	Ⅰ类	Ⅱ类	Ⅲ类	Ⅳ类	Ⅴ类
1	铍 / (mg/L)	≤ 0.0001	≤ 0.0001	≤ 0.002	≤ 0.06	> 0.06
2	硼 / (mg/L)	≤ 0.02	≤ 0.10	≤ 0.50	≤ 2.00	> 2.00
3	锑 / (mg/L)	≤ 0.0001	≤ 0.0005	≤ 0.005	≤ 0.01	> 0.01
4	钡 / (mg/L)	≤ 0.01	≤ 0.10	≤ 0.70	≤ 4.00	> 4.00
5	镍 / (mg/L)	≤ 0.002	≤ 0.002	≤ 0.02	≤ 0.10	> 0.10
6	钴 / (mg/L)	≤ 0.005	≤ 0.005	≤ 0.05	≤ 0.10	> 0.10
7	钼 / (mg/L)	≤ 0.001	≤ 0.01	≤ 0.07	≤ 0.15	> 0.15
8	银 / (mg/L)	≤ 0.001	≤ 0.01	≤ 0.05	≤ 0.10	> 0.10
9	铊 / (mg/L)	≤ 0.0001	≤0.0001	≤0.0001	≤0.001	> 0.001
10	二氯甲烷 / (μg/L)	≤ 1	≤ 2	≤ 20	≤ 500	> 500
11	1，2- 二氯乙烷 / (μg/L)	≤ 0.5	≤ 3.0	≤ 30.0	≤ 40.0	> 40.0
12	1，1，1- 三氯乙烷 / (μg/L)	≤ 0.5	≤ 400	≤ 2000	≤ 4000	> 4000
13	1，1，2- 三氯乙烷 / (μg/L)	≤ 0.5	≤ 0.5	≤ 5.0	≤ 60.0	> 60.0
14	1，2- 二氯丙烷 / (μg/L)	≤ 0.5	≤ 0.5	≤ 5.0	≤ 60.0	> 60.0
15	三溴甲烷 / (μg/L)	≤ 0.5	≤ 10.0	≤ 100	≤ 800	> 800
16	氯乙烯 / (μg/L)	≤ 0.5	≤ 0.5	≤ 5.0	≤ 90.0	> 90.0
17	1，1- 二氯乙烯 / (μg/L)	≤ 0.5	≤ 3.0	≤ 30.0	≤ 60.0	> 60.0
18	1，2- 二氯乙烯 / (μg/L)	≤ 0.5	≤ 5.0	≤ 50.0	≤ 60.0	> 60.0
19	三氯乙烯 / (μg/L)	≤ 0.5	≤ 7.0	≤ 70.0	≤ 210	> 210
20	四氯乙烯 / (μg/L)	≤ 0.5	≤ 4.0	≤ 40.0	≤ 300	> 300
21	氯苯 / (μg/L)	≤ 0.5	≤ 60.0	≤ 300	≤ 600	> 600
22	邻二氯苯 / (μg/L)	≤ 0.5	≤ 200	≤ 1000	≤ 2000	> 2000
23	对二氯苯 / (μg/L)	≤ 0.5	≤ 30.0	≤ 300	≤ 600	> 600
24	三氯苯（总量）/ (μg/L) [①]	≤ 0.5	≤ 4.0	≤ 20.0	≤ 180	> 180
25	乙苯 / (μg/L)	≤ 0.5	≤ 30.0	≤ 300	≤ 600	> 600
26	二甲苯（总量）/ (μg/L) [②]	≤0.5	≤100	≤ 500	≤ 1000	> 1000
27	苯乙烯 / (μg/L)	≤ 0.5	≤ 2.0	≤ 20.0	≤ 40.0	> 40.0
28	2，4- 二硝基甲苯 / (μg/L)	≤ 0.1	≤ 0.5	≤ 5.0	≤ 60.0	> 60.0
29	2，6- 二硝基甲苯 / (μg/L)	≤ 0.1	≤ 0.5	≤ 5.0	≤ 30.0	> 30.0
30	萘 / (μg/L)	≤ 1	≤ 10	≤ 100	≤ 600	> 600
31	蒽 / (μg/L)	≤ 1	≤ 360	≤ 1800	≤ 3600	> 3600
32	荧蒽 / (μg/L)	≤ 1	≤ 50	≤ 240	≤ 480	> 480
33	苯并（b）荧蒽 / (μg/L)	≤ 0.1	≤ 0.4	≤ 4.0	≤ 8.0	> 8.0
34	苯并（a）芘 / (μg/L)	≤ 0.002	≤ 0.002	≤ 0.01	≤ 0.50	> 0.50

续表

序号	指　标	Ⅰ类	Ⅱ类	Ⅲ类	Ⅳ类	Ⅴ类
35	多氯联苯（总量）/（μg/L）③	≤ 0.05	≤ 0.05	≤ 0.50	≤ 10.0	> 10.0
36	邻苯二甲酸二（2-乙基己基）酯 /（μg/L）	≤ 3.0	≤ 3.0	≤ 8.0	≤ 300	> 300
37	2，4，6-三氯酚 /（μg/L）	≤ 0.05	≤ 20.0	≤ 200	≤ 300	> 300
38	五氯酚 /（μg/L）	≤ 0.05	≤ 0.90	≤ 9.0	≤ 18.0	> 18.0
39	六六六（总量）/（μg/L）④	≤ 0.01	≤ 0.50	≤ 5.0	≤ 300	> 300
40	γ-六六六（林丹）/（μg/L）	≤ 0.01	≤ 0.20	≤ 2.00	≤ 150	> 150
41	滴滴涕（总量）/（μg/L）⑤	≤ 0.01	≤ 0.10	≤ 1.00	≤ 2.00	> 2.00
42	六氯苯 /（μg/L）	≤ 0.01	≤ 0.10	≤ 1.00	≤ 2.00	> 2.00
43	七氯 /（μg/L）	≤ 0.01	≤ 0.04	≤ 0.40	≤ 0.80	> 0.80
44	2，4-滴 /（μg/L）	≤ 0.1	≤ 6.0	≤ 30.0	≤ 150	> 150
45	克百威 /（μg/L）	≤ 0.05	≤ 1.40	≤ 7.00	≤ 14.0	> 14.0
46	涕灭威 /（μg/L）	≤ 0.05	≤ 0.60	≤ 3.00	≤ 30.0	> 30.0
47	敌敌畏 /（μg/L）	≤ 0.05	≤ 0.10	≤ 1.00	≤ 2.00	> 2.00
48	甲基对硫磷 /（μg/L）	≤ 0.05	≤ 4.00	≤ 20.0	≤ 40.0	> 40.0
49	马拉硫磷 /（μg/L）	≤ 0.05	≤ 25.0	≤ 250	≤ 500	> 500
50	乐果 /（μg/L）	≤ 0.05	≤ 16.0	≤ 80.0	≤ 160	> 160
51	毒死蜱 /（μg/L）	≤ 0.05	≤ 6.00	≤ 30.0	≤ 60.0	> 60.0
52	百菌清 /（μg/L）	≤ 0.05	≤ 1.00	≤ 10.0	≤ 150	> 150
53	莠去津 /（μg/L）	≤ 0.05	≤ 0.40	≤ 2.00	≤ 600	> 600
54	草甘膦 /（μg/L）	≤ 0.1	≤ 140	≤ 700	≤ 1400	> 1400

注：①三氯苯（总量）为1，2，3-三氯苯、1，2，4-三氯苯、1，3，5-三氨苯3种异构体加和。

②二甲苯（总量）为邻二甲苯、间二甲苯、对二甲苯3种异构体加和。

③多氯联苯（总量）为PCB28、PCB52、PCB101、PCB118、PCB138、PCB153、PCB180、PCB194、PCB206共9种多氯联苯单体加和。

④六六六（总量）为 *α*-六六六、*β*-六六六、*γ*-六六六、*δ*-六六六4种异构体加和。

⑤滴滴涕（总量）为 *o*，*p*-滴滴涕、*p*，*p*'-滴滴伊、*p*，*p*'-滴滴滴、*p*，*p*'-滴滴涕4种异构体加和。

5. 地下水质量调查与监测

（1）地下水质量应定期监测。潜水监测频率应不少于每年两次（丰水期和枯水期各1次），承压水监测频率可以根据质量变化情况确定，宜每年1次。

（2）依据地下水质量的动态变化，应定期开展区域性地下水质量调查评价。

（3）地下水质量调查与监测指标以常规指标为主，为便于水化学分析结果的审核，应补充钾、钙、镁、重碳酸根、碳酸根、游离二氧化碳指标；不同地区可在常规指标的基础上，根据当地实际情况补充选定非常规指标进行调查与监测。

（4）地下水样品的采集参照相关标准执行，地下水样品的保存和送检按附录A执行。

（5）地下水质量检测方法的选择参见附录B，使用前应按照GB/T 27025—2008中5.4的要求，进行有效确认和验证。

6. 地下水质量评价

（1）地下水质量评价应以地下水质量检测资料为基础。

（2）地下水质量单指标评价，按指标值所在的限值范围确定地下水质量类别指标限值相同时，从优不从劣。

示例：挥发性酚Ⅰ类、Ⅱ类限值均为0.001mg/L，若质量分析结果为0.001mg/L时，应定为Ⅰ类，不定为Ⅱ类。

（3）地下水质量综合评价，按单指标评价结果最差的类别确定，并指出最差类别的指标。

示例：某地下水样氯化物含量400mg/L，四氯乙烯含量350μg/L，这两个指标属Ⅴ类；其余指标均低于Ⅴ类，则该地下水质量综合类别定为Ⅴ类，Ⅴ类指标为氯离子和四氯乙烯。

附录A
（规范性附录）

地下水样品的保存和送检要求见表2-17。

表2-17 地下水样品的保存和送检要求

序号	检测指标	采样容器和体积	保存方法	保存时间
1	色	G或P，1L	原样	10d
2	嗅和味	G或P，1L	原样	10d
3	浑浊度	G或P，1L	原样	10d
4	肉眼可见物	G或P，1L	原样	10d
5	pH值	G或P，1L	原样	10d
6	总硬度	G或P，1L	原样	10d
7	溶解性总固体	G或P，1L	原样	10d
8	硫酸盐	G或P，1L	原样	10d
9	氯化物	G或P，1L	原样	10d
10	铁	G或P，1L	原样	10d
11	锰	G，0.5L	硝酸，pH≤2	30d
12	铜	G，0.5L	硝酸，pH≤2	30d
13	锌	G，0.5L	硝酸，pH≤2	30d
14	铝	G，0.5L	硝酸，pH≤2	30d
15	挥发性酚类	G，1L	氢氧化钠，pH≥14.4℃冷藏	24h
16	阴离子表面活性剂	G或P，1L	原样	10d
17	耗氧量（COD_{Mn}法）	G或P，1L	原样	10d
			或硫酸，pH≤2	24h
18	氨氮	G或P，1L	原样	10d
			或硫酸，pH≤2，4℃冷藏	24h
19	硫化物	棕色G，0.5L	每100mL水样加入4滴乙酸锌溶液（200g/L）和氢氧化钠溶液（40g/L），避光	7d
20	钠	G或P，1L	原样	10d
21	总大肠菌群	灭菌瓶或灭菌袋	原样	4h
22	菌落总数	灭菌瓶或灭菌袋	原样	4h
23	亚硝酸盐	G或P，1L	原样	10d
			或硫酸，pH≤2，4℃冷藏	24h

附录 B
（资料性附录）

地下水质量检测指标推荐分析方法见表 2-18。

表 2-18　地下水质量检测指标推荐分析方法

序号	检测指标	推荐分析方法
1	色	铂－钴标准比色法
2	嗅和味	嗅气和尝味法
3	浑浊度	散射法、比浊法
4	肉眼可见物	直接观察法
5	pH 值	玻璃电极法（现场和实验室均需检测）
6	总硬度	EDTA 容量法、电感耦合等离子体原子发射光谱法、电感耦合等离子体质谱法
7	溶解性总固体	105℃干燥重量法、180℃干燥重量法
8	硫酸盐	硫酸钡重量法、离子色谱法、EDTA 容量法、硫酸钡比浊法
9	氯化物	离子色谱法、硝酸银容量法
10	铁	电感耦合等离子体原子发射光谱法、原子吸收光谱法、分光光度法
11	锰	电感耦合等离子体原子发射光谱法、电感耦合等离子体质谱法、原子吸收光谱法
12	铜	电感耦合等离子体质谱法、原子吸收光谱法
13	锌	电感耦合等离子体质谱法、原子吸收光谱法
14	铝	电感耦合等离子体原子发射光谱法、电感耦合等离子体质谱法
15	挥发性酚类	分光光度法、溴化容量法
16	阴离子表面活性剂	分光光度法
17	耗氧量（COD_{Mn}）法	酸性高锰酸盐法、碱性高锰酸盐法
18	氨氮	离子色谱法、分光光度法
19	硫化物	碘量法
20	钠	电感耦合等离子体原子发射光谱法、火焰发射光度法、原子吸收光谱法
21	总大肠菌落	多管发酵法
22	菌落总数	平皿计数法
23	亚硝酸盐	分光光度法
24	硝酸盐	离子色谱法、紫外分光光度法
25	氰化物	分光光度法、容量法
26	氟化物	离子色谱法、离子选择电极法、分光光度法
27	碘化物	分光光度法、电感耦合等离子体质谱法、离子色谱法
28	汞	原子荧光光谱法、冷原子吸收光谱法
29	砷	原子荧光光谱法、电感耦合等离子体质谱法
30	硒	原子荧光光谱法、电感耦合等离子体质谱法
31	镉	电感耦合等离子体质谱法、石墨炉原子吸收光谱法
32	铬（六价）	电感耦合等离子体质谱法、分光光度法
33	铅	电感耦合等离子体质谱法
34	总 α 放射性	厚样法
35	总 β 放射性	薄样法
36	铍	电感耦合等离子体质谱法
37	硼	电感耦合等离子体质谱法、分光光度法

续表

序号	检测指标	推荐分析方法
38	锑	原子荧光光谱法、电感耦合等离子体质谱法
39	钡	电感耦合等离子体质谱法
40	镍	电感耦合等离子体质谱法
41	钴	电感耦合等离子体质谱法
42	钼	电感耦合等离子体质谱法
43	银	电感耦合等离子体质谱法、石墨炉原子吸收光谱法
44	铊	电感耦合等离子体质谱法
45	三氯甲烷	吹扫－捕集／气相色谱－质谱法 顶空／气相色谱－质谱法
46	四氯化碳	
47	苯	
48	甲苯	
49	二氯甲烷	
50	1，2- 二氯乙烷	
51	1，1，1- 三氯乙烷	
52	1，1，2- 三氯乙烷	
53	1，2- 二氯丙烷	
54	三溴甲烷	
55	氯乙烯	
56	1，1- 二氯乙烯	
57	1，2- 二氯乙烯	
58	三氯乙烯	
59	四氯乙烯	
60	氯苯	
61	邻二氯苯	
62	对二氯苯	
63	三氯苯（总量）	
64	乙苯	
65	二氯苯（总量）	
66	苯乙烯	
67	2，4- 二硝基甲苯	气相色谱－电子捕获检测器法 气相色谱－质谱法
68	2，6- 二硝基甲苯	
69	萘	气相色谱－质谱法 高效液相色谱－荧光检测器－紫外检测器法
70	蒽	
71	荧蒽	
72	苯并（b）荧蒽	
73	苯并（a）芘	气相色谱－质谱法 高效液相色谱－荧光检测器－紫外检测器法
74	多氯联苯（总量）	气相色谱－电子捕获检测器法；气相色谱－质谱法
75	邻苯二甲酸二（2- 乙基己基）酯	气相色谱－电子捕获检测器法；气相色谱－质谱法；高效液相色谱－紫外检测器法
76	2，4，6- 三氯酚	
77	五氯酚	

续表

序号	检测指标	推荐分析方法
78	六六六（总量）	气相色谱 - 电子捕获检测器法 气相色谱 - 质谱法
79	γ- 六六六（林丹）	
80	滴滴涕（总量）	气相色谱 - 电子捕获检测器法 气相色谱 - 质谱法
81	六氯苯	
82	七氯	
83	2，4- 滴	
84	克百威	液相色谱 - 紫外检测器法
85	涕灭威	液相色谱 - 质谱法
86	敌敌畏	气相色谱 - 氮磷检测器法 气相色谱 - 质谱法 液相色谱 - 质谱法
87	甲基对硫磷	
88	马拉硫磷	
89	乐果	
90	毒死蜱	
91	百菌清	气相色谱 - 电子捕获检测器法；气相色谱 - 质谱法；液相色谱 - 质谱法
92	莠去津	
93	草甘膦	液相色谱 - 紫外检测器法；液相色谱 - 质谱法

注：1. 45~66 号为挥发性有机物，可采用吹扫 - 捕集 / 气相色谱 - 质谱法或顶空 / 气相色谱 - 质谱法同时测定。

2. 67~83 号、86~92 号可采用气相色谱 - 质谱法同时测定。

3. 83~92 号可采用液相色谱 - 质谱法同时测定。

4. 草甘膦需要衍生化，应单独一个分析流程。

2. 2. 5　煤炭行业绿色矿山建设规范（DZ/T 0315—2018）

1. 范围

本标准规定了煤炭行业绿色矿山矿区环境、资源开发方式、资源综合利用、节能减排、科技创新与数字化矿山、企业管理与企业形象方面的基本要求。

本标准适用于煤炭行业新建、改扩建和生产矿山的绿色矿山建设。

2. 规范性引用文件

下列文件对于本文件的应用是必不可少的。凡是注日期的引用文件，仅所注日期的版本适用于本文件；凡是不注日期的引用文件，其最新版本（包括所有的修改单）适用于本文件。

GB/T 13306《标牌》。

GB 14161《矿山安全标志》。

GB 20426—2006《煤炭工业污染物排放标准》。

GB 21522—2008《煤层气（煤矿瓦斯）排放标准》。

GB/T 28754—2012《煤层气（煤矿瓦斯）利用导则》。

GB/T 29162—2012《煤矸石分类》。

GB/T 29163—2012《煤矸石利用技术导则》。

GB/T 2944《煤矿井工开采单位产品能源消耗限额》。

GB/T 29445《煤炭露天开采单位产品能源消耗限额》。

GB/T 31089—2014《煤矿回采率计算方法及要求》。

GB/T 31356—2014《商品煤质量评价与控制技术指南》。

GB 50187《工业企业总平面设计规范》。

GB 50197—2015《煤炭工业露天矿设计规范》。

GB 50215—2015《煤炭工业矿井设计规范》。

AQ 1010—2005《选煤厂安全规程》。

HJ 446—2008《清洁生产标准 煤炭采选业》。

HJ 651《矿山生态环境保护与恢复治理技术规范》。

TD 1036《土地复垦质量控制标准》。

3. 术语和定义

下列术语和定义适用于本规范。

（1）绿色矿山（green mine）：在矿产资源开发全过程中，实施科学有序开采，对矿区及周边生态环境扰动控制在可控范围内，实现矿区环境生态化、开采方式科学化、资源利用高效化、管理信息数字化和矿区社区和谐化的矿山。

（2）矿区绿化覆盖率（green coverage rate of the mining area）：矿区土地绿化面积占废石场、矿区工业场地、矿区专用道路两侧绿化带等厂界内可绿化面积的百分比。

（3）研发及技改投入（input of research and development and technical innovation）：企业开展研发和技改活动的资金投入。研发和技改活动包括科研开发、技术引进、技术创新、改造和推广、设备更新，以及科技培训、信息交流、科技协作等。

4. 总则

（1）矿山应遵守国家法律法规和相关产业政策，依法办矿。

（2）矿山应贯彻创新、协调、绿色、开放、共享的发展理念。遵循因矿制宜的原则，实现矿产资源开发全过程的资源利用、节能减排、环境保护、土地复垦、企业文化和企业和谐等的统筹兼顾和全面发展。

（3）矿山应以人为本，保护职工身体健康，预防、控制和消除职业病危害。

（4）新建、改扩建矿山应根据本标准建设；生产矿山应根据本标准进行升级改造。绿色矿山建设应贯穿设计、建设、生产和闭坑全过程。

5. 矿区环境

1）基本要求

（1）矿区功能分区布局合理，矿区应绿化、美化，整体环境整洁美观。

（2）煤炭生产、运输和贮存等管理规范有序。

2）矿容矿貌

（1）矿区按生产区、管理区、生活区和生态保护区等功能分区，各功能区应符合 GB 50187 的规定。生产、生活、管理等功能区应有相应的管理机构和管理制度，运行有序、管理规范。

（2）矿区地面运输、供水、供电、卫生、环保等配套设施应齐全；生产区应设置操作提示牌、说明牌、线路示意图牌等标牌，标牌应符合 GB/T 13306 的规定；井工煤矿道路交叉口、地面变电站、井口、配电室、提升机房、主通风机房、矸石山、排洪沟附近，露天煤矿矿坑集中排水仓、配电室、边坡弯道、坑外变电站、道路交叉口、加油站或油库等需要警示安全的区域应设置安全标志，安全标志应符合 GB 14161 的规定。

（3）大中型煤矿地面运煤系统、运输设备、煤炭贮存场所应全封闭；煤炭运输、贮存未达到全封闭管理的小型煤矿应设置挡风抑尘和洒水喷淋装置进行防尘。

（4）矿区生产生活形成的固体废弃物应设置专用堆积场所，并符合《中华人民共和国固体废弃物污染环境防治法》《中华人民共和国地质灾害防治条例》《煤矿安全监察条例》等安全、环保和监测的规定。

（5）矿容矿貌应与周边地表、植被等自然环境相协调。

3）矿区绿化

（1）矿区绿化应与周边自然景观相协调，绿化植物搭配合理、长势良好，矿区绿化覆盖率应达到 100%。

（2）应对露天开采矿山的排土场进行复垦和绿化，矿区专用道路两侧因地制宜设置隔离绿化带。

6. 资源开发方式

1）基本要求

（1）资源开发应与环境保护、资源保护、城乡建设相协调，最大限度减少对自然环境的扰动和破坏，选择资源节约型、环境友好型开发方式。

（2）应遵循矿区煤炭资源赋存状况、生态环境特征等条件，因地制宜选择资源利用率高、废物产生量小、水重复利用率高，且对矿区生态破坏小的减排保护开采技术。

（3）应贯彻“边开采、边治理、边恢复”的原则，及时治理恢复矿山地质环境，复垦矿山占用土地和损毁土地。

2）减排保护开采技术

（1）充填开采。下列情况宜采用充填开采技术：

① 东部地区、环境敏感地区和“三下一上”（建筑物下、铁路下、水体下、承压含水层上等，下同）压煤区域应采用充填开采技术，确保地面无矸石山堆存。

② 其他地区优先采用充填开采。充填区域的选择及充填开采方案应与矿山地质环境保护与土地复垦方案有机结合。

③ 在不产生二次污染的前提下，应优先利用煤矸石等固体废弃物充填采空区。

（2）保水开采。下列情况宜采用保水开采技术：

① 西部生态脆弱地区、井下强含水层或地下水严重渗漏区域应采用保水开采技术。

② 开采中应采取可操作性强、行之有效的措施，防控采动裂隙对关键含水层的不利影响。

③ 有可能与重要河流和水库、民用水源联通的区域，通过帷幕、隔水层加固等方式有效隔离。

（3）共伴生资源共采。下列情况宜采用共伴生资源共采技术：

① 工业品位达到可利用要求的共伴生资源应与煤炭同时进行开采回收。

② 应对煤系地层共伴生矿产资源进行综合勘查、综合评价，制定煤与共伴生资源综合开发利用方案，根据国家规定严格执行。

③ 新建矿山共伴生矿产资源综合利用工程应与煤炭开采、洗选工程同时设计、同时施工、同时投入生产。

④ 煤矿瓦斯应先抽后掘、先抽后采，实现应抽尽抽和抽采平衡；对高瓦斯矿井、煤（岩）与瓦斯（二氧化碳）突出矿井，应先采气再采煤，实现抽采达标。

3）开采方法与工艺

（1）应选择国家鼓励、支持和推广的机械化、自动化、信息化和智能化开采技术和工艺。

（2）井工煤矿开采方法与工艺按 GB 50215—2015 的规定执行。

（3）露天煤矿开采方法与工艺按 GB 50197—2015 的规定执行。

（4）大中型煤矿综掘机械化程度应不低于 65%，综采机械化程度应不低于 85%，宜推广“有人巡视，无人值守”的智能化采煤工作面。

（5）减排保护性开采技术一般包括充填开采、保水开采、共伴生资源共采（煤与瓦斯共采）等开采技术。

4）回采率

（1）井工煤矿采区回采率、工作面回采率应符合 GB/T 31089—2014 的规定，分别见附录 A 中表 2-19、表 2-20。

（2）露天煤矿资源回收率应符合 HJ 446—2008 的规定，见附录 A 中表 2-21。

5）生态环境保护

（1）应按照矿山地质环境保护与土地复垦方案进行环境治理和土地复垦。具体要求如下：

① 排土场、露天采场、矿区专用道路、矿山工业场地、沉陷区、矸石场和矿山受污染场地的生态环境保护与恢复治理，应符合 HJ 651 的规定。

② 土地复垦质量应符合 TD/T 1036 的规定。

③ 地表仍在下沉、暂时难以治理的土地，应进行动态监测，适时治理。

④ 恢复治理后的各类场地应对动植物不造成威胁，与周边自然景观相协调。

⑤ 地下水系统进行分层隔离，并有效防治采空区水对资源性含水层的污染。

（2）应建立环境监测机制，设置专门机构，配备专职管理人员和监测人员。具体要求如下：

① 应对瓦斯、矿井水、噪声等污染源和污染物进行动态监测，监测数据由专人管理，并向社会公开。

② 应对开采中和开采后的土地复垦区域稳定性进行动态监测，由专职人员对土地复垦质量进行检验。

（3）应限制开发高硫、高砷、高灰、高氟等对生态环境影响较大的煤炭资源。

7. 资源综合利用

1）基本要求

按照减量化、再利用、资源化的原则，综合开发利用共伴生矿产资源，科学利用固体废弃物、废水等，发展循环经济。

2）选煤

（1）新建大中型煤矿应配套建设选煤厂或中心选煤厂，原煤入选率不低于 75%。

（2）选煤厂的生产、操作和管理按照 AQ 1010—2005 的规定执行。

（3）应根据不同的煤质，选用先进适用的选煤设备和工艺，实现煤炭资源的清洁高效利用。

（4）生产商品煤质量应符合 GB/T 31356—2014 的规定。

3）共伴生资源利用

（1）应对共伴生资源进行综合勘查、综合评价、综合开发。

（2）煤矿共伴生矿产资源应选用先进适用、经济合理的工艺进行加工处理和综合利用。

（3）宜推进煤系高岭土（岩）、耐火黏土、硅藻土、铝矾土、膨润土、硫铁矿、油母页岩、石墨、石灰石等共伴生矿产精深加工产业发展，减少资源浪费；宜对与煤共伴生的铉、锗等资源开发利用。

（4）应推进煤矿瓦斯安全利用、梯级利用和规模化利用。煤矿瓦斯（煤层气）利用应按 GB/T 28754—2012 的规定执行。煤层气（煤矿瓦斯）利用率指标取值见附录 B 的表 2-22、表 2-23。

4）矿井水疏干水利用

（1）矿井水、疏干水应采用洁净化、资源化技术和工艺进行合理处置，处置率达 100%。

（2）矿井水利用率应符合 HJ 446—2008 的规定。矿井水利用率指标取值见附录 C 的表 2-24。

（3）即将关闭的矿井应对可利用的采空区水进行隔离保护。

8. 节能减排

1）基本要求

应建立矿山生产全过程能耗核算体系，通过采取节能减排措施，控制并减少单位产品能耗、物耗、水耗，减少“三废”排放。

2）节能降耗

（1）现有井工矿井单位产品能耗限额、新建矿井单位产品能耗准入值应按 GB/T 2944—2012 中的规定执行；露天煤矿单位产品能耗限额应按 GB/T 29445—2012 中的规定执行。

（2）应开发利用高效节能的新技术、新工艺、新设备和新材料，淘汰高能耗、高污染、低效率的工艺和设备。

（3）应改进井下支护工艺，在保证安全的前提下，大幅减少钢棚梁使用数量，推广锚网支护技术，节约钢材使用量。

3）污水排放

（1）应建立污水处理站，合理处置矿井水，矿区实现雨污分流、清污分流。

（2）矿区及贮煤场应建有雨水截（排）水沟，地表径流水经沉淀处理后达标排放。

（3）煤炭工业废水有毒污染物排放、采煤废水污染物排放、选煤废水污染物排放应符合 GB 20426—2006 的规定。煤炭工业废水有毒污染物排放限值指标取值见附录 D 的表 2-25，采煤废水污染物排放限值指标取值见附录 D 的表 2-26，选煤废水污染物排放限值指标取值见附录 D 的表 2-27。

附录 A
（规范性附录）
煤炭资源回收率指标取值

表 2-19　采区回采率取值

序号	赋存条件				采区回采率 / %
	煤层厚度 / m	煤层倾角 / （°）	顶底板分级	地质构造分级	
1	h≤1. 5m	α≤35°	Ⅰ、Ⅱ	简单构造、中等构造	≥91
2				复杂、极复杂构造	≥89
3			Ⅲ、Ⅳ	简单构造、中等构造	≥89
4				复杂、极复杂构造	≥87
5		α＞35°	Ⅰ、Ⅱ	简单构造、中等构造	≥89
6				复杂、极复杂构造	≥87
7			Ⅲ、Ⅳ	简单构造、中等构造	≥87
8				复杂、极复杂构造	≥85
9	1. 5m<h≤4m	α≤35°	Ⅰ、Ⅱ	简单构造、中等构造	≥86
10			Ⅲ、Ⅳ	复杂、极复杂构造	≥84
11			Ⅰ、Ⅱ	简单构造、中等构造	≥84
12			Ⅲ、Ⅳ	复杂、极复杂构造	≥82
13		α＞35°	Ⅰ、Ⅱ	简单构造、中等构造	≥84
14			Ⅲ、Ⅳ	复杂、极复杂构造	≥82
15			Ⅰ、Ⅱ	简单构造、中等构造	≥82
16			Ⅲ、Ⅳ	复杂、极复杂构造	≥80
17	h>4m	α≤35°	Ⅰ、Ⅱ	简单构造、中等构造	≥81
18				复杂、极复杂构造	≥79
19			Ⅲ、Ⅳ	简单构造、中等构造	≥79
20				复杂、极复杂构造	≥77
21		α＞35°	Ⅰ、Ⅱ	简单构造、中等构造	≥79
22				复杂、极复杂构造	≥77
23			Ⅲ、Ⅳ	简单构造、中等构造	≥77
24				复杂、极复杂构造	≥75

注：1. 表中指标取值选自 GB/T 31089；
2. 表中采区回采率指标取值在具体考核时要符合各地区资源赋存实际特点。

表 2-20　工作面回采率取值

序号	赋存条件			采区回采率 / %
	煤层厚度 /m	煤层倾角 / （°）	顶底板分级	
1	h≤1. 5m	α≤35°	Ⅰ、Ⅱ	≥97
2			Ⅲ、Ⅳ	≥95
3		α>35°	Ⅰ、Ⅱ	≥94
4			Ⅲ、Ⅳ	≥92

续表

序号	赋存条件			采区回采率 / %
	煤层厚度 /m	煤层倾角 /（°）	顶底板分级	
5	1. 5m<*h*≤4m	α≤35°	Ⅰ、Ⅱ	≥92
6			Ⅲ、Ⅳ	≥90
7		α >35°	Ⅰ、Ⅱ	≥89
8			Ⅲ、Ⅳ	≥87
9	*h*>4m	α ≤35°	Ⅰ、Ⅱ	≥87
10			Ⅲ、Ⅳ	≥85
11		α >35°	Ⅰ、Ⅱ	≥84
12			Ⅲ、Ⅳ	≥82

注：1. 表中指标取值选自 GB/T 31089；

2. 表中工作面回采率指标取值在具体考核时要符合各地区资源赋存实际特点。

表 2–21　露天煤矿资源回收率的取值

露天煤矿煤层综合资源回采率 /%	厚煤层（>10m）	97
	中厚煤层（3. 5~10m）	95
	薄煤层（<3. 5m）	93

注：表中指标取值选自 HJ 446—2008。

附录 B
（规范性附录）
煤层气（煤矿瓦斯）利用率及排放限值

表 2–22　煤层气（煤矿瓦斯）等级划分、利用范围和利用率

级别	甲烷含量 /%（V/V）	利用方式	利用率
一级	≥90	可优先考虑用于工业原料、车用燃气、工业及民用燃料等	不低于 80%
二级	≥50~90	可优先考虑用于工业原料、工业及民用燃料、发电等	不低于 60%
三级	≥30~50	可考虑用于工业及民用燃料、发电等	不低于 40%
四级	<30	在保证安全的基础上，可考虑用于发电等	鼓励利用

注：1. 表中的煤层气（煤矿瓦斯）不包含甲烷含量≤0. 75% 的风排瓦斯；

2. 表中的煤层气级别、甲烷含量、利用方式及利用率选自 GB/T 28754—2012。

表 2–23　煤层气（煤矿瓦斯）排放限值

受控设施	控制项目	排放限值
煤层气地面开发系统	煤层气	禁止排放
煤矿瓦斯抽放系统	高浓度瓦斯（甲烷浓度 230%）	禁止排放
	低浓度瓦斯（甲烷浓度 <30%）	—
煤矿回风井	风排瓦斯	—

注：表中的受控设施、控制项目、排放限值选自 GB 21522—2008。

附录 C
（规范性附录）

表 2-24　矿井水利用率取值

矿井水利用率 /%	水资源短缺矿区	100
	一般水资源矿区	≥90
	水资源丰富矿区（其中工业用水）	≥80（100）
	水质复杂矿区	≥70

注：表中的指标选自 HJ 446—2008。

附录 D
（规范性附录）
煤炭工业污染物排放限值

表 2-25　煤炭工业废水有毒污染物排放限值

序号	污染物	日最高允许排放质量浓度污染物 /（mg/L）	序号	污染物	日最高允许排放质量浓度污染物 /（mg/L）
1	总汞	0.05	6	总铬	1.5
2	总镉	0.1	7	六价铬	0.5
3	总铅	0.5	8	氟化物	10
4	总砷	0.5	9	总 α	1Bq/L
5	总锌	2.0	10	总 β	10Bq/L

注：表中污染物对应的日最高允许排放质量浓度指标取值选自 GB 20426—2006。

表 2-26　采煤废水污染物排放限值

序号	污染物	日最高允许排放质量浓度 /（mg/L）	
		现有生产线	新（扩、改）建生产线
1	pH 值	6~9	6~9
2	总悬浮物	70	70
3	化学需氧量（COD_{Cr}）	70	50
4	石油类	10	5
5	总铁	7	6
6	总锰	4	4

注：1. 表中污染物对应的日最高允许排放质量浓度指标取值选自 GB 20426—2006；
2. 表中的总锰限值仅适用于酸性采煤废水。

表 2-27　选煤废水污染物排放限值

序号	污染物	日最高允许排放质量浓度 /（mg/L）（pH 值除外）	
		现有生产线	新（扩、改）建生产线
1	pH 值	6~9	6~9
2	总悬浮物	100	70
3	化学需氧量（COD_{Cr}）	100	70
4	石油类	10	5
5	总铁	7	6
6	总锰	4	4

注：1. 表中污染物对应的日最高允许排放质量浓度指标取值选自 GB 20426—2006；
2. 表中的总锰限值仅适用于酸性采煤废水。

2.2.6　水功能区划分标准（GB 50594—2010）

2.2.6.1　总则

（1）为规范水功能区划分技术要求、程序和方法，制定本标准。

（2）本标准适用于中华人民共和国境内江河、湖泊、水库、运河、渠道等地表水体的水功能区划分。

（3）水功能区划分应是根据区划水域的自然属性，结合经济社会需求，协调水资源开发利用和保护、整体和局部的关系，确定该水域的功能及功能顺序，为水资源的开发利用和保护管理提供科学依据，以实现水资源的可持续利用。

（4）水功能区划分应遵循下列原则：①可持续发展原则；② 统筹兼顾，突出重点的原则；③ 前瞻性原则；④ 便于管理，实用可行的原则；⑤ 水质水量并重原则。

（5）区划基准年应为区划制定时的现状年，规划水平年应为制定区划的区域内有关国民经济和社会发展等规划的水平年。

（6）水功能区划分除应符合本标准规定外，尚应符合国家现行有关标准的规定。

2.2.6.2　术语

1. 功能（function）

系指自然或社会事物对人类生存和社会发展所具有的价值与作用。

2. 水功能（water function）

系指水体对满足人类生存和社会发展需求所具有的不同属性的价值与作用。

3. 主导功能（dominant function）

在某一水域多种功能并存的情况下，按水资源的自然属性、开发利用现状及经济社会需求，考虑各功能对水量水质的要求，经功能重要性排序，确定的首位功能即为该水域的主导功能。

4. 水功能区（water function zone）

为满足水资源合理开发、利用、节约和保护的需求，根据水资源的自然条件和开发利用现状，按照流域综合规划、水资源保护和经济社会发展要求，依其主导功能划定范围并执行相应水环境质量标准的水域。

5. 保护区（protection zone）

保护区是指对水资源保护、自然生态系统及珍稀濒危物种的保护具有重要意义，需划定进行保护的水域。

6. 缓冲区（buffer zone）

缓冲区是指为协调省际、用水矛盾突出的地区间用水关系而划定的水域。

7. 开发利用区（development and utilization zone）

开发利用区是指为满足工农业生产、城镇生活、渔业、娱乐等功能需求而划定的水域。

8. 保留区（reserve zone）

保留区是指目前水资源开发利用程度不高，为今后水资源可持续利用而保留的水域。

9. 饮用水源区（drinking water function zone）

饮用水源区是指为城镇提供综合生活用水而划定的水域。

10. 工业用水区（industrial water function zone）

工业用水区是指为满足工业用水需求而划定的水域。

11. 农业用水区（agricultural water function zone）

农业用水区是指为满足农业灌溉用水需求而划定的水域。

12. 渔业用水区（fishery water function zone）

渔业用水区是指为满足鱼、虾、蟹等水生生物养殖需求而划定的水域。

13. 景观娱乐用水区（scenery and recreation water function zone）

景观娱乐用水区是指以满足景观、疗养、度假和娱乐需要为目的的江河湖库等水域。

14. 过渡区（transition water function zone）

过渡区是指为满足水质目标有较大差异的相邻水功能区间水质状况过渡衔接而划定的水域。

15. 排污控制区（pullutant discharge control water function zone）

排污控制区是指生产、生活废污水排污口比较集中的水域，且所接纳的废污水对水环境不产生重大不利影响。

2.2.6.3　分级分类系统和指标

1. 分级分类系统

（1）水功能区应划分为两级。一级水功能区应包括保护区、保留区、开发利用区、缓冲区；开发利用区进一步划分的饮用水源区、工业用水区、农业用水区、渔业用水区、景观娱乐用水区、过渡区、排污控制区应为二级水功能区。

（2）水功能区分级分类系统应符合图 2-1 水功能区分级分类系统的规定。

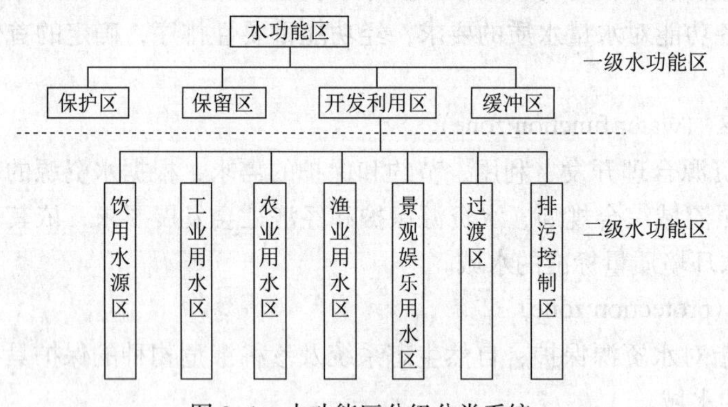

图 2-1　水功能区分级分类系统

2. 一级水功能区划区条件和指标

1）保护区划区条件和指标应符合相关规定

（1）保护区应具备以下划区条件之一：

① 国家级和省级自然保护区范围内的水域或具有典型生态保护意义的自然生境内的水域。

② 已建和拟建（规划水平年内建设）跨流域、跨区域的调水工程水源（包括线路）和国家重要水源地水域。

③ 重要河流的源头河段应划定一定范围水域以涵养和保护水源。

（2）保护区划区指标包括集水面积、水量、调水量、保护级别等。

（3）保护区水质标准应符合现行国家标准《地表水环境质量标准》GB 3838 中Ⅰ类或Ⅱ类水质标准；当由于自然、地质原因不满足Ⅰ类或Ⅱ类水质标准时，应维持现状水质。

2）保留区划区条件和指标应符合相关规定

（1）保留区应具备以下划区条件：

① 受人类活动影响较少，水资源开发利用程度较低的水域。

② 目前不具备开发条件的水域。

③ 考虑可持续发展需要，为今后的发展保留的水域。

（2）保留区划区指标包括相应的产值、人口、用水量、水域水质等。

（3）保留区水质标准应不低于现行国家标准《地表水环境质量标准》GB 3838 规定的Ⅲ类水质标准或应按现状水质类别控制。

3）开发利用区划区条件和指标应符合相关规定

（1）开发利用区划区条件应为取水口集中，取水量达到区划指标值的水域。

（2）开发利用区划区指标包括相应的产值、人口、用水量、排污量、水域水质等。

（3）开发利用区水质标准应由二级水功能区划相应类别的水质标准确定。

4）缓冲区划区条件和指标应符合相关规定

（1）缓冲区应具备以下划区条件之一：

① 跨省（自治区、直辖市）行政区域边界的水域。

② 用水矛盾突出地区之间的水域。

（2）缓冲区划区指标应包括省界断面水域、用水矛盾突出水域的范围、水质、水量等。

（3）缓冲区水质标准应根据实际需要执行相关水质标准或按现状水质控制。

3. 二级水功能区划区条件和指标

1）饮用水源区划区条件和指标应符合相关规定

（1）饮用水源区应具备以下划区条件：

① 现有城镇综合生活用水取水口分布较集中的水域，或在规划水平年内为城镇发展设置的综合生活供水水域。

② 每个用水户取水量不小于取水许可管理规定的取水限额。

（2）饮用水源区划区指标包括相应的人口、取水总量、取水口分布等。

（3）饮用水源区水质标准应符合现行国家标准《地表水环境质量标准》GB 3838 中Ⅱ类或Ⅲ类水质标准。

2）工业用水区划区条件和指标应符合相关规定

（1）工业用水区应具备以下划区条件：

① 现有的工业用水取水口分布较集中的水域，或在规划水平年内需设置的工业用水供水水域。

② 每个用水户取水量不小于取水许可管理规定的取水限额。

（2）工业用水区划区指标包括工业产值、取水总量、取水口分布等。

（3）工业用水区水质标准应符合现行国家标准《地表水环境质量标准》GB 3838 中

Ⅳ类水质标准。

3）农业用水区划区条件和指标应符合相关规定

（1）农业用水区应具备以下划区条件：

① 现有的农业灌溉用水取水口分布较集中的水域，或在规划水平年内需设置的农业灌溉用水供水水域。

② 每个用水户取水量不小于取水许可管理规定的取水限额。

（2）农业用水区划区指标包括灌区面积、取水总量、取水口分布等。

（3）农业用水区水质标准应符合现行国家标准《农田灌溉水质标准》GB 5084 的规定，也可按现行国家标准《地表水环境质量标准》GB 3838 中Ⅴ类水质标准确定。

4）渔业用水区划区条件和指标应符合相关规定

（1）渔业用水区应具备以下划区条件：

① 天然的或天然水域中人工营造的鱼、虾、蟹等水生生物养殖用水水域。

② 天然的鱼、虾、蟹、贝等水生生物的重要产卵场、索饵场、越冬场及主要洄游通道涉及的水域。

（2）渔业用水区划区指标包括渔业生产条件、产量、产值等。

（3）渔业用水区水质标准应符合现行国家标准《渔业水质标准》GB 11607 的有关规定，也可按现行国家标准《地表水环境质量标准》GB 3838 中Ⅱ类或Ⅲ类水质标准确定。

5）景观娱乐用水区划区条件和指标应符合相关规定

（1）景观娱乐用水区应具备以下划区条件：

① 休闲、娱乐、度假所涉及的水域和水上运动场需要的水域。

② 风景名胜区所涉及的水域。

（2）景观娱乐用水区划区指标包括景观娱乐功能需求、水域规模等。

（3）景观娱乐用水区水质标准应符合现行国家标准《地表水环境质量标准》GB 3838 中Ⅲ类或Ⅳ类水质标准。

6）过渡区划区条件和指标应符合相关规定

（1）过渡区应具备以下划区条件：

① 下游水质要求高于上游水质要求的相邻功能区之间。

② 有双向水流，且水质要求不同的相邻功能区之间。

（2）过渡区划区指标包括水质与水量。

（3）过渡区水质标准应按出流断面水质达到相邻功能区的水质目标要求，选择相应的控制标准。

7）排污控制区划区条件和指标应符合相关规定

（1）排污控制区应具备以下划区条件：

① 接纳废污水中污染物为可稀释降解的。

② 水域稀释自净能力较强，其水文、生态特性适宜作为排污区。

（2）排污控制区划区指标包括污染物类型、排污量、排污口分布等。

（3）排污控制区水质标准应按其出流断面的水质状况，达到相邻水功能区的水质控制标准确定。

2.2.6.4 划分程序

1. 水功能区划分程序应符合相关规定

（1）一级水功能区划分，应征求流域和省（自治区、直辖市）有关部门的意见。

（2）在一级水功能区划分完成后，应在开发利用区内进行二级水功能区划分。

（3）确定各级各类水功能区的目标水质和水质代表断面。

（4）进行总体复核和调整，并编制水功能区划报告，水功能区划报告编写提纲宜符合本标准附录 A 的规定。

（5）水功能区划报告应征求流域和地方有关部门的意见，对反馈意见应提出处理意见，并对水功能区划报告进行修改和调整。

（6）履行报批手续，向社会公布。

2. 水功能区划分工作

划分工作程序应符合图 2-2 水功能区划分工作程序框图的规定。

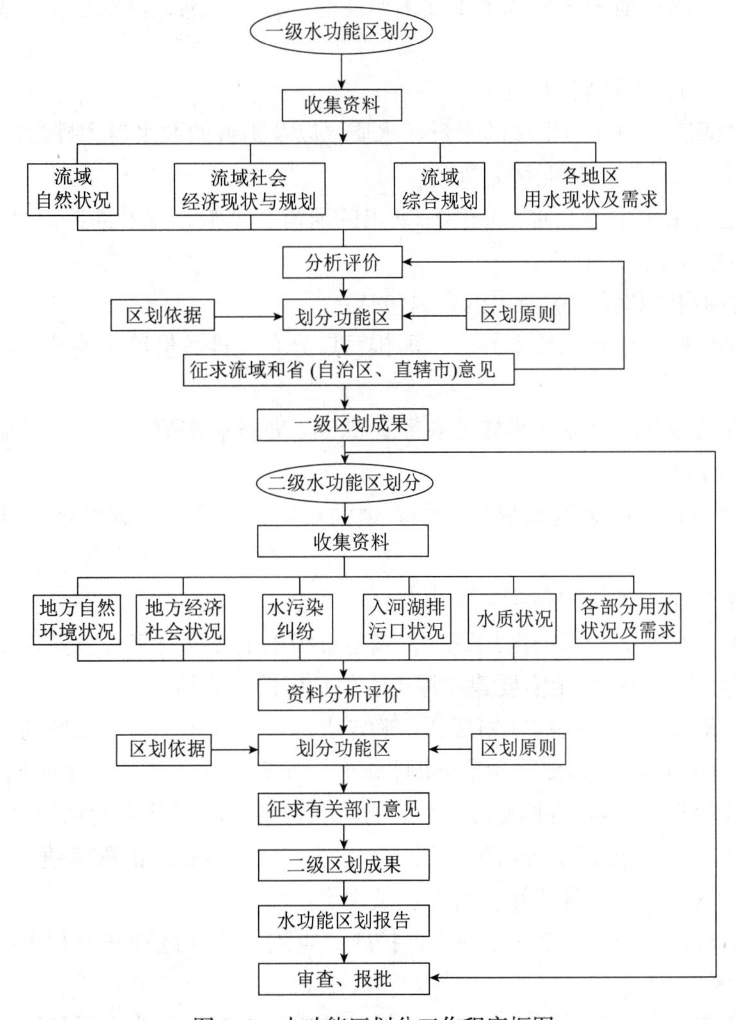

图 2-2　水功能区划分工作程序框图

2.2.6.5 划分方法

1. 一级水功能区划分方法

（1）一级水功能区划分应按省级行政区收集流域内有关资料。所收集的资料应按其所属水资源分区单元分别归类，并以县级以上（含县级）行政区为单元分别统计。一级水功能区划分应收集下列主要资料：

基础资料包括：

① 流域水系，水资源分区等。

② 流域或区域经济社会基础资料，水资源基本状况等。

划分保护区所需的资料包括：

① 国家级和地方级自然保护区的名称、地点、等级、类型、范围、主要保护对象和主管部门。

② 河流水系、长度、水文、水质、主要源头等基本数据。

③ 国家重要水源地和大型调水工程水源地的位置、范围、供水任务、规模、输水线路等。

划分缓冲区所需的资料包括：

① 跨省区河流段和湖泊水域的水量、水质，以及附近的取水口和排污口资料。

② 入海口区域的海洋功能区划资料。

③ 地区之间用水矛盾和水污染纠纷突出的河流、湖泊，以及纠纷事件发生的地点、纠纷原因、解决办法、结果等。

划分开发利用区和保留区所需的资料包括：

① 区划水域的水量和水质资料、入河排污口分布、排污量等反映开发利用程度的资料等。

② 相应区域现状和规划水平年非农业人口、主要行业产值、工农业及城镇综合生活用水量和主要水源地资料。

③ 规划水平年的城镇发展规划，如城镇的布局、功能定位或城市区域发展的总体规划。

2）资料的分析与评价应包括主要内容

① 分析评价有关保护区的区划资料，确定省级以上（含省级）自然保护区和地县级自然保护区涉及的水域；确定需要建立源头水保护区的主要河流。

② 分析评价有关缓冲区的区划资料，确定省际边界水域、跨省水域的具体位置和范围；结合区域间用水矛盾及水污染纠纷事件分析，确定行政区之间矛盾突出的水域范围。

③ 分析评价有关开发利用区和保留区的区划资料，测算开发利用程度，建立产值、非农业人口、取水量、排污量等项指标的计算方法，并确定相应的限额值。

3）各功能区划分的具体方法应符合相关规定

划分一级水功能区时，应首先划定保护区，再划定缓冲区和开发利用区，其余的水域可划为保留区。

① 国家和省级自然保护区所涉及的水域应划为保护区。源头水保护区可划在重要河流上游的第一个城镇或第一个水文站以上未受人类开发利用的河段，也可根据流域综合

规划中划分的源头河段或习惯规定的源头河段划定。国家重要水源地水域和跨流域、跨省（自治区、直辖市）及省内大型调水工程水源地水域应划为保护区。

② 跨省（自治区、直辖市）水域应划为缓冲区，省（自治区、直辖市）间的边界水域宜划为缓冲区。缓冲区范围可根据水体的自净能力，通过模型计算分析确定。省（自治区、直辖市）之间水质要求差异大时，划分缓冲区范围应较大；省（自治区、直辖市）之间水质要求差异小，缓冲区范围可较小，上下游缓冲区长度的比例可按省界上游占三分之二、省界下游占三分之一划定；在潮汐河段，缓冲区长度的比例可按上下游各占一半划定。省际边界水域、用水矛盾突出地区缓冲区范围的划定，可由流域管理机构与有关省（自治区、直辖市）根据实际情况共同划定。

③ 根据本标准指标分析结果，以现状为基础，考虑发展的需要，将任一单项指标在限额以上的城市涉及的水域中用水较为集中、用水量较大的区域应划定为开发利用区。根据需要其主要退水区也应定为开发利用区。区界的划分宜与行政区界或监测断面一致。对于远离城区，水质对开发利用影响较小，仅具有农业用水功能的水域，可不划为开发利用区，宜划分为保留区。

④ 除保护区、缓冲区、开发利用区以外，其他开发利用程度不高的水域均可划为保留区。地县级自然保护区涉及的水域宜划为保留区。

2. 二级水功能区划分方法

（1）二级水功能区划分应在一级水功能区划确定的开发利用区范围内收集有关资料。二级水功能区划分应收集下列主要资料：

基本资料包括：

① 开发利用区水域。

② 水域水质监测资料。

划分饮用水源区所需的资料包括：

① 现有城市综合生活用水取水口的位置、取水能力。

② 规划水平年内新增生活综合用水的取水地点及规模。

划分工业用水区所需的资料包括：

① 现有工业生产用水取水口的位置、取水能力、供水对象。

② 规划水平年内新增工业用水的取水地点及规模。

划分农业用水区所需的资料包括：

① 现有农业灌溉取水口的位置、取水能力、灌溉面积。

② 规划水平年内新增农业灌溉用水的取水地点及规模。

划分渔业用水区所需的资料包括：

① 水产养殖场的位置、范围和规模。

② 鱼、虾、蟹、贝等水生生物的重要产卵场、索饵场、越冬场及主要洄游通道的位置及范围。

划分景观娱乐用水区所需的资料包括：

① 风景名胜的名称、涉及水域的位置和范围。

② 现有休闲、度假、娱乐、水上运动场所的名称、规模，涉及水域的位置、范围。

划分排污控制区所需的资料包括：

① 现有排污口的位置、排放污水量及主要污染物量。

② 规划水平年内排污口位置的变化情况。

划分过渡区所需资料可采用本条前几款收集的资料。

（2）资料分析与评价应包括水质评价、取排水口资料分析与评价、渔业用水资料分析和景观娱乐用水区资料分析。资料分析与评价应符合下列规定：

① 水质评价应根据开发利用区的水质监测资料，按现行国家标准《地表水环境质量标准》GB 3838 的有关要求进行，部分特殊指标应参照有关标准进行。

② 应根据统计资料和规划资料，结合当地水行政主管部门取水许可管理规定的取水限额标准，确定开发利用区内主要的生活、工业和农业取水口，以及废污水排放口，并应在地理底图中标明其位置。对于零星分散的小型取水口应根据每一取水口的取水量在当地同类取水口的取水总量中所占比重等因素评价其重要性。

③ 应根据资料分析，确定水产养殖场，水生生物的重要产卵场、索饵场、越冬场及主要洄游通道，并应在地理底图中标明其位置。

④ 应根据资料分析，确定当地风景名胜、休闲度假、娱乐和水上运动场所涉及的水域，并应在地理底图中标明其位置。

（3）划分二级水功能区，应符合下列规定：

① 饮用水源区的划分应根据已建生活取水口的布局状况，结合规划水平年内生活用水发展需求，应选择开发利用区上游或受其他开发利用影响较小的水域。在划分饮用水源区时，应将取水口附近的水源保护区涉及的水域一并划入。对于零星分布的小型生活取水口，可不单独划分为饮用水源区，但对重要的大型生活用水取水口则应单独划区。

② 工业、农业用水区的划分应根据工业、农业取水口的分布现状，结合规划水平年内工业、农业用水发展需要，将工业取水口、农业取水口较为集中的水域划为工业用水区或农业用水区。

③ 排污控制区的划分宜为排污口较为集中，且位于开发利用区下段或对其他用水影响不大的水域。排污控制区的设置应从严控制，分区范围不宜过大。

④ 渔业用水区和景观娱乐用水区的划分应根据现状实际涉及的水域范围，结合发展规划要求划分相应的用水区。

⑤ 过渡区的划分应根据两个相邻功能区的水质目标的差别确定。水质要求低的功能区对水质要求高的功能区影响较大时，以能恢复到高要求功能区水质标准来确定过渡区的长度。过渡区范围应根据实际情况确定，必要时可通过模型计算确定。为减小开发利用区对下游水质的影响，根据需要，可在开发利用区的末端设置过渡区。

⑥ 对于水质难以达到全断面均匀混合的大江大河，当两岸对用水要求不同时，应以河流中心线为界，根据需要在两岸分别划定相应功能区。

3. 水功能区命名和编码

（1）一级水功能区分区命名应采用形象化复合名称。名称应由三个部分组成：第一部分表示河名，第二部分表示地理位置，第三部分表示水域功能。对于保护区和缓冲区命名应符合下列规定：

① 保护区的命名，自然保护区沿用原定名；源头水和调水水源区采用“河名 + 地名 + 源头水（调水水源）+ 保护区”命名，其中的地名应使用县级以上的地名。

② 对跨省（自治区、直辖市）的缓冲区前面的地名应采用有关省（自治区、直辖市）的简称命名，省（自治区、直辖市）名按上游在前、下游在后或左岸在前、右岸在后的方法排序。

（2）二级水功能区的分区命名与一级水功能区相似，其中的地名使用街（镇）以下的地名。对于功能重叠区以主导功能命名，还可增加第二功能表示该水域的重叠功能，即采用“河名 + 地名 + 第一主导功能 + 第二功能”的命名方法。

（3）水功能区编码应采用主导因素法，将水资源分区、一级水功能区、二级水功能区等因素进行编码，编码应能表示水域、功能及隶属关系。水功能区编码应由 14 位大写的英文字母（I、O、Z 舍弃）和数字的组合码组成，编码格式应符合表 2-28 的规定，第一段 7 位表示功能区所在水资源分区，第二段 4 位表示一级水功能区，第三段 3 位表示二级水功能区。一级水功能区代码的第三段编码应采用“000”表示。

表 2-28　水功能区代码编码格式

水功能区代码											
水资源分区编码					一级水功能区编码				二级水功能区编码		
Ⅰ	Ⅱ	Ⅲ	Ⅳ	Ⅴ	一级水功能区顺序			属性	一级水功能区顺序		属性
□	□	□	□	□	□	□	□	□	□	□	□

（4）第一段应为水资源分区编码，并应由 7 位大写英文字母和数字的组合码组成。其中，自左至右第 1 位英文字母是一级区代码，10 个水资源一级区代码分别为 A、B、C、D、E、F、G、H、J、K；第 2、第 3 两位数码是水资源二级区代码；第 4、第 5 两位数码是水资源三级区代码；第 6 位数码或字母是水资源四级区代码；第 7 位数码或字母是水资源五级区代码（其中当四级与五级的数码大于 9 以后用字母顺序编码）。

（5）第二段应为一级水功能区编码，其第 1、第 2 位应为本水资源分区中一级水功能区的顺序号；第 3 位应为以后一级功能区增加所预留的编码；第 4 位为数字功能区属性标识，保护区应采用“1”表示，保留区应采用“2”表示，开发利用区应采用“3”表示，缓冲区应采用“4”表示。

（6）第三段为二级水功能区编码，其第 1、第 2 位数字为该二级水功能区的顺序号，从 01 编至 99；第 3 位为二级水功能区属性标识，饮用水源区应采用“1”表示，工业用水区应采用“2”表示，农业用水区应采用“3”表示，渔业用水区应采用“4”表示，景观娱乐用水区应采用“5”表示，过渡区应采用“6”表示，排污控制区应采用“7”表示。

2.2.6.6　成果编写要求

（1）水功能区划成果应包括水功能区划报告，水功能区登记表和水功能区划图。

（2）水功能区划报告应包括流域或区域的自然环境、社会经济、水资源及其开发利用状况；水资源供需分析、水环境质量评价；区划的原则、方法、依据；各种功能区划分的指标测算方法等内容。报告编写提纲应符合本标准附录 A 的规定。

（3）根据水功能区划的分级分类体系和划分标准，划出的各类功能区，填写水功能区登记表，登记表格式应符合本标准附录 B 的规定。

（4）根据划出的各种水功能区编制水功能区划图，有关技术要求应符合本标准附录 C 的规定。

附录 A
水功能区划报告编写提纲

水功能区划报告编写提纲应包括以下内容：

1. 综述

（1）目的和意义。

（2）依据与标准。

（3）区划范围。

（4）区划原则。

（5）区划基准年。

（6）区划的分级分类体系。

（7）区划的程序与方法。

（8）区划概况。

2. 区域概况

（1）自然概况。

（2）社会经济。

（3）水资源开发利用现状。

（4）水环境质量评价。

3. 一级水功能区划（较大流域和河流可适当分段阐述）

1）区划河（江）段 1（以长江流域为例，如“金沙江石鼓以上”）

（1）概述。

（2）保护区。

（3）缓冲区。

（4）开发利用区。

（5）保留区。

2）区划河（江）段 2（以长江流域为例，如“金沙江石鼓以下”）

（1）概述。

（2）保护区。

（3）缓冲区。

（4）开发利用区。

（5）保留区。

3）区划支流 1（以长江流域为例，如“岷沱江”）

（1）概述。

（2）保护区。

（3）缓冲区。

（4）开发利用区。

（5）保留区。

…………

4. 二级水功能区划（对应上述一级水功能区划的各河段、各支流的开发利用区阐述如下内容）

（1）概述。

（2）饮用水源区。

（3）工业用水区。

（4）农业用水区。

（5）渔业用水区。

（6）景观娱乐用水区。

（7）过渡区。

（8）排污控制区。

5. 措施与管理

（1）措施。

（2）管理。

附录B
水功能区登记表

B.1 一级水功能区登记表内容应符合表2-29的规定。

表2-29 一级水功能区登记表

编码	一级水功能区域名称	所在				河流湖库	范围		水质代表断面	长度/km	湖库面积/km^2	水质现状	水质目标	区划依据	备注
		流域	水系	水资源三级区	地级行政区		起始	终止							

B.2 二级水功能区登记表内容应符合表2-30的规定。

表2-30 二级水功能区登记表

编码	一级水功能区域名称	所在				河流湖库	范围		水质代表断面	长度/km	湖库面积/km^2	水质现状	水质目标	区划依据	备注
		流域	水系	水资源三级区	地级行政区		起始	终止							

附录 C

水功能区划图编制规定

C.1　水功能区划图的比例尺应根据水体范围

（1）一级水功能区划 1 ∶ 50 万 ~1 ∶ 100 万。

（2）二级水功能区划 1 ∶ 5 万 ~1 ∶ 30 万。

C.2　图件内容

（1）一级水功能区的分区范围。

（2）二级水功能区的分区范围。

（3）与水功能区划有关的专业内容：水文站、水位站、水质站、取水口、排污口、自然保护区、水库、水源（井、泉）、主要水闸、泵站、堤、风景名胜等。

（4）除常规地理内容外，需要注明与区划有关的地名。

（5）各区的地理特点不同，反映水源特征的沼泽、砂卵石、冰川等也可说明或划定范围。

（6）其他需要表示的内容。

C.3　图件中水功能区的颜色

（1）一级水功能区中，用 CMYK 四色印刷系统表示：保护区为 C100MOY100KO，保留区为 C100M100Y0KO，缓冲区为 COMOY100K0，开发利用区为 COM100Y100K0；用 RGB 颜色模式表示：保护区为 ROG255B0，保留区为 ROGOB255，缓冲区为 R255G255BO，开发利用区为 R255GOB0。

（2）二级水功能区中，用 CMYK 四色印刷系统表示：饮用水源区为 CI00MOYOKO，工业用水区为 COM60Y100KO，农业用水区为 COM20Y4OK40，渔业用水区为 C60M40YOK0，景观娱乐用水区为 COM100YOK0，过渡区为 C20M40YOK40，排污控制区为 COMOYOK100；用 RGB 颜色模式 表示：饮用水源区为 ROG255B255，工业用水区为 R255G102BO，农业用水区为 R153G102B51，渔业用水区为 RI02G153B255，景观娱乐用水区为 R255GOB255，过渡区为 R102G51B153，排污控制区为 ROG0B0。

C.4　图件应符合的要求

（1）区划分段处须明确。

（2）有重叠功能的区域，应注明主次，第一主导功能以色斑表示，第二功能以晕线表示。

（3）图中河流宽度 <0. 5mm 的单线、双线用 0. 5mm 的色线表示。

（4）湖泊、水库等最小图斑面积为 1. 0mm^2。

（5）标明比例尺。

2. 2. 7　矿井水分类标准（GB/T 19223—2015）

1. 范围

本标准规定了煤矿矿井水的术语和定义、分类参数、技术分类和应用分类。

本标准适用于立井、斜井和平硐开拓的煤矿所产生的矿井水。

2. 规范性引用文件

下列文件对于本文件的应用是必不可少的。凡是注日期的引用文件，仅注日期的版本适用于本文件；凡是不注日期的引用文件，其最新版本（包括所有的修稿单）适用于本文件。

GB/T 5750. 13《生活饮用水标准检验方法 放射性指标》。

GB/T 6920《水质 pH 值的测定 玻璃电极法》。

GB/T 7484《水质 氟化物的测定 离子选择电极法》。

GB/T 7485《水质 总砷的测定 二乙基二硫代氨基甲酸银分光光度法》。

GB/T 11901《水质悬浮物的测定 重量法》。

GB/T 11911《水质 铁、锰的测定 火焰原子吸收分光光度法》。

GB 11941《水源水中硫化物卫生检验标准方法》。

GB 13195《水质 水温的测定 温度计或颠倒温度计测定法》。

MT/T 201《煤矿水中氯离子的测定方法》。

MT/T 202《煤矿水中钙离子和镁离子的测定方法》。

MT/T 204《煤矿水中碱度的测定方法》。

MT/T 205《煤矿水中硫酸根离子的测定方法》。

MT/T 252《煤矿水中钾离子和钠离子的测定方法》。

MT/T 366《煤矿水中可溶性固体的测定方法》。

3. 术语和定义

下列术语和定义适用于本文件。

煤矿矿井水（coal mine water）

在煤矿建井和煤炭开采过程中，由地下涌水、地表渗透水、井下生产排水汇集所产生的废水。

4. 分类参数

技术分类的参数为多数阳离子（Na^+、$½Ca^{2+}$、$½Mg^{2+}$）和多数阴离子（Cl^-、$½SO_4^{2-}$、HCO_3^-）。各多数阳离子或各多数阴离子的摩尔分数系指所测定的该离子的物质的量浓度占 3 种多数阳离子与 3 种多数阴离子的物质的量浓度之和的百分数。

应用分类的参数为悬浮物、可溶性固体、pH 值、特殊污染（总铁、总锰、氟化物、总砷、总 α 放射性、总 β 放射性、硫化物和温度）。

5. 煤矿矿井水的技术分类

1）分类类别符号

本标准采用以下煤矿矿井水分别分类的类别符号：

Ca^{2+}——钙水；

Cl^-——氯化物水；

$Cl^-HCO_3^-$——氯化物碳酸氢盐水；

$Cl^--SO_4^{2-}$——氯化物硫酸盐水；

$Cl^--SO_4^{2-}-HCO_3^-$——氯化物硫酸盐碳酸氢盐水；

HCO_3^-——碳酸氢盐水；

Mg^{2+}——镁水；

$Mg^{2+}-Ca^{2+}$——镁钙水；

Na^{+}——钠水；

$Na^{+}-Mg^{2+}$——钠镁水；

$Na^{+}-Ca^{2+}$——钠钙水；

$Na^{+}-Mg^{2+}-Ca^{2+}$——钠镁钙水；

SO_4^{2-}——硫酸盐水；

$SO_4^{2-}-HCO_3^{-}$——硫酸盐碳酸氢盐水。

2）技术分类类别的编码、符号与读写

煤矿矿井水技术分类编码用2位阿拉伯数字表示。

从左数第一位数字表示按阴离子摩尔分数进行的分类。1为氯化物水；2为硫酸盐水；3为碳酸氢盐水；4为氯化物硫酸盐水；5为氯化物碳酸氢盐水；6为硫酸盐碳酸氢盐水；7为氯化物硫酸盐碳酸盐水。

从左数第二位数字表示按阳离子摩尔分数进行的分类。1为钠水；2为镁水；3为钙水；4为钠镁水；5为钠钙水；6为镁钙水；7为钠镁钙水。

煤矿矿井水技术分类类别名符号按其编码对应的分别分类名从左到右依次书写，并在各分别分类符号间用间隔符号“-”间隔。如编码为76的煤矿矿井水的符号表示为$Cl^{-}-SO_4^{2-}-HCO_3^{-}-Mg^{2+}-Ca^{2+}$。

煤矿矿井水技术分类类别名读写按其编码对应的分别分类名依次读写。如编码67的煤矿矿井水读写为硫酸盐碳酸氢盐钠镁钙矿井水。

3）技术分类的分别分类

（1）按阴离子摩尔分数分类：

煤矿矿井水按阴离子摩尔分数进行分别分类的类别名、编码、符号及指标如表2-31所示。

表2-31　煤矿矿井水按阴离子摩尔分数分别分类表

类别名	编码	符号	指标 /%（摩尔分数）		
			Cl^{-}	$\frac{1}{2}SO_4^{2-}$	HCO_3^{-}
氯化物水	1	Cl^{-}	30~50	<10	<10
碳酸盐水	2	SO_4^{2-}	<10	30~50	<10
碳酸氢盐水	3	HCO_3^{-}	<10	<10	30~50
氯化物硫酸盐水	4	$Cl^{-}-SO_4^{2-}$	10~40	10~40	<10
氯化物碳酸氢盐水	5	$Cl^{-}-HCO_3^{-}$	10~40	<10	10~40
硫酸盐碳酸氢盐水	6	$SO_4^{2-}-HCO_3^{-}$	<10	10~40	10~40
氯化物硫酸盐碳酸氢盐水	7	$Cl^{-}-SO_4^{2-}-HCO_3^{-}$	10~30	10~30	10~30

（2）按阳离子摩尔分数分类：

煤矿矿井水按阳离子摩尔分数进行分别分类的类别名、编码、符号及指标如表2-32所示。

表 2-32　煤矿矿井水按阳离子摩尔分数分别分类表

类别名	编码	符号	指标 /%（摩尔分数）		
			Na^+	$½Mg^{2+}$	$½Ca^{2+}$
钠水	1	Na^+	30~50	<10	<10
镁水	2	Mg^{2+}	<10	30~50	<10
钙水	3	Ca^{2+}	<10	<10	30~50
钠镁水	4	Na^+-Mg^{2+}	10~40	10~40	<10
钠钙水	5	Na^+-Ca^{2+}	10~40	<10	10~40
镁钙水	6	Mg^{2+}-Ca^{2+}	<10	10~40	10~40
钠镁钙水	7	Na^+-Mg^{2+}-Ca^{2+}	10~30	10~30	10~30

4）技术分类的综合分类

煤矿矿井水的技术分类按阴离子和阳离子的摩尔分数将煤矿矿井水分为 49 类。技术分类类别的编码、分类参数量值范围见表 2-33。

表 2-33　煤矿矿井水的技术分类表

阴离子				阳离子						
				摩尔分数大于 10 的阳离子						
				30~50	30~50	30~50	10~40	10~40	10~40	10~30
				根据阳离子摩尔分数的分类名						
				钠水	镁水	钙水	钠镁水	钠钙水	镁钙水	钠镁钙水
				相应分类名的代码						
摩尔分数大于 10 的阴离子	阴离子的摩尔分数	根据阴离子摩尔分数的分类名	相应分类名的代码	1	2	3	4	5	6	7
Cl^-	30~50	氯化物水	1	1[①] 11[②] 2[③]	4 12 2	7 13 2	19 14 3	22 15 3	25 16 3	40 17 4
SO_4^{2-}	30~50	硫酸盐水	2	2 21 2	5 22 2	8 23 2	20 24 3	23 25 3	26 26 3	41 27 4
HCO_3^-	30~50	碳酸氢盐水	3	3 31 2	6 32 2	9 33 2	21 34 3	24 35 3	27 36 3	42 37 4
Cl^--SO_4^{2-}	10~40	氯化物硫酸盐水	4	10 41 3	13 42 3	16 43 3	31 44 4	34 45 4	37 46 4	46 47 5
Cl^--HCO_3^-	10~40	氯化物碳酸氢盐水	5	11 51 3	14 52 3	17 53 3	32 54 4	35 55 4	38 56 4	47 57 5
SO_4^{2-}-HCO_3^-	10~40	硫酸盐碳酸氢盐水	6	12 61 3	15 62 3	18 63 3	33 64 4	36 65 4	39 66 4	48 67 5
Cl^--SO_4^{2-}-HCO_3^-	10~30	氯化物硫酸盐碳酸氢盐水	7	28 71 4	29 72 4	30 73 4	43 74 5	44 75 5	45 76 5	49 77 6

注：① 煤矿矿井水技术分类的连续编号，表中从 1 起，到 49 止。

② 煤矿矿井水技术分类代码，左起第一位数字 1~7 为按阴离子摩尔分数的分类，左起第二位数字 1~7 为按阳离子摩尔分数的分类。

③ 煤矿矿井水技术分类摩尔分数超过 10 的阴离子和阳离子种类数之和。

6. 煤矿矿井水的应用分类

1）应用分类类别的编码与读写

煤矿矿井水应用分类编码用 4 位阿拉伯数字表示。

从左数第一位数字表示按煤矿矿井水悬浮物分类。1 为高悬浮物矿井水；2 为中悬浮物矿井水；3 为低悬浮物矿井水。

从左数第二位数字表示按煤矿矿井水可溶性固体分类。1 为高可溶性固体矿井水；2 为中可溶性固体矿井水；3 为低可溶性固体矿井水。

从左数第三位数字表示按煤矿矿井水 pH 值分类。1 为酸性矿井水；2 为中性矿井水；3 为碱性矿井水。

从左数第四位数字表示按煤矿矿井水特殊污染分类。1 为高特殊污染物矿井水；2 为中特殊污染物矿井水；3 为低特殊污染物矿井水。

煤矿矿井水应用分类类别名读写按其编码对应的分别分类名依次读写。如编码为 1231 的煤矿矿井水读写为高悬浮物中可溶性固体碱性高特殊污染矿井水。

2）应用分类的分别分类方法

（1）按悬浮物含量分类：

煤矿矿井水按悬浮物进行分类的类别名、编码和含量见表 2-34。

表 2-34　煤矿矿井水按悬浮物含量分别分类表

类别名	编码	悬浮物含量 /（mg/L）
高悬浮物矿井水	1	>500
中悬浮物矿井水	2	50~500
低悬浮物矿井水	3	<50

（2）按可溶性固体含量分类：

煤矿矿井水按可溶性固体进行分类的类别名、编码和含量见表 2-35。

表 2-35　煤矿矿井水按可溶性固体含量分别分类表

类别名	编码	悬浮物含量 /（mg/L）
高可溶性固体矿井水	1	>6000
中可溶性固体矿井水	2	1000~6000
低可溶性固体矿井水	3	<1000

（3）按 pH 值分类：

煤矿矿井水按 pH 值进行分类的类别名、编码和含量见表 2-36。

表 2-36　煤矿矿井水按 pH 值分别分类表

类别名	编码	pH 值
酸性矿井水	1	>6. 0
中性矿井水	2	6. 0~9. 0
碱性矿井水	3	<9. 0

（4）按特殊污染物含量或范围值分类：

煤矿矿井水按特殊污染总铁、总锰、氟化物、总砷、总 α 放射性、总 β 放射性、硫化物和温度进行分类的类别名、含量或范围值见表 2-37。若其中任意一指标为高含量（或高范围值），则其为高特殊污染矿井水；若其中任意一指标为中含量（或中范围值）且所有指标无高含量（或高范围值）时，则其为中特殊污染矿井水；若所有指标均为低于低含量（或低范围值），则其为低特殊污染矿井水。

表 2-37　煤矿矿井水按特殊污染的分类表

类别名	总铁含量 /（mg/L）	类别名	总锰含量 /（mg/L）
高含铁矿井水	>6. 0	高锰矿井水	>4. 0
中含铁矿井水	0. 3~6. 0	中锰矿井水	0. 1~4. 0
低含铁矿井水	<0. 3	低锰矿井水	<0. 1
类别名	氟化物含量 /（mg/L）	类别名	砷含量 /（mg/L）
高氟矿井水	>10. 0	高砷矿井水	>0. 5
中氟矿井水	1. 0~10. 0	中砷矿井水	0. 05~0. 5
低氟矿井水	<1. 0	低砷矿井水	<0. 05
类别名	总 α 放射性含量 /（Bq/L）	类别名	总 β 放射性含量 /（Bq/L）
高 α 放射性矿井水	>1. 0	高 β 放射性矿井水	>10. 0
中 α 放射性矿井水	0. 5~1. 0	中 β 放射性矿井水	1. 0~10. 0
低 α 放射性矿井水	<0. 5	低 β 放射性矿井水	<1. 0
类别名	硫化物含量 /（mg/L）	类别名	温度 /℃
高硫矿井水	>5. 0	高温矿井水	>30
中硫矿井水	0. 5~5. 0	中温矿井水	10~30
低硫矿井水	<0. 5	低温矿井水	<10

3）应用分类的综合分类

煤矿矿井水的应用分类按悬浮物、可溶性固体、pH 值和特殊污染将煤矿矿井水分为 81 类。其编码、分类见表 2-38。

表 2-38　煤矿矿井水的应用分类表

可溶性固体			悬浮物		
			高悬浮物矿井水	中悬浮物矿井水	低悬浮物矿井水
			相应分类的代码		
			1	2	3
高可溶性固体颗粒	相应分类的代码	1	11[1、2 或 3][①] （1、2 或 3）[②,③]	21（1、2 或 3] （1、2 或 3）	31（1、2 或 3] （1、2 或 3）
中可溶性固体颗粒		2	12（1、2 或 3] （1、2 或 3）	22（1、2 或 3] （1、2 或 3）	32（1、2 或 3] （1、2 或 3）
低可溶性固体颗粒		3	13（1、2 或 3] （1、2 或 3）	22（1、2 或 3] （1、2 或 3）	33（1、2 或 3] （1、2 或 3）

注：① 方括号中的 1、2 或 3 分别对应酸性矿井水、中性矿井水、碱性矿井水。

② 圆括号中的 1、2 或 3 分别对应高特殊污染矿井水、中特殊污染矿井水、低特殊污染矿井水。

③ 煤矿矿井水应用分类代码，左起第一位数字 1~3 为按煤矿矿井水悬浮物分类，左起第二位数字 1~3 为按可溶性固体分类，左起第三位数字 1~3 为按煤矿矿井水 pH 值分类，左起第四位数字 1~3 为按煤矿矿井水特殊污染物分类。

4）简化命名的表述

为突出煤矿矿井水治理或回用需要，煤矿矿井水分类可进行简化命名表述，可省略无须处理的分类类别。当煤矿矿井水悬浮物为低含量、可溶解性固体为低含量、pH 值为 6. 0~9. 0、特殊污染物为低特殊污染的矿井水，与其他分类类别排列时，相应分类表述可省略；当煤矿矿井水 pH 值 <6. 0 或 pH>9. 0，与其他分类类别排列时，其他分类类别可省略命名表述，直接命名表述为酸性矿井水或碱性矿井水。

7. 测定方法

本标准所采用指标的测定方法如表 2-39 所示。

表 2-39　指标的测定方法

序　号	分类指标	测定标准
1	氯离子	MT/T 201
2	钙离子	MT/T 202
3	镁离子	MT/T 202
4	碱度	MT/T 204
5	硫酸根离子	MT/T 205
6	钾离子和钠离子	MT/T 252
7	悬浮物	GB/T 11901
8	可溶性固体	MT/T 366
9	pH 值	GB/T 6920
10	总铁、总锰	GB/T 11911
11	总 α 放射性、总 β 放射性	GB/T 5750. 13
12	氟化物	GB/T 7484
13	总砷	GB/T 7485
14	硫化物	GB 11941
15	温度	GB 13195

2. 2. 8　煤矿矿井水利用技术导则（GB/T 31392—2015）

1. 范围

本标准规定了煤矿矿井水利用的通则和技术要求。

本标准适用于煤矿矿井水的综合利用。

2. 规范性引用文件

下列文件对于本文件的应用是必不可少的。凡是注日期的引用文件，仅注日期的版本适用于本文件；凡是不注日期的引用文件，其最新版本（包括所有的修改单）适用于本文件。

GB/T 1576《工业锅炉水质》。

GB 5749《生活饮用水卫生标准》。

GB 8537《饮用天然矿泉水》。

GB/T 18920《城市污水再生利用 城市杂用水水质》。

GB/T 18921《城市污水再利用 景观环境用水水质》。

GB/T 19923《城市污水再生利用 工业用水水质》。

GB 20426《煤炭工业污染物排放标准》。

GB 20922《城市污水再生利用 农田灌溉用水水质》。

GB 50215《煤炭工业矿井设计规范》。

GB 50359《煤炭洗选工程设计规范》。

CJ/T 337《城镇污水热泵热能利用水质》。

MT 76《液压支架（柱）用乳化油、浓缩物及其高含水液压液》。

NY 5051《无公害食品 淡水养殖用水水质》。

3. 通则

（1）煤矿矿井水经处理后可作为生活用水、工业用水、农业用水、城市杂用水和景观环境用水等。

（2）煤矿矿井水处理利用一般需要经过净化处理或 / 和深度处理。净化处理工艺可包括混凝、沉淀、气浮、砂虑、中和、曝气、超磁分离、化学氧化、消毒等；深度处理工艺可包括精密过滤、微滤、超滤、纳滤、反渗透、离子交换、电渗析、蒸馏、软化等。

（3）煤矿矿井水排放需满足 GB 20426 的要求。

（4）煤矿矿井水利用率按式（1）计算。

$$U=\frac{V_1}{V}100\% \tag{1}$$

式中 U——煤矿矿井水利用率，%；

V_1——煤矿矿井水实际利用量，t；

V——煤矿矿井总排水量，t。

（5）煤矿矿井水利用率不宜小于 70%。

4. 煤矿矿井水利用的技术要求

1）生活用水用煤矿矿井水技术要求

（1）用于生活饮用水的煤矿矿井水应满足 GB 5749 的要求。

（2）用于生产矿泉水的煤矿矿井水应满足 GB 8537 的要求。

2）工业用水用煤矿矿井水技术要求

（1）用于选煤厂补充水的煤矿矿井水应满足 GB 50359 的要求。

（2）用于井下防尘、消防洒水的煤矿矿井水应满足 GB 50215 的要求。

（3）用于井下配制乳化液用水的煤矿矿井水应满足 MT76 的要求。

（4）用于工业锅炉用水的煤矿矿井水应满足 GB/T 1576 的要求。

（5）用于热能能源利用的煤矿矿井水应满足 CJ/T 337 的要求。

（6）用于其他工业用水的煤矿矿井水应满足 GB/T 19923 的要求。

3）农业用水用煤矿矿井水技术要求

（1）用于农业灌溉用水的煤矿矿井水应满足 GB 20922 的要求。

（2）用于养殖业用水的煤矿矿井水应满足 NY 5051 的要求。

4）城市杂用水用煤矿矿井水技术要求

用于城市杂用水的煤矿矿井水应满足 GB/T 18920 的要求。

5）生态景观用水用煤矿矿井水技术要求

用于景观娱乐用水的煤矿矿井水应满足 GB/T 18921 的要求。

2.2.9 酸性矿井水处理与回用技术导则（GB/T 37764—2019）

1. 范围

本标准规定了酸性矿井水处理与回用的术语和定义、总则、回用和处理、污染物监测要求、回用管理。

本标准适用于酸性矿井水产生的矿山企业，可作为酸性矿井水处理、回用与排放、废水处理工艺选择及回用管理的技术依据。

2. 规范性引用文件

下列文件对于本文件的应用是必不可少的。凡是注日期的引用文件，仅注日期的版本适用于本文件；凡是不注日期的引用文件，其最新版本（包括所有的修改单）适用于本文件。

GB/T 1576《工业锅炉水质》。

GB 5084《农田灌溉水质标准》。

GB 5085.3《危险废物鉴别标准　浸出毒性鉴别》。

GB 5086.1《固体废物　浸出毒性浸出方法　翻转法》。

GB 11607《渔业水质标准》。

GB/T 12145《火力发电机组及蒸汽动力设备水汽质量》。

GB/T 18920《城市污水再生利用　城市杂用水水质》。

GB/T 18921《城市污水再生利用　景观环境用水水质》。

GB/T 19223《煤矿矿井水分类》。

GB/T 19923《城市污水再生利用　工业用水水质》。

GB 20426《煤炭工业污染物排放标准》。

GB 20922《城市污水再生利用　农田灌溉用水水质》。

GB 25466《铅、锌工业污染物排放标准》。

GB 25467《铜、镍、钴工业污染物排放标准》。

GB 26451《稀土工业污染物排放标准》。

GB/T 29999《铜矿山酸性废水综合处理规范》。

GB 30770《锡、锑、汞工业污染物排放标准》。

GB/T 50050《工业循环冷却水处理设计规范》。

GB 50215《煤炭工业矿井设计规范》。

GB 50359《煤炭洗选工程设计规范》。

GB 50383《煤矿井下消防、洒水设计规范》。

GB 50810《煤炭工业给水排水设计规范》。

HJ/T 299《固体废物　浸出毒性浸出方法　硫酸硝酸法》。

HJ/T 300《固体废物　浸出毒性浸出方法　醋酸缓冲溶液法》。

HJ 557《固体废物浸出毒性浸出方法　水平振荡法》。

MT/T 76《液压支架用乳化油、浓缩物及其高含水液压液》。

NY 5051《无公害食品淡水养殖用水水质》。

3. 术语和定义

GB 19223、GB 20426、GB/T 29999、GB 30770 界定的以及下列术语和定义适用于本文件。

1）矿井水（mine water）

在矿山建设和矿产开采过程中，由地下涌水、地表渗透水、生产排水汇集所产生的废水。

2）酸性矿井水（acid mine water）

pH 值小于 6. 0 的矿井水。

4. 总则

（1）矿山企业所产生的酸性矿井水，应优先选择回用。

（2）酸性矿井水处理后回用包括企业自用与外供，应优先选择矿区自用，最大限度地提高矿井水利用率。

（3）应根据酸性矿井水水质、水量、排放标准和回用途径，进行清污分流、分级处理和分质回用。

（4）酸性矿井水处理与回用技术选择，应综合考虑技术可行性和经济合理性。

（5）酸性矿井水处理后回用部分设计的出水水质应按规划的用水水质需求确定。

（6）酸性矿井水处理后直接排放部分设计的出水水质应符合 GB 20426、GB 25466、GB 25467、GB 26451、GB 30770 及当地环保部门等的要求。

5. 回用和处理

1）酸性矿井水分类

（1）一般酸性矿井水。水质特点：pH<6. 0，总铁≤6. 0mg/L，总锰≤4. 0mg/L，其他重金属离子浓度均低于相关排放标准。

（2）高铁锰酸性矿井水。水质特点：pH<6. 0，总铁 >6. 0mg/L，总锰 >4. 0mg/L，其他重金属离子浓度均低于相关排放标准。

（3）含其他重金属酸性矿井水。水质特点：pH<6. 0，总铁≤6. 0mg/L，总锰≤4. 0mg/L，部分重金属离子浓度高于相关排放标准。

2）一般要求

（1）酸性矿井水净化处理工程设计水量按正常排水量的 1. 1 倍 ~1. 3 倍确定，回用处理工程的设计水量按目标用户用水量的 1. 1 倍 ~1. 2 倍确定。

（2）中和法包括石灰乳中和法、滚筒式中和法、曝气流化床中和法、升流膨胀过滤中和法、高浓度泥浆法、硫化 – 石灰中和法等。

（3）中和药剂可选用石灰、消石灰、飞灰、石灰石、高炉渣、白云石、碳酸钠、氢氧化钠等，宜采用石灰或石灰石为中和药剂。

（4）酸性矿井水中有价金属含量较高时应优先回收。

（5）酸性矿井水处理后产生的泥渣应按 GB 5085. 3、GB 5086. L HJ 557、HJ/T 299、HJ/T 300 等进行性质鉴别，分别进行综合利用或妥善处置，防止造成二次污染。

（6）酸性矿井水处理后回用时宜加入适量地缓蚀阻垢剂，以减缓在输送和使用过程中对管道和设备的结垢和腐蚀作用。

（7）酸性矿井水各类常用中和处理技术特点可参照附录 A。

（8）混凝处理工段常用混凝剂和沉淀池特点可参照附录 B。

（9）酸性矿井水净化处理工程和回用处理工程设计进水水质应按实测数据、项目可行性研究报告、环境影响评价报告等确定，水质分析项目可参照附录 C。

3）回用处理

（1）酸性矿井水回用处理技术可参照附录 D，根据技术进步可采用新的处理工艺。

（2）酸性矿井水处理后回用于工业用水应满足以下要求：

① 回用于选煤或选矿生产用水的处理宜采用中和法，回用水水质应满足 GB 50359、GB 50810、GB/T 29999 等的要求，其基本处理工艺如图 2–3 所示。

② 回用于矿区井下或地面洒水、防尘、消防、洗车及机修厂设备清洗的处理方式，宜采用中和 – 混凝、沉淀 – 消毒工艺，回用水水质应满足 GB 50215、GB 50383、GB 50810、GB/T 29999、GB/T 19923 等的要求，其基本处理工艺如图 2–4 所示。

③ 回用于电厂循环冷却用水、工业锅炉用水，宜采用在酸性矿井水处理达标排放工艺的基础上进行后续双膜处理工序，回用水水质应满足 GB/T 1576、GB/T 12145、GB/T 50050 的要求，其基本处理工艺如图 2–5 所示。

④ 回用于井下配制液压支柱乳化液用水，宜采用双膜处理工序，回用水水质应满足 MT/T 76 的要求，其基本处理工艺如图 2–5 所示。

（3）酸性矿井水处理后回用于农业用水应满足以下要求：

① 回用于农业灌溉、养殖业用水，宜采用一般酸性矿井水和高铁锰矿井水处理达标排放工艺再接后续消毒工段，其基本处理工艺如图 2–6 所示。

② 含其他重金属酸性矿井水，宜参照达标排放工艺再接后续吸附 / 离子交换和消毒处理工序，其基本处理工艺见图 2–7 所示，回用水水质应满足 GB 5084、GB 20922 的要求。

（4）酸性矿井水处理后回用于养殖业用水应满足以下要求：

① 回用于养殖业用水宜采用一般酸性矿井水和高铁锰矿井水处理达标排放工艺再接后续消毒工段，其基本处理工艺如图 2–6 所示。

② 含其他重金属酸性矿井水，宜参照达标排放工艺再接后续吸附 / 离子交换和消毒处理工序，其基本处理工艺如图 2–7 所示，回用水水质应满足 NY 5051、GB 11607 的要求。

（5）酸性矿井水处理后回用于景观环境用水，宜在各类酸性矿井水处理达标排放工艺的基础上进行后续微滤 / 超滤膜处理工序，回用水水质应满足 GB/T 18921 的要求，其基本处理工艺如图 2–8 所示。

（6）酸性矿井水处理后回用于城市杂用水应满足以下要求：

① 城市杂用水包括冲厕、道路清扫、消防、城市绿化、车辆冲洗、建筑施工等非饮用水。

② 回用于城市杂用水，宜在各类酸性矿井水处理达标排放工艺的基础上进行后续消毒工序，回用水水质应满足 GB/T 18920 的要求，其基本处理工艺如图 2–9 所示。

4）排放处理

（1）一般酸性矿井水的处理宜采用石灰乳中和法，其基本处理工艺如图 2-10 所示。

（2）高铁锰酸性矿井水的处理宜采用中和法 + 化学氧化法或接触氧化法除铁除锰，当铁锰含量较高时可采用化学氧化法，其基本处理工艺如图 2-11 所示，当铁锰含量较低时可采用接触氧化法，其基本处理工艺如图 2-12 所示。

（3）含其他重金属酸性矿井水的处理宜采用高浓度泥浆法，其基本处理工艺参见图 D. 11，若需要回收有价金属宜采用硫化 - 中和法，其基本处理工艺如图 2-14 所示。

（4）酸性矿井水处理后出水按 GB 20426、GB 25466、GB 25467、GB 26451、GB 30770 等要求达标排放。

6. 污染物监测要求

（1）应在各个处理系统进出水位置设置采样口，并制定监测计划定期对出水水质进行取样监测分析，以满足回用或排放水质要求。

（2）企业污染物总排放口应设置排污口标志。

（3）为满足水处理过程自动控制的要求，宜根据具体工艺流程设置相应的在线监测装置。

（4）酸性矿井水回用或达标排放水质监测项目参考 GB 20426、GB 25466、GB 25467、GB/T 29999、GB/T 31392、GB/T 18921、GB 5084、GB/T 19923、GB/T 1576、GB 12145、GB/T 18920、GB 50810、GB 50215、GB 50359 等。

（5）酸性矿井水主要水质指标及检测方法标准可参照附录 E。

7. 回用管理

（1）回用水管道要按规定涂有与新鲜水管道相区别的颜色，并标注“回用水”字样。

（2）回用水管道用水点应标注“禁止饮用”字样。

附录 A
（资料性附录）
酸性矿井水中和法处理技术

酸性矿井水中和法处理技术见表 2-40。

表 2-40　酸性矿井水中和法处理技术

处理技术	技术特点
石灰乳中和法	重金属离子的去除率≥98%，石灰可就地取材，价格低廉，对水质水量适应性强；适用于酸性较强、铁锰超标较重的酸性矿井水
滚筒式中和法	采用石灰石和白云石作中和剂，在滚筒中滚动与酸性矿井水进行中和反应；对滤料粒径要求较低，且对水质变化适应性强，处理费用低
曝气硫化床中和法	酸性矿井水与硫化床中石灰石填料进行中和反应，生成的碳酸在来自空压机空气的曝气作用下，迅速分解成 CO_2 和 H_2O；操作方便，处理费用低，通过流化床的酸性水上升速度不宜超 80m/h
升流膨胀过滤中和法	采用石灰石作中和剂，破碎筛分成 0. 5~3mm 的滤料，装在滤池下部，酸性矿井水从下部进入滤池，与石灰石发生中和反应；操作方便、运行费用低，适于小规模处理
高浓度泥浆法	通过底泥回流到中和池，充分利用石灰的剩余碱度，减少 5%~10% 石灰消耗，产生的泥浆含固率为 20%~30%；处理设备较大
硫化 - 石灰中和法	适于处理含有价金属的酸性矿井水，可进行有价金属的回收；生成的金属硫化物溶解度小，沉渣量少，含水率低

附录 B
（资料性附录）
混凝剂、沉淀池及处理技术特性

B. 1 常用混凝剂和助凝剂

常用混凝剂和助凝剂见表 2-41。

表 2-41　常用混凝剂和助凝剂

序号	名　称	主要特性
1	三氯化铁（FC）	混疑效果不受水温影响，适宜 pH 值 6. 0~8. 4，易溶解，絮凝体大而实，腐蚀性大
2	精制硫酸铝（AS）	适宜水温 20~40℃，适宜 pH 值 6. 0~8. 5，易生成坚硬铝垢
3	聚合硫酸铁（PFS）	用品小，絮凝体生成快且密实，适宜水温 10~50℃；适宜 pH 值 5. 0~8. 5
4	聚合氯化铝	絮凝体生成快且密实，混凝性能优于其他铝盐，腐蚀性小；适宜 pH 值 6. 0~8. 5
5	聚合硫酸铝（PAS）	用量小，性能好，适宜水温 20~40℃；适宜 pH 值 6. 0~8. 5
6	聚硫氯化铝（PACS）	絮凝体生成快，大而密实，对水质适应性强；脱色效果优良；适宜 pH 值 5. 0~9. 0；消耗水中碱度小于其他铁铝盐
7	聚丙烯酰胺（PAM）	相对分子质量高、浓度低；其陈化程度越高，黏度降低得越快，絮凝性能越差

B. 2 常见沉淀池

常见沉淀池见表 2-42。

表 2-42　常见沉淀池

池型	优　点	缺　点
平流沉淀池	沉淀效果好，对冲击负荷和温度变化适应能力强，施工简易，结构紧凑	配水不易均匀，采用多斗排泥时，每个泥斗需单独设置排泥管各自排泥，操作量大
竖流沉淀池	排泥方便，管理简单，占地面积小	池子深度高，施工困难，对冲击负荷和温度变化适应能力较差
辐流沉淀池	机械排泥，运行可靠，管理较简单	设备复杂，对施工质量要求高；占地面积大，去除效果较差
斜管沉淀池	水力负荷高，占地少	易堵塞，材料消耗多，造价较高
高效沉淀池	处理效率高于其他沉淀池; 对低悬浮物（SS）、化学需氧量（COD）的原水处理效果好	结构较为复杂，一次性投入费用较高；设备维护费用较高

附录 C
（资料性附录）
酸性矿井水水质分析项目

C. 1 酸性矿井水原水水质分析项目

酸性矿井水原水水质分析项目见表 2-43。

表 2-43　酸性矿井水原水水质分析项目

序号	水质指标	单位	序号	水质指标	单位
1	pH 值	—	3	浊度	NTU
2	悬浮物（SS）	mg/L	4	化学需氧量（COD_{Cr}）	mg/L

续表

序号	水质指标	单位	序号	水质指标	单位
5	总铁（Fe^{2+}/Fe^{3+}）	mg/L	12	总锌	mg/L
6	锰离子（Mn^{2+}）	mg/L	13	总铅	mg/L
7	石油类	mg/L	14	总镉	mg/L
8	溶解性总固体（TDS）	mg/L	15	总镍	mg/L
9	总硬度（以 $CaCO_3$ 计）	mg/L	16	总汞	mg/L
10	总砷	mg/L	17	总铬	mg/L
11	总铜	mg/L			

C. 2 酸性矿井水回用处理水质分析项目

酸性矿井水回用处理水质分析项目见表 2-44。

表 2-44　酸性矿井水回用处理水质分析项目

序号	水质指标	单位	序号	水质指标	单位
1	pH 值	—	17	硝酸根（NO_3^-）	mg/L
2	悬浮物（SS）	mg/L	18	亚硝酸根（NO_2^-）	mg/L
3	浊度	NTU	19	磷酸根（PO_4^{3-}）	mg/L
4	化学需氧量（COD_{Cr}）	mg/L	20	钾离子（K^+）	mg/L
5	总铁（Fe^{2+}/Fe^{3+}）	mg/L	21	钠离子（Na^+）	mg/L
6	锰离子（Mn^{2+}）	mg/L	22	镁离子（Mg^{2+}）	mg/L
7	石油类	mg/L	23	钙离子（Ca^{2+}）	mg/L
8	溶解性总固体（TDS）	mg/L	24	总砷	mg/L
9	总硬度（以 $CaCO_3$ 计）	mg/L	25	总铜	mg/L
10	生化需氧量（BOD_5）	mg/L	26	总锌	mg/L
11	总有机碳（TOC）	mg/L	27	总铅	mg/L
12	总大肠菌群	个 /L	28	总镉	mg/L
13	二氧化硅（SiO_2）	mg/L	29	总镍	mg/L
14	氯离子（Cl^-）	mg/L	30	总汞	mg/L
15	氟离子（F^-）	mg/L	31	总铬	mg/L
16	硫酸根（SO_4^{2-}）	mg/L			

附录 D
（资料性附录）
酸性矿井水回用与排放基本处理工艺

酸性矿井水回用与排放基本处理工艺主要包括：

（1）酸性矿井水处理后回用于选煤或选矿生产用水基本处理工艺，如图 2-3 所示。

酸性矿井水 → 调节 → 中和 → 预沉 → 混凝 → 沉淀 → 回用

图 2-3　酸性矿井水处理后回用于选煤或选矿生产用水基本处理工艺

（2）酸性矿井水处理后回用于矿区井下或地面洒水、防尘、消防、洗车及机修厂设备清洗用水基本处理工艺，如图 2-4 所示。

酸性矿井水→调节→中和→预沉→混凝→沉淀→过滤→消毒→回用

图 2-4　酸性矿井水处理后回用于矿区井下或地面洒水、防尘、消防、洗车及机修厂设备清洗用水基本处理工艺

（3）酸性矿井水处理后回用于电厂循环冷却用水、工业锅炉用水、液压支柱乳化液用水、基本处理工艺，如图 2-5 所示。

酸性矿井水达标排放出水→微滤/超滤→储水池→保安过滤→纳滤/反渗透→回用

图 2-5　酸性矿井水处理后回用于电厂循环冷却用水、工业锅炉用水、液压支柱乳化液用水、基本处理工艺

（4）一般酸性矿井水处理后回用于农田灌溉、养殖业用水基本处理工艺，如图 2-6 所示。

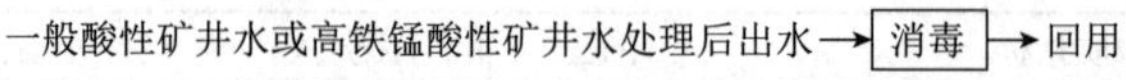

一般酸性矿井水或高铁锰酸性矿井水处理后出水→消毒→回用

图 2-6　一般酸性矿井水处理后回用于农田灌溉、养殖业用水基本处理工艺

（5）含其他重金属酸性矿井水处理后回用于农田灌溉、养殖业用水基本处理工艺，如图 2-7 所示。

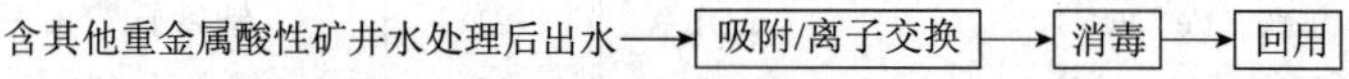

含其他重金属酸性矿井水处理后出水→吸附/离子交换→消毒→回用

图 2-7　含其他重金属酸性矿井水处理后回用于农田灌溉、养殖业用水基本处理工艺

（6）酸性矿井水处理后回用于景观环境用水基本处理工艺，如图 2-8 所示。

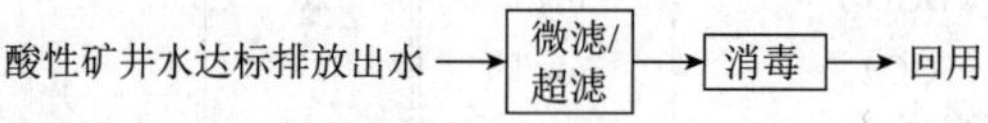

酸性矿井水达标排放出水→微滤/超滤→消毒→回用

图 2-8　酸性矿井水处理后回用于景观环境用水基本处理工艺

（7）酸性矿井水处理后回用于城市杂用水基本处理工艺，如图 2-9 所示。

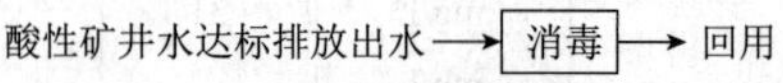

酸性矿井水达标排放出水→消毒→回用

图 2-9　酸性矿井水处理后回用于城市杂用水基本处理工艺

（8）一般酸性矿井水中和法基本处理工艺，如图 2-10 所示。

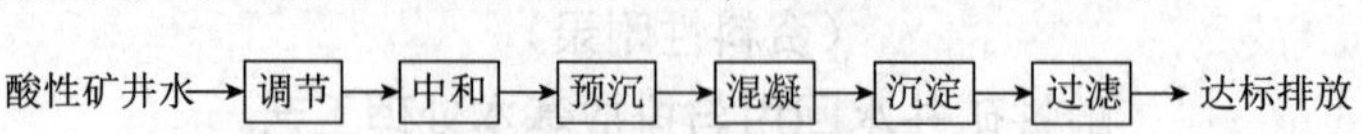

酸性矿井水→调节→中和→预沉→混凝→沉淀→过滤→达标排放

图 2-10　一般酸性矿井水中和法基本处理工艺

（9）高铁锰酸性矿井水中和法 + 化学氧化法基本处理工艺，如图 2-11 所示。

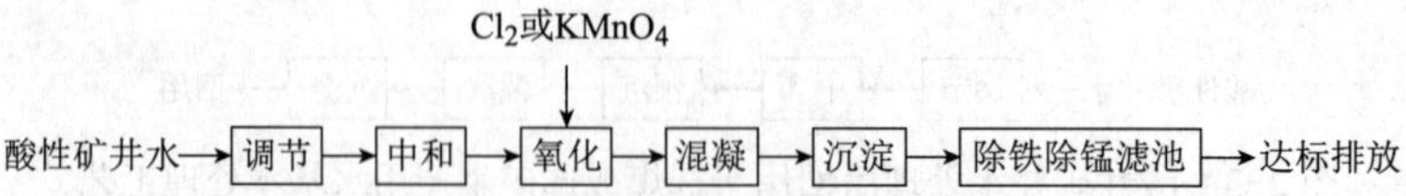

Cl_2或$KMnO_4$ ↓

酸性矿井水→调节→中和→氧化→混凝→沉淀→除铁除锰滤池→达标排放

图 2-11　高铁锰酸性矿井水中和法 + 化学氧化法基本处理工艺

（10）高铁锰酸性矿井水中和法 + 接触氧化法基本处理工艺，如图 2-12 所示。

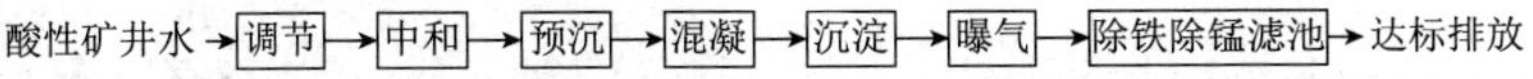

酸性矿井水
调节
中和
预沉
混凝
沉淀
曝气
除铁除锰滤池
达标排放

图 2-12　高铁锰酸性矿井水中和法 + 接触氧化法基本处理工艺

（11）含其他重金属酸性矿井水高浓度泥浆法基本处理工艺，如图 2-13 所示。

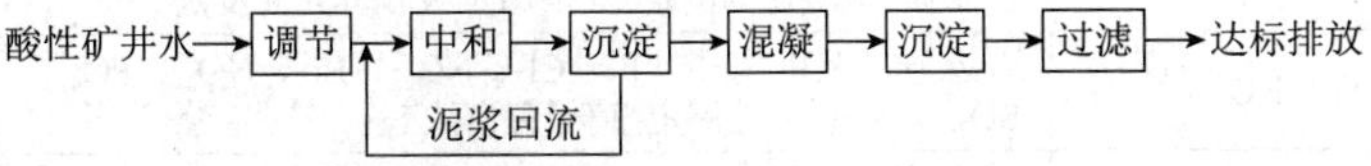

酸性矿井水
调节
中和
沉淀
混凝
沉淀
过滤
达标排放
泥浆回流

图 2-13　含其他重金属酸性矿井水高浓度泥浆法基本处理工艺

（12）含其他重金属酸性矿井水硫化 - 中和法基本处理工艺，如图 2-14 所示。

Na_2S
酸性矿井水
调节
硫化
沉淀
中和
混凝
沉淀
过滤
达标排放

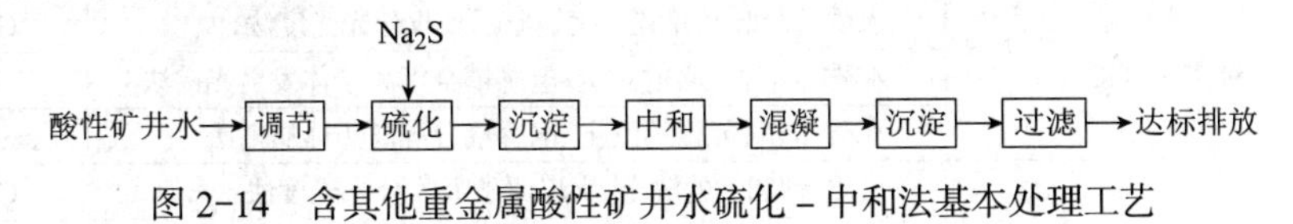

图 2-14　含其他重金属酸性矿井水硫化 - 中和法基本处理工艺

附录 E
（资料性附录）

酸性矿井水主要水质指标及检测方法标准见表 2-45。

表 2-45　酸性矿井水主要水质指标及检测方法标准

序号	水质指标	方法标准名称	方法标准编号
1	pH 值	水质 pH 值的测定 玻璃电极法	GB 6920
2	悬浮物（SS）	水质 悬浮物的测定 重量法	GB/T 11901
3	浊度	水质 浊度的测定	GB 13200
4	化学需氧量（COD_{Cr}）	水质 化学需氧量的测定 重铬酸盐法	HJ 828
		水质 化学需氧量的测定 快速消解分光光度法	HJ/T 399
5	总铁（Fe^{2+}/Fe^{3+}）	水质 铁的测定 邻菲啰啉分光光度法（试行）	HJ/T 345
		水质 32 种元素的测定 电感耦合等离子体发射光谱法	HJ 776
		水质 65 种元素的测定 电感耦合等离子体质谱法	HJ 700
6	总锰	水质 锰的测定 高碘酸钾分光光度法	GB 11906
		水质 32 种元素的测定 电感耦合等离子体发射光谱法	HJ 776
		水质 65 种元素的测定 电感耦合等离子体质谱法	HJ 700
7	石油类	水质 石油类和动植物油类的测定 红外分光光度法	HJ 637
8	溶解性总固体含量（TDS）	生活饮用水标准检验方法 感官性状和物理指标	G8/T 5750. 4
9	总硬度（以 CaCO，计）	水质 钙与镁总量的测定 EDTA 滴定法	GB/T 7477
10	生化需氧量（BOD）	水质 五日生化需氧量的测定 BOD_5 稀释与接种法	HJ 505
11	总有机碳（TOC）	水质 总有机碳的测定 燃烧氧化 - 非分散红外吸收法	HJ 501
12	总大肠菌群	水质 总大肠菌群和粪大肠菌群的测定 纸片快速法	HJ 755
13	二氧化硅（SiO_2）	城市供水 二氧化硅的测定 硅钼蓝分光光度法	CJ/T 141
14	氮离子（Cl^-）	水质 游离氮和总氯的测定 *N*，*N*- 二乙基 -1，4- 苯二胺分光光度法	HJ 586
15	氟离子（F^-）	水质 氟化物的测定 氟试剂分光光度法	HJ 488
		水质 氟化物等的测定 真空检测管 - 电子比色法	HJ 659

续表

序号	水质指标	方法标准名称	方法标准编号
16	硫酸根（SO_4^{2-}）	水质 硫酸盐的测定 重量法	GB 11899
		水质 硫酸盐的测定 火焰原子吸收分光光度法	GB 13196
17	硝酸根（NO_3^-）	水质 无机离子（F^-、Cl^-、NO_2^-、Br^-、NO_3^-、PO_4^{3-}、SO_3^{2-}、SO_4^{2-}）的测定 离子色谱法	HJ 84
18	亚硝酸根（NO_2^-）	水质 亚硝酸盐氮的测定 分光光度法	GB 7493
19	磷酸根（PO_4^{3-}）	水质 磷酸盐的测定 色谱法	HJ 669
		水质 盐和总磷的测定 连续流动钼酸铵分光光度法	HJ 670
20	钾离子（K^+）	水质 钾和钠的测定 火焰原子吸收分光光度法	GB 11904
		水质 32种元素的测定 电感耦合等离子体发射光谱法	HJ 776
		水质 65种元素的测定 电感耦合等离子体质谱法	HJ 700
21	钠离子（Na^+）	水质 钾和钠的测定 火焰原子吸收分光光度法	GB 11904
		水质 32种元素的测定 电感耦合等离子体发射光谱法	HJ 776
		水质 65种元素的测定 电感耦合等离子体质谱法	HJ 700
22	镁离子（Mg^{2+}）	工业循环冷却水中钙、镁离子的测定 EDTA滴定法	GB/T 15452
		水质 32种元素的测定 电感耦合等离子体发射光谱法	HJ 776
		水质 65种元素的测定 电感耦合等离子体质谱法	HJ 700
23	钙离子（Ca^{2+}）	工业循环冷却水中钙、镁离子的测定 EDTA滴定法	GB/T 15452
		水质 32种元素的测定 电感耦合等离子体发射光谱法	HJ 776
		水质 65种元素的测定 电感耦合等离子体质谱法	HJ 700
24	总砷	水质 总砷的测定 二乙基二硫代氨基甲酸银 分光光度法	GB 7485
		水质 汞、砷、硒、铋和锑的测定原子荧光法	HJ 694
		水质 32种元素的测定 电感耦合等离子体发射光谱法	HJ 776
		水质 65种元素的测定 电感耦合等离子体质谱法	HJ 700
25	总铜	水质 铜、锌、铅、镉的测定 原子吸收分光光度法	GB 7475
		水质 铜的测定 二乙基二硫代基甲酸钠分光光度法	HJ 485
		水质 32种元素的测定 电感耦合等离子体发射光谱法	HJ 776
		水质 65种元素的测定 电感耦合等离子体质谱法	HJ 700
26	总锌	水质 铜、锌、铅、镉的测定 原子吸收分光光度法	GB 7475
		水质 锌的测定 双硫腙分光光度法	GB 7472
		水质 32种元素的测定 电感耦合等离子体发射光谱法	HJ 776
		水质 65种元素的测定 电感耦合等离子体质谱法	HJ 700
27	总铅	水质 铜、锌、铅、镉的测定 原子吸收分光光度法	GB 7475
		水质 锌的测定 双硫腙分光光度法	GB 7472
		水质 32种元素的测定 电感耦合等离子体发射光谱法	HJ 776
		水质 65种元素的测定 电感耦合等离子体质谱法	HJ 700
28	总镉	水质 铜、锌、铅、镉的测定 原子吸收分光光度法	GB 7475
		水质 锌的测定 双硫腙分光光度法	GB 7472
		水质 32种元素的测定 电感耦合等离子体发射光谱法	HJ 776
		水质 65种元素的测定 电感耦合等离子体质谱法	HJ 700
29	总镍	水质 镍的测定 丁二酮肟分光光度法	GB 11910
		水质 镍的测定 火焰原子吸收分光光度法	GB 11912
		水质 32种元素的测定 电感耦合等离子体发射光谱法	HJ 776
		水质 65种元素的测定 电感耦合等离子体质谱法	HJ 700

续表

序号	水质指标	方法标准名称	方法标准编号
30	总汞	水质 总汞的测定 冷原子吸收分光光度法	HJ 597
		水质 总汞的测定 高锰酸钾 – 过硫酸钾消解法双硫腙分光光度法	GB 7469
		水质 汞、砷、硒、铋和锑的测定原子荧光法	HJ694
31	总铬	水质 铬的测定 火焰原子吸收分光光度法	HJ 757
		水质 总铬的测定	GB 7466
		水质 32 种元素的测定 电感耦合等离子体发射光谱法	HJ 776
		水质 65 种元素的测定 电感耦合等离子体质谱法	HJ 700

2.2.10　高矿化度矿井水处理与回用技术导则（GB/T 37758—2019）

1. 范围

本标准规定了高矿化度矿井水处理与回用的术语和定义、总则、处理技术要求、回用技术要求、监测要求。

本标准适用于矿山企业高矿化度矿井水处理与回用。

2. 规范性引用文件

下列文件对于本文件的应用是必不可少的。凡是注日期的引用文件，仅注日期的版本适用于本文件；凡是不注日期的引用文件，其最新版本（包括所有的修改单）适用于本文件。

GB/T 1576《工业锅炉水质》。

GB 5084《农田灌溉水质标准》。

GB 5749《生活饮用水卫生标准》。

GB 11607《渔业水质标准》。

GB/T 11901《水质 悬浮物的测定 重量法》。

GB/T 12145《火力发电机组及蒸汽动力设备水汽质量》。

GB/T 18920《城市污水再生利用 城市杂用水水质》。

GB/T 18921《城市污水再生利用 景观环境用水水质》。

GB/T 19223《煤矿矿井水分类》。

GB/T 19249《反渗透水处理设备》。

GB/T 19923《城市污水再生利用 工业用水水质》。

GB 20426《煤炭工业污染物排放标准》。

GB/T 23954《反渗透系统膜元件清洗技术规范》。

GB 25466《铅、锌工业污染物排放标准》。

GB 25467《铜、镍、钴工业污染物排放标准》。

GB 26451《稀土工业污染物排放标准》。

GB 30770《锡、锑、汞工业污染物排放标准》。

GB/T 50050《工业循环冷却水处理设计规范》。

GB 50359《煤炭洗选工程设计规范》。

GB 50383《煤矿井下消防、洒水设计规范》。

GB 50810《煤炭工业给水排水设计规范》。

HJ/T 270《环境保护产品技术要求 反渗透水处理装置》。

HJ 501《水质 总有机碳的测定 燃烧氧化－非分散红外吸收法》。

HJ 579《膜分离法污水工程技术规范》。

HJ 586《水质 游离氯和总氯的测定 *N*，*N*－二乙基－1，4－苯二胺分光光度法》。

MT/T 76《液压支架用乳化油、浓缩物及其高含水液压液》。

NY 5051《无公害食品 淡水养殖用水水质》。

SL 79《矿化度的测定（重量法）》。

3. 术语和定义

GB/T 11901、GB/T 19223、GB/T 19249、GB/T 23954、GB 50810、HJ/T 270、HJ 501、HJ 586、SL 79 界定的以及下列术语和定义适用于本文件。

1）矿井水（mine water）

在矿山建设和矿产开采过程中，由地下涌水、地表渗透水、生产排水汇集所产生的废水。

2）高矿化度矿井水（mine water with high total dissolved solids（TDS））

溶解性总固体≥1000mg/L 的矿井水。

4. 总则

（1）矿山企业对所产生的高矿化度矿井水经处理后应优先回用。

（2）高矿化度矿井水应优先选择矿区企业自用，技术经济合理条件下可外供。

（3）高矿化度矿井水应根据水质、水量、排放标准和回用途径，进行清污分流、分级处理和分质回用。

（4）高矿化度矿井水处理与回用的一般流程如图 2-15 所示。

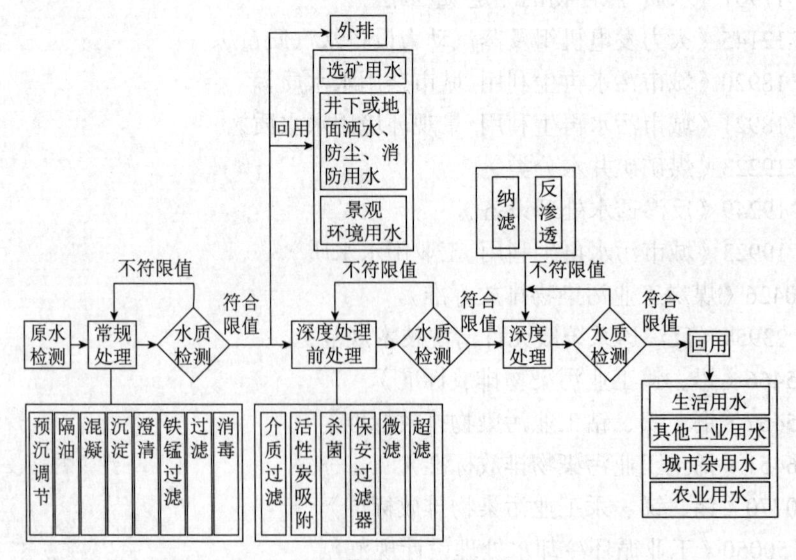

图 2-15 高矿化度矿井水处理与回用的一般流程

（5）高矿化度矿井水处理与回用技术选择，应根据水质水量、排放标准要求，经技术经济比较后确定。

5. 处理技术要求

1）一般要求

（1）高矿化度矿井水净化处理工程设计规模宜按相关矿山给水排水设计规范确定。

（2）高矿化度矿井水处理一般包括常规处理、深度处理前处理和深度处理。常规处理工艺可采用预沉调节、隔油、混凝、沉淀、过滤、澄清、铁锰过滤、消毒等技术；深度处理前处理宜采用介质过滤、活性炭吸附、精密过滤、微滤、超滤等技术；深度处理宜采用纳滤、反渗透等脱盐技术。

（3）高矿化矿井水常规处理、深度处理工程设计的进水水质应按实测水质确定，水质分析项目参见附录 A，各水质项目分析方法可参见附录 B。

（4）在设计膜系统时，应按进水水质、出水水质、回收率指标选择膜分离工艺技术。

（5）高矿化度矿井水回用包括企业自用和外供。回用途径包括矿区选煤选矿用水、井下或地面洒水、防尘、消防用水和景观环境用水，以及生活用水、其他工业用水、城市杂用水、农业用水。

2）常规处理

（1）高矿化度矿井水常规处理技术可参照附录 C，根据技术进步可采用新的处理工艺。

（2）高矿化度矿井水中含悬浮颗粒和胶体物时，可采用混凝 - 沉淀 / 澄清 - 过滤处理工艺，其基本处理工艺流程如图 2-16 所示，应选取与膜材料具有兼容性，且有利于提高膜通量的混凝剂，常用混凝剂种类及性能参见附录 D。

（3）高矿化度矿井水中铁含量 >0. 3mg/L、锰含量 >0. 1mg/L 时，应增加除铁、除锰工艺，其基本处理工艺如图 2-17 和图 2-18 所示。

（4）高矿化度矿井水中石油类含量超过表 1 水质要求时，应增加除油工艺，其基本处理工艺参如图 2-19 所示。

（5）高矿化度矿井水经常规处理后需外排时，应按 GB 20426、GB 25466、GB 25467、GB 26451、GB 30770 等要求达标排放。

3）深度处理前处理

（1）宜对常规处理后的高矿化度矿井水进行水质检测，并对水中残余的悬浮固体、尖锐颗粒、微溶盐类、微生物、氧化剂、有机物等污染物进一步处理。

（2）可采用介质过滤 + 活性炭吸附组合工艺或微滤 / 超滤工艺等。采用微滤 / 超滤工艺时，微滤 / 超滤系统进水水质应符合表 2-46 的基本要求，其他指标可根据膜厂家技术要求确定。

（3）微滤 / 超滤系统前应设置保过滤器。

（4）对高矿化度矿井水宜进行物理或化学法杀菌消毒处理。

（5）宜设置活性炭过滤器或向进水中投加还原剂去除余氯和其他氧化剂，余氯含量应≤0. 1mg/L。

（6）宜加酸、阻垢剂或进行离子交换处理，加药时应设置在保安过滤器前。

（7）膜元件污染与化学清洗方法应符合 HJ 579 要求。

（8）前处理单元反冲洗水应返送到矿井水常规处理单元。

表 2-46　微滤 / 超滤处理单元进水水质基本要求

膜材质		项目限值		
		浊度 /NTU	悬浮物（SS）/（mg/L）	石油类 /(mg/L)
内压式中空纤维膜	聚偏氟乙烯（PVDF）	≤20	≤30	≤3
	聚丙烯（PP）	≤20	≤50	≤5
	聚乙烯（PE）	≤30	≤50	≤3
	聚丙烯腈（PAN）	≤30	颗粒物粒径 <50μm	不允许
	聚氯乙烯（PVC）	<200	≤30	≤8
	聚醚砜（PES）	<200	<150	≤30
外压式中空纤维膜	聚偏氟乙烯（PVDF）	≤50	≤300	≤3
	聚丙烯（PP）	≤30	≤100	≤5

4）深度处理

（1）高矿化度矿井水的深度处理宜采用纳滤 / 反渗透除盐，根据技术进步可采用新的处理工艺。

（2）反渗透系统进水水质应符合表 2-47 的基本要求，其他指标参见表 2-49，可根据膜厂家技术要定，应符合 HJ 579 规范要求。

表 2-47　反渗透处理单元进水水质基本要求

膜材质	项目限值		
	浊度 /NTU	污染指数（SDI_{15}）	余氯 /（mg/L）
聚酰胺复合膜（PA）	≤1	≤5	≤0. 1
醋酸纤维素膜（CA/CTA）	≤1	≤5	≤0. 5

（3）纳滤 / 反渗透处理系统前应设置过滤精度 <5μm 的保安过滤器。

（4）当矿井水进纳滤 / 反渗透膜前水温低于 12℃时，宜设置进水加热装置，具体水温根据所选膜材质及工艺要求确定。

（5）纳滤 / 反渗透系统出水 pH 值回调单元宜设置在纳滤 / 反渗透产水管与产品水池（槽）之间，并在线与 pH 值监测仪进行联动。

（6）深度处理后出水远距离回用时宜增加杀菌、消毒单元，可采用加氯、臭氧、紫外等方式；采用毒时，余氯含量应满足不同用水水质要求。

（7）反渗透膜元件清洗应符合 GB/T 23954 要求，纳滤膜元件污染与化学清洗方法应符合 H 要求。

6. 回用技术要求

（1）当高矿化度矿井水回用于生活用水时，其处理基本工艺可参考图 2-20，处理后出水水质应符合 GB 5749 要求。

（2）当高矿化度矿井水回用于工业用水时，应符合下列要求：

① 回用于选矿用水时，其基本处理工艺可参考图 2-21，处理后出水回用于煤炭洗选时，水质应符合 GB 50359 要求，回用于其他选矿时水质应符合 GB/T 19923 要求。

② 回用于矿区井下或地面洒水、防尘、消防、洗车及机修厂设备清洗时，其基本处理工艺可参考图 2-22，处理后出水回用于煤矿区井下洒水、防尘、消防时，水质应符合 GB 50383 要求，回用于煤矿区洗车及机修厂设备清洗时水质应符合 GB 50810 要求；回用于其他矿区井下或地面洒水、防尘、消防、洗车及机修厂设备清洗时，水质应符合 GB/T 19923 要求。

③ 回用于循环冷却用水、工业锅炉用水、液压支柱乳化液用水时，其基本处理工艺可参考图 2-23，处理后出水回用于选煤厂设备冷却用水时，水质应符合 GB 50359 要求；回用于其他循环冷却用水时，水质质应符合 GB/T 50050 要求；回用于工业锅炉用水时，水质应符合 GB/T 1576；回用于火力发电机组及蒸汽动力设备用水时，水质应符合 GB/T 12145；回用于液压支柱乳化液用水时，水质应符合 MT/T 76 要求。

（3）当高矿化度矿井水回用于农田灌溉、养殖业用水时，其基本处理工艺可参考图 2-24，处理后出水回用于农田灌溉时，水质应符合 GB 5084 要求；回用于渔业用水时，水质应符合 GB 11607 要求；回用于其他无公害食品淡水养殖用水时，水质应符合 NY 5051 要求。

（4）当高矿化度矿井水回用于城市杂用水时，其处理基本工艺可参考图 2-25，处理后出水水质应符合 GB/T 18920 要求。

（5）当高矿化度矿井水回用于景观环境用水时，其处理基本工艺可参考图 2-26，处理后出水水质应符合 GB/T 18921 要求。

7. 监测要求

（1）应在各个处理系统进出水位置设置采样口，制定监测计划并定期对出水水质进行取样监测分析，以满足回用或排放水水质要求。

（2）根据矿井水处理工程规模和工艺要求，设水质监测化验室，检测项目宜包括 pH 值、SS、浊度、COD_{Cr}、电导率等。

（3）宜根据具体工艺流程设置相应的在线监测装置，检测位置和检测项目如下：

① 各类水池宜设置液位计。

② 加药装置的检测宜包括药箱液位、药剂的投加流量。

③ 常规处理宜检测进水流量、进水浊度、出水浊度。

④ 过滤单元宜检测进水压力、出水压力。

⑤ 微滤 / 超滤单元宜检测进水压力、进水流量、产水流量、浓水流量、浓水压力、反冲洗压力。

⑥ 纳滤 / 反渗透单元宜检测水压力、进水流量、进水电导率、产水流量、产水电导率、浓水流量、浓水压力、产水 pH 值。

附录 A
（资料性附录）
高矿化度矿井水水质分析项目

已建矿的高矿化度矿井水进行净化处理设计时，原水水质分析项目可参考表 2-48；进行深度处理设计时，水质分析项目可参考表 2-49。

表 2-48　高矿化度矿井水原水水质分析项目

检测单位：____________________　　　　分析人：____________________

原水概况：____________________　　　　日　期：____________________

水质分析项目：

pH ____________________

悬浮物（SS）____________________

浊度 ____________________

化学需氧量（COD_{Cr}）____________________

总铁（Fe^{2+}/Fe^{3+}）____________________

锰离子（Mn^{2+}）____________________

溶解性总固体（TDS）____________________

氯离子（Cl^-）____________________

硫酸根（SO_4^{2-}）____________________

总硬度（以 $CaCO_3$ 计）____________________

注：pH 值为无量纲，浊度单位为 NTU，其他项目单位均为 mg/L。

表 2-49　高矿化度矿井水深度处理水质分析项目

检测单位：____________　　　　分析人：____________

原水概况：____________　　　　日　期：____________

电导率：____________ μS/cm　　pH 值：______　　水样温度__________℃

水质分析项目：（pH 为无量纲，浊度单位为 NTU，其他项目单位均为 mg/L）

铵离子（NH_4^+）____________	碳酸根（CO_3^{2-}）____________
钾离子（K^+）____________	碳酸氢根（HCO_3^-）____________
钠离子（Na^+）____________	亚硝酸根（NO_2^-）____________
钙离子（Ca^{2+}）____________	硝酸根（NO_3^-）____________
镁离子（Mg^{2+}）____________	氯离子（$C1^-$）____________
钡离子（Ba^{2+}）____________	氟离子（F^-）____________
锶离子（Sr^{2+}）____________	硫酸根（SO_4^{2-}）____________
导铁（Fe^{2+}/Fe^{3+}）____________	磷酸根（PO_4^{3-}）____________
锰离子（Mn^+）____________	活性二氧矿硅（SiO_2）____________
铝离子（$A1^{3+}$）____________	胶体二氧矿硅（SiO_2）____________
铜离子（Cu^{2+}）____________	游离氯（Cl）____________
锌离子（Zn^{2+}）____________	化学需氧量（COD_{Cr}）____________
溶解性固体（TDS）____________	生化需氧量（BOD_5）____________
总有机碳（TOC）____________	硬度（以 $CaCO_3$ 计）____________
浊度（NTU）____________	细菌（个 /mL）____________
污染指数（SDI_{15}）____________	

备施（颜色、异味、生物活性等）：

注：当阴阳离子存在较大不平衡时，应重新分析测试。相差不大时，可添加钠离子或氯离子进行人工平衡。

附录B
（资料性附录）
高矿化度矿井水主要水质指标及监测方法标准

高矿化度矿井水主要水质指标及监测方法标准见表2-50。

表2-50 高矿化度矿井水主要水质指标及监测方法标准

序号	水质指标	标准名称	方法标准编号
1	pH值	水质 pH值的测定 玻璃电极法	GB 6920
2	悬浮物（SS）	水质 悬浮物测定 重量法	GB/T 11901
3	浊度	水质 浊度的测定	GB 13200
4	化学需氧量（COD_{Cr}）	水质 化学需氧量的测定 重铬酸盐法	HJ 828
		水质 化学需氧量的测定 快速消解分光光度法	HJ/T 399
5	总铁（Fe^{2+}/Fe^{3+}）	水质 铁的测定 邻菲啰啉分光光度法（试行）	HJ/T 345
		水质 32种元素的测定 电感耦合等离子体发射光谱法	HJ/T 776
		水质 65种元素的测定 电感耦合等离子体质谱法	HJ/T 700
6	总锰	水质 锰的测定 高碘酸钾分光光度法	GB 11906
		水质 32种元素的测定 电感耦合等离子体发射光谱法	HJ/T 776
		水质 65种元素的测定 电感耦合等离子体质谱法	HJ/T 700
7	石油类	水质 石油类和动植物油类的测定 红外分光光度法	HJ 637
8	溶解性总固体含量（TDS）	生活饮用水标准检验方法 感官性状和物理指标	GB/T 5750. 4
9	总硬度（以$CaCO_3$计）	水质 钙与镁总量的测定 EDTA滴定法	GB/T 7477
10	生化需氧量（BOD_5）	水质 五日生化需氧量（BOD_5）的测定 稀释与接种法	HJ 505
11	总有机碳（TOC）	水质 总有机碳的测定 燃烧氧化－非分散红外吸收法	HJ 501
12	总大肠菌群	水质 总大肠菌群和粪大肠菌群的测定 纸片快速法	HJ 755
13	二氧化硅（SiO_2）	城市供水 二氧化硅的测定 硅钼蓝分光光度法	CJ/T 141
14	氯离子（Cl^-）	水质 游离氯和总氯的测定 *N*，*N*－二乙基－1，4－苯二胺分光光度法	HJ 586
15	游离氯（Cl）	水质 游离氯和总氯的测定 *N*，*N*－二乙基－1，4－苯二胺分光光度法	HJ 586
16	氟离子（F^-）	水质 氟化物的测定 氟试剂分光光度法	HJ 488
		水质 氟化物等的测定 真空检测管－电子比色法	HJ659
17	硫酸根（SO_4^{2-}）	水质 硫酸盐的测定 重量法	GB 11899
		水质 硫酸盐的测定 火焰原子吸收分光光度法	GB 13196
18	硝酸根（NO_3^-）	水质 无机阴离子（F^-、Cl^-、NO^{2-}、Br^-、NO_3^-、PO_4^{3-}、SO_3^{2-}、SO_4^{2-}）的测定 离子色谱法	HJ 84
19	亚硝酸根（NO_2^-）	水质 亚硝酸盐氮的测定 分光光度法	GB 7493
20	磷酸根（PO_4^{3-}）	水质 磷酸盐的测定 离子色谱法	HJ 669
		水质 磷酸盐和总磷的测定 连续流动 钼酸铵分光光度法	HJ 670
21	碳酸根（CO_3^{2-}）	食品安全国家标准 饮用水天然矿泉水检验方法	GB 8538
22	碳酸氢根（HCO_3^-）	食品安全国家标准 饮用水天然矿泉水检验方法	GB 8538
23	铵离子（NH_4^+）	水质 氨氮的测定 纳氏试剂分光光度法	HJ 535
24	钾离子（K^+）	水质 钾和钠的测定 火焰原子吸收分光光度法	GB 11904
		水质 32种元素的测定 电感耦合等离子体发射光谱法	HJ 776
		水质 65种元素的测定 电感耦合等离子体质谱法	HJ 700

续表

序号	水质指标	标准名称	方法标准编号
25	钠离子（Na^{+}）	水质 钾和钠的测定 火焰原子吸收分光光度法	GB 11904
		水质 32 种元素的测定 电感耦合等离子体发射光谱法	HJ 776
		水质 65 种元素的测定 电感耦合等离子体质谱法	HJ 700
26	镁离子（Mg^{2+}）	工业循环冷却水中钙、镁离子的测定 EDTA 滴定法	GB/T 15452
		水质 32 种元素的测定 电感耦合等离子体发射光谱法	HJ 776
		水质 65 种元素的测定 电感耦合等离子体质谱法	HJ 700
27	钙离子（Ca^{2+}）	工业循环冷却水中钙、镁离子的测定 EDTA 滴定法	GB/T 15452
		水质 32 种元素的测定 电感耦合等离子体发射光谱法	HJ 776
		水质 65 种元素的测定 电感耦合等离子体质谱法	HJ 700
28	铝离子（Al^{3+}）	水质 32 种元素的测定 电感耦合等离子体发射光谱法	HJ 776
		水质 65 种元素的测定 电感耦合等离子体质谱法	HJ 700
29	钡离子（Ba^{2+}）	水质 32 种元素的测定 电感耦合等离子体发射光谱法	HJ 776
		水质 65 种元素的测定 电感耦合等离子体质谱法	HJ 700
30	锶离子（Sr^{2+}）	水质 32 种元素的测定 电感耦合等离子体发射光谱法	HJ 776
		水质 65 种元素的测定 电感耦合等离子体质谱法	HJ 700
31	总铜	水质 铜、锌、铅、镉的测定 原子吸收分光光度法	GB 7475
		水质 铜的测定 二乙基二硫代氨基甲酸钠分光光度法	HJ 485
		水质 32 种元素的测定 电感耦合等离子体发射光谱法	HJ 776
		水质 65 种元素的测定 电感耦合等离子体质谱法	HJ 700
32	总锌	水质 铜、锌、铅、镉的测定 原子吸收分光光度法	GB 7475
		水质 锌的测定 双硫腙分光光度法	GB 7472
		水质 32 种元素的测定 电感耦合等离子体发射光谱法	HJ 776
		水质 65 种元素的测定 电感耦合等离子体质谱法	HJ 700
33	污染指数（SDI_{15}）	污染指数 SDI 测定仪	

附录 C
（资料用附录）
高矿化度矿井水处理一般工艺流程

高矿化度矿井水处理基本工艺流程主要包括：

（1）矿井水中悬浮颗粒和胶体去除基本工艺流程如图 2-16 所示。

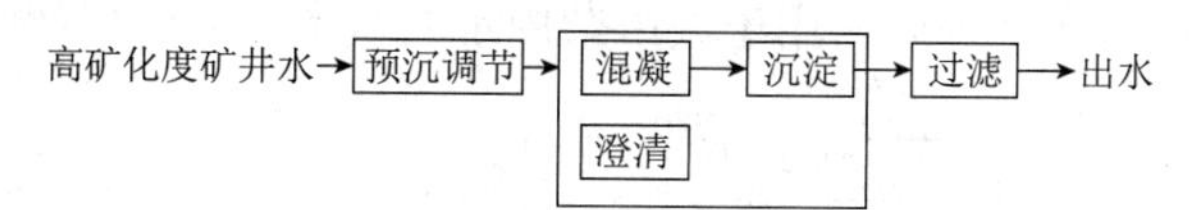

图 2-16　矿井水中悬浮颗粒和胶体去除基本工艺流程

（2）矿井水中铁、锰去除基本工艺流程如图 2-17 和图 2-18 所示。

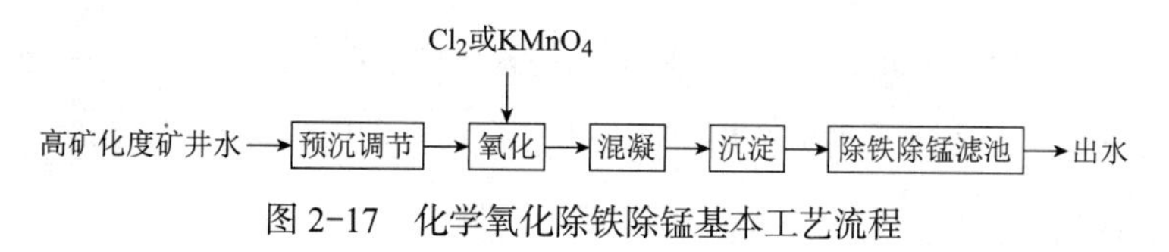

图 2-17　化学氧化除铁除锰基本工艺流程

高矿化度矿井水 → 预沉调节 → 混凝 → 沉淀 → 水射充氧 → 除铁除锰滤池 → 出水

图 2-18 接触氧化除铁除锰基本工艺流程

（3）矿井水中石油类去除基本工艺流程如图 2-19 所示。

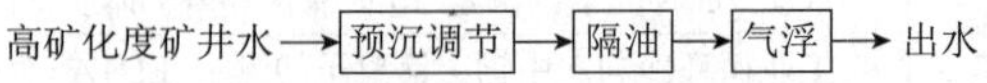

高矿化度矿井水 → 预沉调节 → 隔油 → 气浮 → 出水

图 2-19 矿井水中石油类去除基本工艺流程

（4）高矿化度矿井水处理后回用于生活饮用水的基本工艺流程如图 2-20 所示。

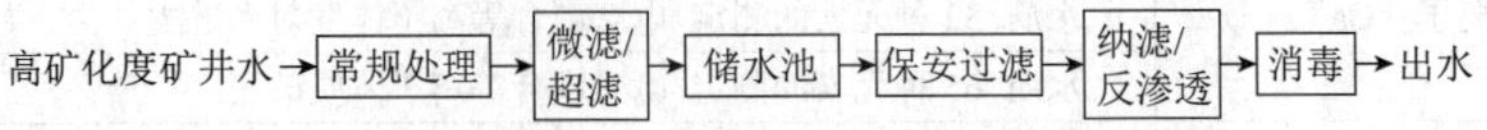

高矿化度矿井水 → 常规处理 → 微滤/超滤 → 储水池 → 保安过滤 → 纳滤/反渗透 → 消毒 → 出水

图 2-20 高矿化度矿井水处理后回用于生活饮用水的基本工艺流程

（5）高矿化度矿井水处理后回用于工业用水的基本工艺流程如图 2-21、图 2-22 和图 2-23 所示。

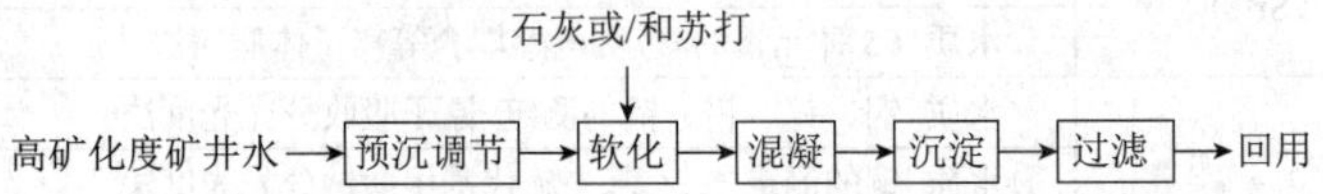

高矿化度矿井水 → 预沉调节 → 软化（石灰或/和苏打）→ 混凝 → 沉淀 → 过滤 → 回用

图 2-21 选矿厂补充水

高矿化度矿井水 → 预沉调节 → 混凝 → 沉淀 → 过滤 → 消毒 → 回用

图 2-22 矿区井下或地面洒水、防尘、消防、洗车及机修厂设备清洗

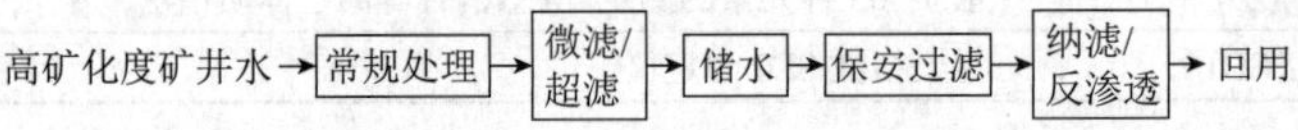

高矿化度矿井水 → 常规处理 → 微滤/超滤 → 储水 → 保安过滤 → 纳滤/反渗透 → 回用

图 2-23 循环冷却用水、工业锅炉用水、液压支柱乳化液用水

（6）高矿化度矿井水处理后回用于农业用水的基本工艺流程如图 2-24 所示。

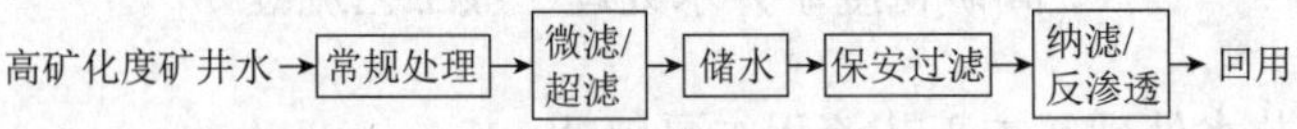

高矿化度矿井水 → 常规处理 → 微滤/超滤 → 储水 → 保安过滤 → 纳滤/反渗透 → 回用

图 2-24 高矿化度矿井水处理后回用于农业用水的基本工艺流程

（7）高矿化度矿引水处理后回用于城市杂用水的基本工艺流程如图 2-25 所示。

高矿化度矿井水 → 常规处理 → 微滤/超滤 → 储水 → 保安过滤 → 纳滤/反渗透 → 消毒 → 回用

图 2-25 高矿化度矿井水处理后回用于城市杂用水的基本工艺流程

（8）高矿化度矿井水处理后回用于景观环境用水的基本工艺流程如图 2-26 所示。

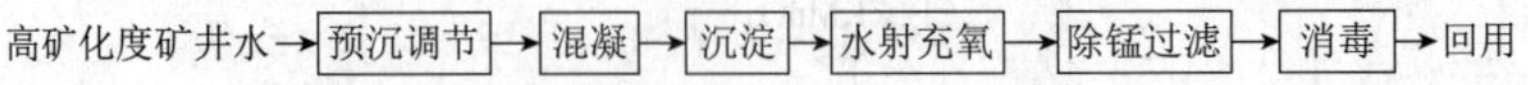

高矿化度矿井水 → 预沉调节 → 混凝 → 沉淀 → 水射充氧 → 除锰过滤 → 消毒 → 回用

图 2-26 高矿化度矿井水处理后回用于景观环境用水的基本工艺流程

附录 D

（资料性附录）

常用混凝剂与使用条件

常用混凝剂与使用条件见表 2-51。

表 2-51　常用混凝剂与使用条件

混凝剂		水解产物	适用条件
铝盐	硫酸铝 $Al_2(SO_4)_3 \cdot 18H_2O$	Al^{3+}、$[Al(OH)_2]^+$、$[Al_2(OH)_n]^{(6-n)+}$	使用于 pH 值高、碱度大的原水
			破乳及去除水中有机物时，pH 值宜为 4~7
	明矾 $KAl(SO_4)_2 \cdot 12H_2O$	Al^{3+}、$[Al(OH)_2]^+$、$[Al_2(OH)_n]^{(6-n)+}$	去除水中悬浮物 pH 值宜控制在 6.5~8
			适用水温 20~40℃
铁盐	三氯化铁 $FeCl_3 \cdot 6H_2O$	$Fe(H_2O)_6^{3+}$、$[Fe_2(OH)_n]^{(6-n)+}$	对金属、混凝土、塑料均有腐蚀性
			亚铁离子需先经氧化成三价铁，当 pH 值较低时必须曝气充氧或投加助凝剂氯氧化
	硫酸亚铁 $FeSO_4 \cdot 7H_2O$	$Fe(H_2O)_6^{3+}$、$[Fe_2(OH)_n]^{(6-n)+}$	pH 值的适用范围宜为 7~8.5
			絮体形成较快，较稳定，沉淀时间短受 pH 值和温度影响较小，吸附效果稳定
聚合盐类	聚合氯化铝 $[Al_2(OH)_nCl_{6-n}]_m$ PAC	$[Al_2(OH)_n]^{(6-n)+}$	pH=6~9 适应范围宽，一般不必投加碱剂
	聚合硫酸铁 $[Fe_2(OH)_n(SO_4)_{6-n}]_m$ PSF	$[Fe_2(OH)_n]^{(6-n)+}$	混凝效果好，耗药量少，出水浊度低、色度小，原水高浊度时尤为显著
			设备简单，操作方便，劳动条件好

2.3　排放标准差异

2.3.1　指标数量不同

各标准的具体监测指标见表 2-52。

表 2-52　各标准水污染排放指标

序号	标　准	指标数（项）	水污染物排放指标
1	地表水环境质量标准（GB 3838—2002）	109	水温、pH 值、溶解氧、高锰酸盐指数、化学需氧量、五日生化需氧量、氨氮、总磷、总氮（湖、库，以 N 计）、铜、锌、氟化物、硒、砷、汞、镉、六价铬、铅、氰化物、挥发酚、石油类、阴离子表面活性剂、硫化物、粪大肠杆菌、硫酸盐、氯化物、硝酸盐、铁、锰、三氯甲烷、四氯化碳、三溴甲烷、二氯甲烷、1，2- 二氯乙烷、环氧氯丙烷、氯乙烯、1，1- 二氯乙烯、1，2- 二氯乙烯、三氯乙烯、四氯乙烯、氯丁二烯、六氯丁二烯、苯乙烯、甲醛、乙醛、丙烯醛、三氯乙醛、苯、甲苯、乙苯、二甲苯、异丙苯、氯苯、1，2- 二氯苯、1，4- 二氯苯、三氯苯、四氯苯、六氯苯、硝基苯、二硝基苯、2，4- 二硝基甲苯、2，4，6- 三硝基甲苯、硝基氯苯、2，4- 二硝基氯苯、2，4- 二氯苯酚、2，4，6- 三氯苯酚、五氯酚、苯胺、联苯胺、丙烯酰胺、丙烯腈、邻苯二甲酸二丁酯、邻苯二甲酸二（2- 乙基己基）酯、水合肼、四乙基铅、吡啶、松节油、苦味酸、丁基黄原酸、活性氯、滴滴涕、林丹、环氧七氯、对硫磷、甲基对硫磷、马拉硫磷、乐果、敌敌畏、敌百虫、内吸磷、百菌清、甲萘威、溴氰菊酯、阿特拉津、苯并（a）芘、甲基汞、多氯联苯、微囊藻毒素 -LR、黄磷、钼、钴、铍、硼、锑、镍、钡、钒、钛、铊

续表

序号	标　准	指标数（项）	水污染物排放指标
2	地下水质量标准（GB/T 14848—2017）	93	色、嗅和味、浑浊度、肉眼可见物、pH 值、总硬度、溶解性总固体、硫酸盐、氯化物、铁、锰、铜、锌、铝、挥发性酚类、阴离子表面活性剂、化学需氧量、氨氮、硫化物、钠、总大肠菌群、菌落总数、亚硝酸盐、硝酸盐、氰化物 /（mg/L）、氟化物、碘化物、汞、砷、硒、镉、铬（六价）、铅、三氯甲烷、四氯化碳、苯、甲苯、总 α 放射性、总 β 放射性、铍、硼、锑、钡、镍、钴、钼、银、铊、二氯甲烷、1，2-二氯乙烷、1，1，1-三氯乙烷、1，1，2-三氯乙烷、1，2-二氯丙烷、三溴甲烷、氯乙烯、1，1-二氯乙烯、1，2-二氯乙烯、三氯乙烯、四氯乙烯、氯苯、邻二氯苯、对二氯苯、三氯苯、乙苯、二甲苯、苯乙烯、2，4-二硝基甲苯、2，6-二硝基甲苯、萘、蒽、荧蒽、苯并（b）荧蒽、苯并（a）芘、多氯联苯、邻苯二甲酸二（2-乙基己基）酯、2，4，6-三氯酚、五氯酚、六六六、林丹、滴滴涕、六氯苯、七氯、2，4-滴、克百威、涕灭威、敌敌畏、甲基对硫磷、马拉硫磷、乐果、毒死蜱、百菌清、莠去津、草甘膦
3	污水综合排放标准（GB 8978—1996）	65	总汞、烷基汞、总镉、总铬、六价铬、总砷、总铅、总镍、苯并（a）芘、总铍、总银、总 α 放射性、总 β 放射性、pH 值、色度、悬浮物、五日生化需氧量、化学需氧量、石油类、动植物油、挥发酚、总氰化合物、硫化物、氨氮、氟化物、磷酸盐、甲醛、苯胺类、硝基苯类、阴离子表面活性剂、总铜、总锌、总锰、磷、有机磷农药、乐果、对硫磷、甲基对硫磷、马拉硫磷、五氯酚、可吸附有机卤化物（AOX）、三氯甲烷、四氯化碳、三氯乙烯、四氯乙烯、苯、甲苯、乙苯、邻-二甲苯、对-二甲苯、间-二甲苯、氯苯、邻-二氯苯、对-二氯苯、对-硝基氯苯、2，4-二硝基氯苯、苯酚、间-甲酚、2，4-二氯酚、2，4，6-三氯酚、邻苯二甲酸二丁酯、邻苯二甲酸二辛酯、丙烯腈、总硒、总有机碳
4	煤炭行业绿色矿山建设规范（DZ/T 0315—2018）	16	总汞、总镉、总铅、总砷、总锌、总铬、六价铬、氟化物、总 α 放射性、总 β 放射性、pH 值、总悬浮物、化学需氧量、石油类、总铁、总锰
5	煤炭工业污染物排放标准（GB 20426—2006）	16	总汞、总镉、总铅、总砷、总锌、总铬、六价铬、氟化物、总 α 放射性、总 β 放射性、pH 值、总悬浮物、化学需氧量、石油类、总铁、总锰
6	水功能区划分标准（GB 50594—2010）	—	—

2.3.2 指标限值不同（表 2-53~ 表 2-62）

表 2-53　各标准的 pH 限值

<table>
<tr><th>标　准</th><th>Ⅰ类</th><th>Ⅱ类</th><th>Ⅲ类</th><th>Ⅳ类</th><th>Ⅴ类</th></tr>
<tr><td>地表水环境质量标准（GB 3838—2002）</td><td colspan="5">6~9</td></tr>
<tr><td>地下水质量标准（GB/T 14848—2017）</td><td colspan="3">6.5≤pH≤8.5</td><td>5.5 ≤ pH <6.5
8.5 <pH ≤ 9.0</td><td>pH <5.5 或 pH > 9.0</td></tr>
<tr><td>污水综合排放标准（GB 8978—1996）</td><td colspan="3">6~9</td><td>—</td><td>—</td></tr>
<tr><td>煤炭行业绿色矿山建设规范（DZ/T 0315—2018）</td><td colspan="5">6~9</td></tr>
<tr><td>煤炭工业污染物排放标准（GB 20426—2006）</td><td colspan="5">6~9</td></tr>
</table>

表 2-54　各标准的化学需氧量限值

mg/L

标　准	Ⅰ类	Ⅱ类	Ⅲ类	Ⅳ类	Ⅴ类
地表水环境质量标准（GB 3838—2002）	≤ 15	≤ 15	≤ 20	≤ 30	≤ 40

续表

标　准	Ⅰ类	Ⅱ类	Ⅲ类	Ⅳ类	Ⅴ类
地下水质量标准（GB/T 14848—2017）	≤ 1.0	≤ 2.0	≤ 3.0	≤ 10	> 10
污水综合排放标准（GB 8978—1996）	100	150	500	—	—
煤炭行业绿色矿山建设规范（DZ/T 0315—2018）	70（采煤废水现有生产线），50（采煤废水新（扩、改）建生产线） 100（选煤废水现有生产线），70（选煤废水新（扩、改）建生产线）				
煤炭工业污染物排放标准（GB 20426—2006）	70（采煤废水现有生产线），50（采煤废水新（扩、改）建生产线） 100（选煤废水现有生产线），70（选煤废水新（扩、改）建生产线）				

表 2-55　各标准的总汞限值　mg/L

标　准	Ⅰ类	Ⅱ类	Ⅲ类	Ⅳ类	Ⅴ类
地表水环境质量标准（GB 3838—2002）	≤ 0.00005	≤ 0.00005	≤ 0.0001	≤ 0.001	≤ 0.001
地下水质量标准（GB/T 14848—2017）	≤ 0.0001	≤ 0.0001	≤ 0.001	≤ 0.002	> 0.002
污水综合排放标准（GB 8978—1996）	0.05				
煤炭行业绿色矿山建设规范（DZ/T 0315—2018）	0.05				
煤炭工业污染物排放标准（GB 20426—2006）	0.05				

表 2-56　各标准的总镉限值　mg/L

标　准	Ⅰ类	Ⅱ类	Ⅲ类	Ⅳ类	Ⅴ类
地表水环境质量标准（GB 3838—2002）	≤ 0.001	≤ 0.005	≤ 0.005	≤ 0.005	≤ 0.01
地下水质量标准（GB/T 14848—2017）	≤ 0.0001	≤ 0.001	≤ 0.005	≤ 0.01	> 0.01
污水综合排放标准（GB 8978—1996）	0.1				
煤炭行业绿色矿山建设规范（DZ/T 0315—2018）	0.1				
煤炭工业污染物排放标准（GB 20426—2006）	0.1				

表 2-57　各标准的总铅限值　mg/L

标　准	Ⅰ类	Ⅱ类	Ⅲ类	Ⅳ类	Ⅴ类
地表水环境质量标准（GB 3838—2002）	≤ 0.01	≤ 0.01	≤ 0.05	≤ 0.05	≤ 0.1
地下水质量标准（GB/T 14848—2017）	≤ 0.005	≤ 0.005	≤ 0.01	≤ 0.1	> 0.1
污水综合排放标准（GB 8978—1996）	1.0				
煤炭行业绿色矿山建设规范（DZ/T 0315—2018）	0.5				
煤炭工业污染物排放标准（GB 20426—2006）	0.5				

表 2-58　各标准的总砷限值　mg/L

标　准	Ⅰ类	Ⅱ类	Ⅲ类	Ⅳ类	Ⅴ类
地表水环境质量标准（GB 3838—2002）	≤0.05	≤0.05	≤0.05	≤0.1	≤0.1
地下水质量标准（GB/T 14848—2017）	≤0.001	≤0.001	≤0.01	≤0.05	>0.05
污水综合排放标准（GB 8978—1996）	0.5				
煤炭行业绿色矿山建设规范（DZ/T 0315—2018）	0.5				
煤炭工业污染物排放标准（GB 20426—2006）	0.5				

表 2-59　各标准的总锌限值　mg/L

标　准	Ⅰ类	Ⅱ类	Ⅲ类	Ⅳ类	Ⅴ类
地表水环境质量标准（GB 3838—2002）	≤0.05	≤1.0	≤1.0	≤2.0	≤2.0
地下水质量标准（GB/T 14848—2017）	≤0.05	≤0.5	≤1.0	≤5.0	>5.0
污水综合排放标准（GB 8978—1996）	2.0	5.0	5.0	—	—
煤炭行业绿色矿山建设规范（DZ/T 0315—2018）	2.0				
煤炭工业污染物排放标准（GB 20426—2006）	2.0				

表 2-60　各标准的总锰限值　mg/L

标　准	Ⅰ类	Ⅱ类	Ⅲ类	Ⅳ类	Ⅴ类
地表水环境质量标准（GB 3838—2002）	0.1				
地下水质量标准（GB/T 14848—2017）	≤0.05	≤0.05	≤0.1	≤1.5	>1.5
污水综合排放标准（GB 8978—1996）	2.0	2.0	5.0	—	—
煤炭行业绿色矿山建设规范（DZ/T 0315—2018）	4				
煤炭工业污染物排放标准（GB 20426—2006）	4				

表 2-61　各标准的六价铬限值　mg/L

标　准	Ⅰ类	Ⅱ类	Ⅲ类	Ⅳ类	Ⅴ类
地表水环境质量标准（GB 3838—2002）	≤0.01	≤0.05	≤0.05	≤0.05	≤0.1
地下水质量标准（GB/T 14848—2017）	≤0.005	≤0.01	≤0.05	≤0.1	>0.1
污水综合排放标准（GB 8978—1996）	0.5				
煤炭行业绿色矿山建设规范（DZ/T 0315—2018）	0.5				

续表

标　准	Ⅰ类	Ⅱ类	Ⅲ类	Ⅳ类	Ⅴ类
煤炭工业污染物排放标准（GB 20426—2006）	0.5				

表 2-62　各标准的氟化物限值

mg/L

标　准	Ⅰ类	Ⅱ类	Ⅲ类	Ⅳ类	Ⅴ类
地表水环境质量标准（GB 3838—2002）	≤1.0	≤1.0	≤1.0	≤1.5	≤1.5
地下水质量标准（GB/T 14848—2017）	≤1.0	≤1.0	≤1.0	≤2.0	>2.0
污水综合排放标准（GB 8978—1996）	10	10	20	—	—
煤炭行业绿色矿山建设规范（DZ/T 0315—2018）	10				
煤炭工业污染物排放标准（GB 20426—2006）	10				

第3章　矿井水常规处理及资源化利用技术

3.1　含悬浮物矿井水处理技术

3.1.1　混凝沉淀处理技术

混凝沉淀处理技术是指水中不易沉淀的胶体和细微悬浮物在混凝剂的作用下，凝聚成絮凝体后沉淀下来并实现分离去除。自20世纪70年代以来，混凝沉淀处理技术一直是含悬浮物矿井水的主流处理工艺，国内仍有很多矿井水处理工程沿用此工艺。按照各处理单元的形式及功能划分，处理技术流程如图3-1所示。构筑物式组合工艺的处理功能划分明确，系统简单，运行和管理难度较低，适用于任何处理规模的含悬浮物矿井水的处理。

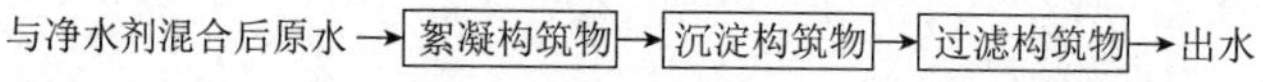

与净水剂混合后原水 → 絮凝构筑物 → 沉淀构筑物 → 过滤构筑物 → 出水

图3-1　混凝沉淀处理技术流程图

3.1.1.1　絮凝构筑物

絮凝构筑物较多时，概括起来可采用水力搅拌和机械搅拌两种形式。水力搅拌絮凝构筑物主要有隔板絮凝池（往复式、回转式）、穿孔旋流絮凝池、涡流絮凝池、折板絮凝池、网格（栅条）絮凝池；机械搅拌絮凝构筑物主要为机械絮凝池。

针对含悬浮物矿井水混凝性能差和处理规模有限的特点，目前在含悬浮物矿井水处理中使用的絮凝构筑物主要有穿孔旋流絮凝池、折板絮凝池和网格絮凝池，其中以前两种絮凝池使用最多。

1. *穿孔旋流絮凝池*

穿孔旋流絮凝池由多个串联的絮凝室组成，分格数一般不少6格，具体通过处理水量确定。进水孔上下交错布置如图3-2所示。矿井水原水以较高流速沿池壁切线方向进入，在池内产生旋流运动，促使水中的悬浮颗粒相互碰撞，利用多级串联的旋流方向，更促进了絮凝作用。第一格进口流速较大，孔口尺寸较小，而后流速逐渐减小，孔口尺寸逐渐增大，因此，搅拌强度逐渐减小。穿孔旋流絮凝池实际上是由旋流絮凝池（不分格，仅一个圆筒形池体）和孔室絮凝池（分格但不产生旋流）综合改进而来。

穿孔旋流絮凝池结构简单，水头损失小，一般适用于矿井水日处理水量在10000m^3的场合，并常与斜管沉淀池合建而组成穿孔旋流斜管沉淀池。

但由于穿孔旋流絮凝池在矿井水中的絮凝效果不是特别好，并且易于积泥，目前在矿井水絮凝构筑物中使用的不是很多。

2. 折板絮凝池

折板絮凝池是在池中设置扰流装置，使其达到絮凝所要求的紊流状态的一种絮凝构筑物。折板絮凝池通常采用竖流式，当折板转弯次数增多后，转弯角度减少。这样，既增加折板间水流紊动性，又使絮凝过程中的 G 值由大到小逐渐变化，适应了絮凝过程中絮体由大到小的变化规律，提高了絮凝效果。常见的折板可分为平板折板和波纹折板两类。

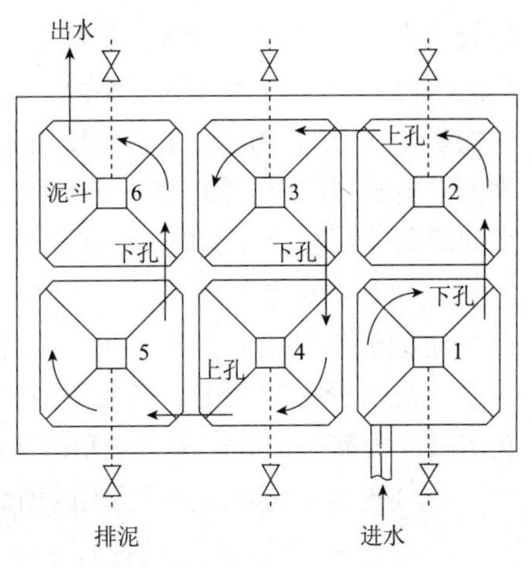

图 3-2　穿孔旋流絮凝池

按照水流通过折板间隔数，折板絮凝池可分为“单通道”和“多通道”。多通道系指将絮凝池分成若干格，每一格内安装若干折板，水流沿着格子依次上、下流动，在每一格内，水流通过若干由折板组成的并联通道，如图 3-3 所示。多通道折板絮凝池常用于水量大的矿井水处理厂。水流不分格，直接在相邻两道折板间上下流动就成为单通道折板絮凝池，如图 3-4 所示。单通道折板絮凝池一般用于小水量的矿井水处理厂。

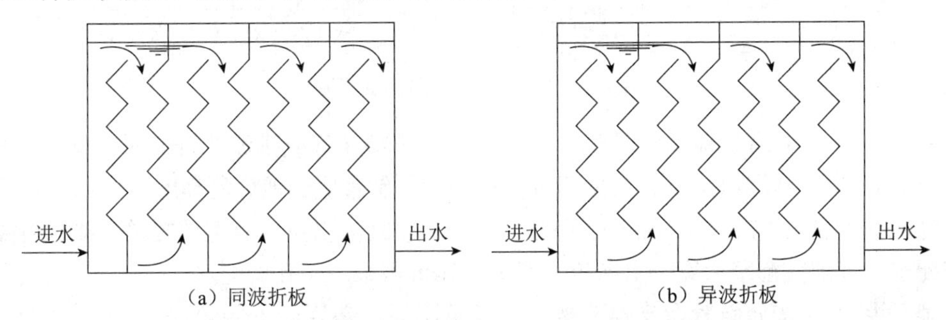

（a）同波折板　　（b）异波折板

图 3-3　单通道折板絮凝池剖面示意图

折板絮凝池具有能耗和药耗低、停留时间短等特点，目前已在含悬浮物矿井水中得到应用，尤其是在一些小型处理规模的净化工艺中，折板絮凝池是其主流处理工艺。

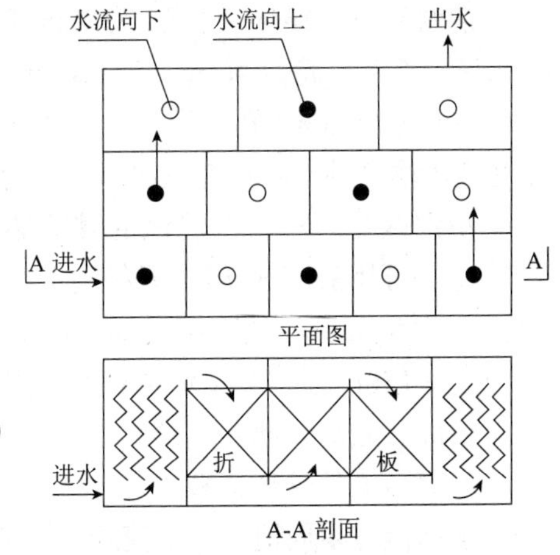

图 3-4　多通道折板絮凝池示意图

3.1.1.2　沉淀构筑物

用于沉淀的构筑物称为沉淀池。按照水在池中的流动方向划分，沉淀池分为平流式沉淀池（卧式）、竖流式沉淀池（立式）、辐流式沉淀池（辐流式或径流式）、斜流式沉淀池（斜管、斜板类）等类型。此外，还有多层多格平流式沉淀池，逆坡度斜底平流式沉淀池等。

在含悬浮物矿井水处理中，使用最多的沉淀构筑物为斜管（板）沉淀池。斜管（板）沉淀池是指在沉淀池有效容积一定的条件下，通过增设一层或多层斜管（板）的方式，增加沉淀面积，从而达到比较高的悬浮颗粒去除效果的一种沉淀构筑物。斜管（板）沉淀池增加了沉淀面积，优化了矿井水中悬浮颗粒的沉降条件，缩短了沉淀距离，沉淀效率高，容积小，占地面积少，适用于各种含悬浮物矿井水处理中的沉淀单元使用。在斜板沉淀池中，按水流与沉泥相对运动方向可分为上下流、同向流、侧向流三种形式；而斜管沉淀池只有上向流、同向流两种形式。目前，上向流斜管沉淀池和侧向流斜板沉淀池是最常用的两种基本形式。

1. 上向流斜管沉淀池

上向流斜管沉淀池又称逆向流斜管沉淀池，是我国目前使用最多的一种沉淀构筑物。在上向流斜管沉淀池中，经过絮凝后的原水从斜管底部沿管壁向上流动，水从上部汇入集水槽，泥渣则由底部滑落至积泥区。

图 3-5 为上向流斜管沉淀池的构造示意图，一般分为配水区、斜管区、清水区和积泥区。

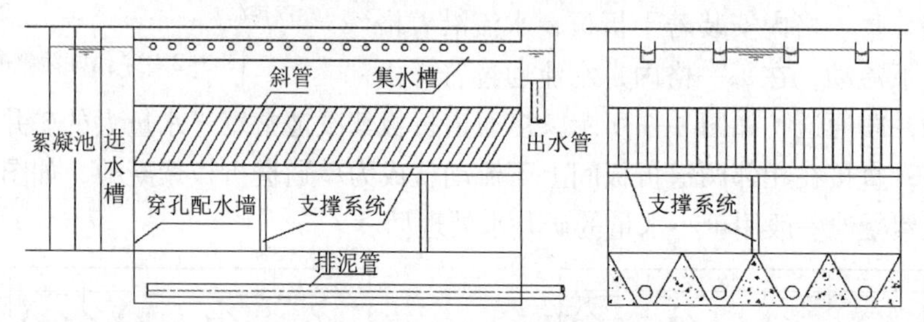

图 3-5　上向流斜管沉淀池示意图

配水区高度取决于检修的需要，当采用三角槽穿孔管或排泥斗排泥时，从斜管底部到槽顶的高度应 >1. 0~1. 2m；当采用机械排泥时，斜管底到池底的高度应≥1. 5m。为使絮凝池的进水能够均匀地流入斜管下的配水区，絮凝池出口应有整流措施。如采用缝隙栅条配水，缝隙应前窄后宽。上向流斜管沉淀池也可采用穿孔墙配水。

斜管区主要按照斜管及支撑支架。通常情况下，斜管的安装角度为 60°，长度采用 1m，管径宜为 35mm。

清水区位于斜管区上部，为使斜管出水均匀，减少因日照影响而引起的藻类过度繁殖，清水区的高度一般应≥1m。清水区集水系统包括穿孔集水管和溢流集水槽，穿孔管上的孔径一般为 25mm，孔距为 100~250mm，管中距为 1. 1~1. 5m；溢流槽有堰口集水槽和淹没孔集水槽两种。孔口淹没水深一般为 5~10mm。

积泥区位于整个沉淀池的最下端。斜管沉淀池的排泥设施主要有三种：①中小规模的池子可用放于 V 形排泥槽内的穿孔管排泥，排泥槽高度最好为 1. 2~1. 5m；②沉淀池也可采用小斗虹吸管排泥，斗底倾角一般在 45° 左右，每斗设一排泥管，排泥管管径应≥150mm；③较大的池子可用机械排泥。装在池底部的刮泥机靠牵引设备来回走动，将污泥刮到池两端的排泥槽，然后由排泥阀快速排出。

2. 侧向流斜板沉淀池

侧向流即横向流，在平流式沉淀池的沉淀部分设置斜板，其他与平流式沉淀池相同。水流从水平方向通过斜板，污泥则向下沉淀，水流方向与沉淀的下沉方向垂直。侧向流斜板沉淀池特别适用于旧平流式沉淀池的改造，当池深较大时，为使斜板的制作和安装方便，在垂直方向可分成几段，在水平方向也可分为若干个单体组合使用。

侧向流斜板沉淀池的构造如图 3-6 所示。

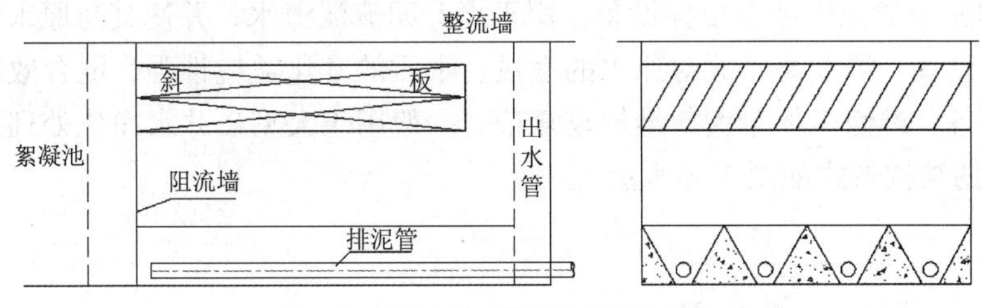

图 3-6　侧向流斜板沉淀池示意图

3.1.2　澄清处理技术

澄清处理技术是将絮凝和沉淀两个过程综合于一个构筑物（澄清池）中完成，主要依靠污泥循环接触絮凝到澄清目的。当脱稳杂质随水流与泥渣层接触时，便被泥渣层阻留下来，使水获得澄清。这种把泥渣层作为接触介质的过程，实际上也是絮凝过程，一般称为接触絮凝。在絮凝的同时，杂质从水中分离出来，清水在澄清池上部被收集。澄清处理技术主要包括水力循环澄清池和机械加速澄清池。

3.1.2.1　水力循环澄清池

水力循环澄清池中，利用水射器的作用（即进水管中水流的动力）实现水的混合及泥渣的循环回流。水力循环澄清池中采用的泥渣回流循环技术，能有效地去除矿井水中的乳化油、机油等油类物质，并能充分发挥混凝剂和絮凝剂的药效，节省药剂的投加量，降低矿井水净化处理成本，从而提高了矿井水净化处理经济效益。

水力循环澄清池主要由进水水射器（喷嘴、喉管等）、絮凝室、分离室、排泥系统、出水系统等组成。其加药点视与泵房的距离可设在水泵吸水管或压水管上，也可设在靠近喷嘴的进水管上（图 3-7）。加过混凝剂的原水从进水管和喷嘴高速喷入喉管，从喉管的喇叭口四周形成真空，吸入大量泥渣，回流的泥渣量控制在进水量的 3 倍左右，所以通过喉管的流量是倍的进水量。泥渣和原水迅速混合，然后在面积逐渐增大的第一反应室和第二反应室中完成混凝反应；水流离开第二反应室后进入分离室，因面积逐渐扩大，上升流速降低，泥渣开始下沉；一部分泥渣进入泥渣浓缩室定期清除；大部分泥渣又被吸入喉管重新进行循环。清水向上从集水槽流出。

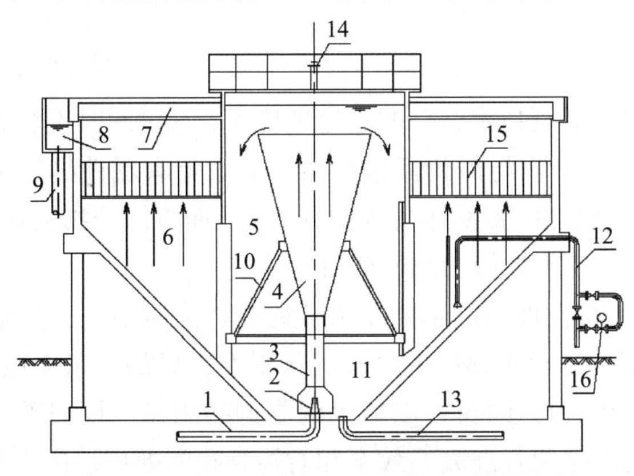

1—进水管；2—喷嘴；3—喉管；4—第一反应室；5—第二反应室；6—分离室；7—辐射式集水槽；8—出水槽；9—出水管；10—锥形罩；11—泥渣浓缩室；12—排泥管；13—放空管；14—喷嘴与喉管距离调节装置；15—斜管；16—电动阀

图 3-7　水力循环澄清池构造图

3.1.2.2 机械加速澄清池

机械加速澄清池内装有搅拌设备，用于提升回流泥渣水，并使其与原水混合。由于其泥渣回流量大，浓度高，故对原水的水量、水质的变化适应性强，混合效果好，但因需要机械设备，维修工作量大，结构较复杂。一般用于大型矿井水净化处理系统。机械搅拌澄清池的结构形式如图 3-8 所示。

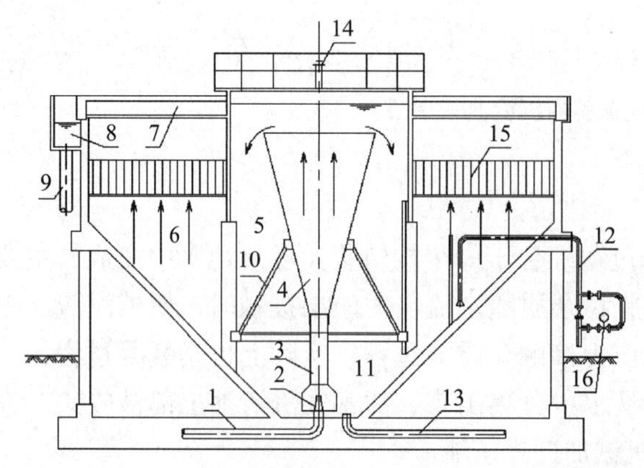

1—进水管；2—喷嘴；3—喉管；4—第一反应室；5—第二反应室；6—分离室；7—辐射式集水槽；8—出水槽；9—出水管；10—锥形罩；11—泥渣浓缩室；12—排泥管；13—放空管；14—喷嘴与喉管距离调节装置；15—斜管；16—电动阀

图 3-8 机械搅拌澄清池构造图

原水由进水管通过环状三角配水槽下面的缝隙流入第一反应室；搅拌叶片和提升叶轮安装在同一竖向转轴上，前者位于第一反应室，后者位于第一和第二反应室的分隔处；搅拌叶片和第一反应室内的水与进水迅速混合反应，泥渣随水流处于悬浮和环流状态；提升叶轮类似水泵叶轮，将第一反应室的泥渣回流水提升到第二反应室，继续进行混凝反应，结成更大的颗粒；提升回流流量约为澄清池进水流量的 3~5 倍，图中表示提升回流流量为进水流量的 4 倍。

第二反应室和导流室内设有导流板，用以消除水流的旋转，使水流平稳地经导流室流入分离；分离室中下部为泥渣层，上部为清水层，由于断面逐渐扩大，水流流速降低，泥渣在此下沉，清水向上经集水槽流至出水斗，最后由出水管排出池体。

下沉的泥渣沿锥底的回流缝隙再进入第一反应室，重新参加混凝，一部分泥渣则排入泥渣浓缩室进行浓缩，至适当浓度后经排泥管排除；澄清池底部设置放空管，以备放空检修之用。当泥渣浓缩室排泥还不能消除泥渣上浮时，也可用放空管排泥。

3.1.3 磁絮凝处理技术

磁絮凝处理技术是一种将磁分离技术与混凝技术结合的水处理技术。通过同时投加磁粉和混、絮凝剂，使水中胶体、悬浮物等污染物与磁粉絮凝结合，形成带有磁性的絮凝体，然后通过磁力或自身沉降作用，使具有磁性的絮凝体与水体分离，从而将污染物去除；最后利用磁鼓分离器对磁粉进行分离回收，实现磁粉的循环利用。

磁絮凝处理技术效果受磁粉粒径和磁粉投加量的影响很大。磁粉作为凝核，其主要成分为四氧化三铁，具有铁磁性和金属特性，对水体中的微小粒子具有良好的吸附作用，大大强化了对水中悬浮污染物的絮凝结合能力，同时可以减少混凝剂的用量。投加磁粉可以使絮体更加密实，加快沉降速度，提高磁加载混凝的效率和对污染物的处理效果。

3.1.3.1　磁絮凝工艺研究现状

目前,应用较多的磁絮凝技术是 20 世纪 60 年代末麻省理工研究所研制的 CoMag 工艺。CoMag 工艺通过外加磁加载物强化絮凝，增大絮体密度，然后通过高效沉淀和磁过滤将水中污染物去除，磁种通过磁鼓分离器回收循环利用，工艺流程如图 3-9 所示。该工艺具有可靠、快速、简单、紧凑的特点，在各种污水处理中都有应用，尤其是在市政污水处理方面。

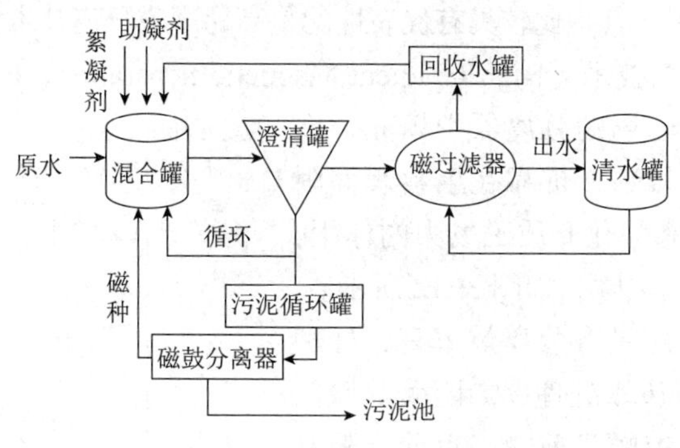

图 3-9　CoMag 工艺流程图

熊任军等采用磁种絮凝 – 高梯度磁分离净化工艺对城市污水进行处理，其工艺流程图如图 3-10 所示。研究发现，磁种作为磷酸铝沉淀及有机污染物絮凝的载体，强化了絮凝沉降行为，同时赋予沉淀絮凝物强磁性，提高其在高梯度磁分离过程中的分离效果。

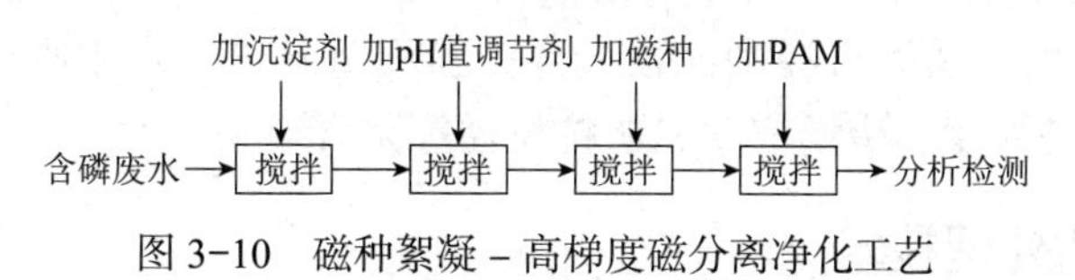

图 3-10　磁种絮凝 – 高梯度磁分离净化工艺

张晓航等采用磁絮凝技术处理高悬浮物矿井水，研究发现最佳混凝剂为 PAC，投加量为 60mg/L，最佳絮凝剂为阴离子 PAM，投加量为 4mg/L，磁种投加前应在中性或碱性溶液中浸泡，15s 内水中絮体即可沉淀完毕，出水浊度去除率可达 95% 以上。

沈浙萍等采用磁絮凝技术对污水站的混凝沉淀进行改造，结果表明加载混凝磁分离澄清池出水浊度一般在 10NTU 以下，加载混凝磁分离澄清池系统后期进入稳定运行后出水浊度稳定在 5. 10NTU，这比砂滤出水在 7. 20NTU 要好。

刘红丽等在亭南煤矿矿井水处理工程中采用磁絮凝技术，工艺流程如图 3-11 所示。结果表明，进水平均浊度为 332. 5NTU，处理后平均浊度为 12. 9NTU。其出水平均 SS<25mg/L，平均去除率可达 96% 以上。

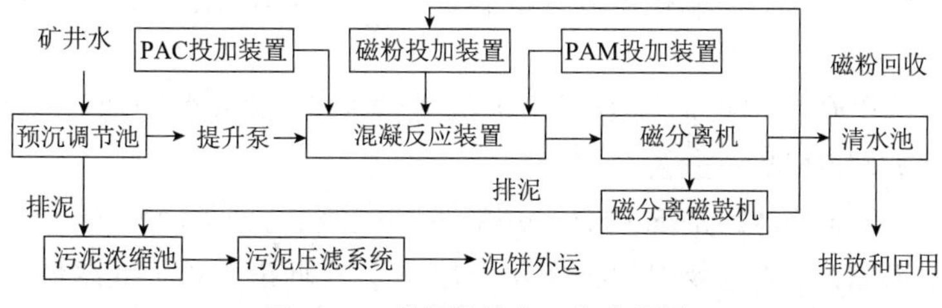

图 3-11　磁絮凝技术工艺流程图

3.1.3.2 磁粉分离回收技术

磁粉分离回收技术是指借助外加磁场力的作用对带有磁性的污染物质进行分离的技术。磁粉分离回收是磁絮凝技术的重要环节，是目前国内外对于磁絮凝技术研究的重点。高效的磁粉分离回收不仅可以保证出水水质稳定达标，还可以降低磁絮凝技术处理成本。早期，受落后的磁粉分离回收技术限制，磁絮凝技术难以推广应用。最近二十多年来，磁粉分离回收技术得到了巨大的发展，其中比较具有代表性的是高梯度磁分离技术和磁盘分离技术。

（1）高梯度磁分离技术（High Gradient Magnetic Separation，HGMS）最早应用于选矿领域。在外加均匀磁场的分离器中填充一定量磁化率较高的介质填料，依靠在填料表面附近产生的高梯度磁场来强化介质磁场力的作用，从而使污染物高效分离去除，如图 3-12 所示。

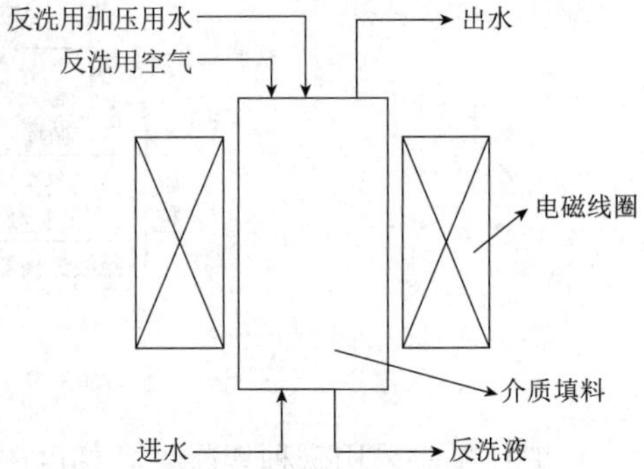

图 3-12　高梯度磁分离器示意图

高梯度磁分离技术具有分离效率高、处理量大等特点，在重金属废水处理、城市污水处理、工业废水处理等领域中颇具前景。目前，限制高梯度磁分离技术发展的主要因素包括磁种的选择、制备及回收工艺等。

（2）磁盘分离技术早期用于钢铁工业废水处理。该法利用磁盘的磁性，将污水中的磁性颗粒吸附在磁盘上，并且随着磁盘的转动把磁性物质带出水面，然后再经刮泥板分离，盘面重新进入水中吸附水中的磁性颗粒。磁盘分离效率受磁场强度、磁场梯度和颗粒粒径等因素影响较大。

3.1.4 微砂加载处理技术

微砂加载处理技术（Actiflo）是基于加载絮凝技术发展起来的工艺技术，最早由法国威立雅水务集团在 20 世纪 90 年代初开发并用于自来水处理。该技术在絮凝阶段投加助凝剂和粒径大小在 50~150μm 的细石英砂，通过网捕作用和吸附架桥作用，使脱稳的悬浮物和胶体颗粒以细砂为絮体内核，生成大密度矾花，快速絮凝沉降。细砂化学性质稳定，经砂水分离器分离后可重新利用。

微砂加载处理技术主要由混凝池、加注池、絮体熟化池和沉淀等单元组成，如图 3-13 所示，需配备污泥回流泵和加药装置。沉淀单元一般采用斜管沉淀池，配套刮泥机和水力旋流器。为更好地实现强化絮凝沉淀效果，微砂加载处理技术还可配置监测控制单元，包括浊度计、流量计和自动化控制系统。

微砂加载处理技术工艺流程可分为混合、加注、絮体熟化、高速沉淀、污泥回流 5 个阶段。

（1）混合：在原水中投加混凝剂（铝盐或铁盐），进入混凝池后快速搅拌使胶体脱稳，使悬浮物及胶体颗粒脱稳。

（2）加注：在加注池投加 50~150μm 的微砂颗粒和高分子助凝剂，加速颗粒与混凝剂的有效接触与碰撞，通过吸附架桥作用形成密实的矾花。对于低温低浊水絮凝困难，细砂可以增大网捕作用以获得更好的处理效果。

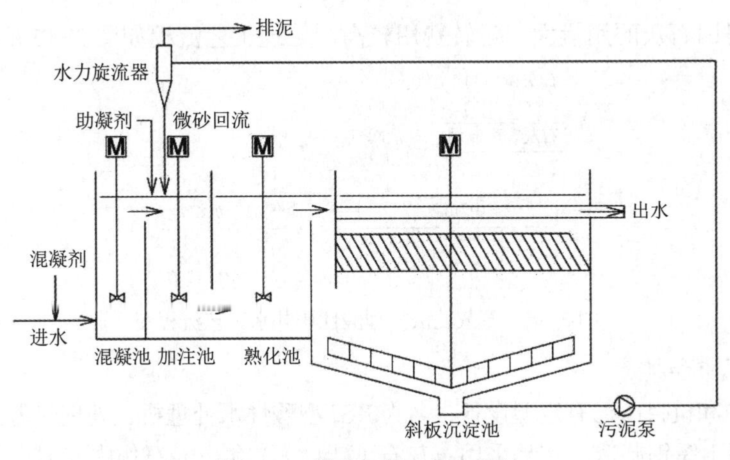

图 3-13　微砂加载工艺流程图

（3）絮体熟化：絮体进入絮体熟化池，使絮体矾花进一步长大。熟化阶段搅拌强度降低，在保持絮体悬浮状态的前提下又能防止破坏絮体，池内的水力停留时间增加。

（4）高速沉淀：水流进入斜板沉淀池，在絮体的重力沉降性和斜板的快速沉淀作用下，絮体颗粒迅速沉降分离。在斜板沉淀池中，絮凝后的水先进入沉淀池的底部，然后从蜂窝状斜板底部向上方流动，落在斜板的内表面上的颗粒和絮体沉淀在重力作用下沉降。

（5）污泥回流：斜板沉淀池底部的细砂和污泥回流至水力旋流器（图 3-14），通过离心力使泥沙分离，泥从旋流器的上部排出并进入污泥处理系统，细砂则由旋流器的下部再次进入絮凝池中循环使用。

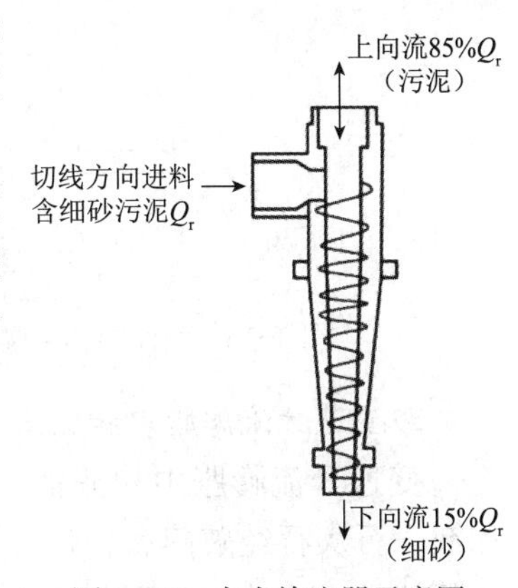

图 3-14　水力旋流器示意图

3.2　酸性矿井水处理技术

3.2.1　化学法

化学法的作用机理，就是向酸性矿井废水中投加碱中和剂，利用酸碱的中和反应增加矿井水的 pH 值，使矿井水中的金属离子形成溶解度小的氢氧化物或碳酸盐沉淀。常用的中和剂有碱石灰（CaO）、消石灰（$Ca(OH)_2$）、飞灰（石灰粉、CaO）、碳酸钙、高炉渣、白云石、Na_2CO_3、NaOH 等。

酸性矿井水的传统中和处理常用的是石灰或石灰石中和，普遍采用的典型处理工艺有石灰乳法、滚筒式中和机、变速升流式膨胀中和滤池和曝气流化床处理法。此四种工艺可基本上满足各类酸性矿井水的处理要求，但各有其特点，现分述如下。

1. *石灰乳法*

石灰乳法是将生石灰（CaO）加水配制成 5% 左右的石灰乳（$Ca(OH)_2$）后，加入酸性矿井水中和池内进行中和反应，再经沉淀池沉淀，过滤后清水可达标排放，或回用作一般工业用水。该工艺优点是设备简单，管理方便，对水量、水质的适应性强。但在处理水量大时因石灰的用量大，运转费用较高。处理工艺流程如图 3-15 所示。

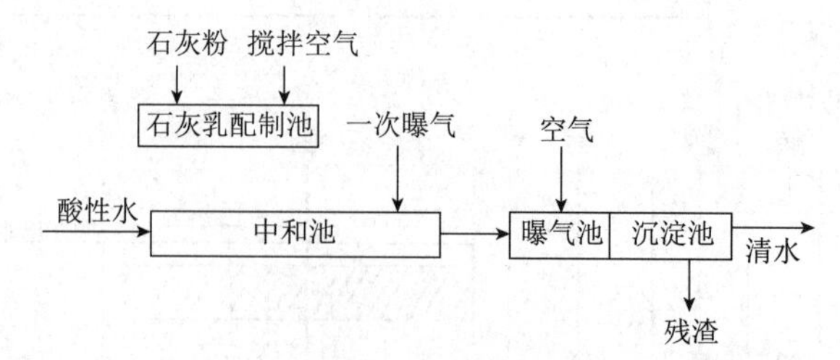

图 3-15　石灰乳法处理酸性矿井水工艺流程图

2. 滚筒式中和机

滚筒式中和机目前已有定型设备，名为 KSJ 型酸性水处理机，处理能力为 5~120m³/h，主要部件采用不锈钢制造。它是采用石灰石（$CaCO_3$）和白云石作中和剂，在滚筒中滚动与酸性水进行中和反应。该方法对滤料粒径要求不太严格，对水质变化的适应性也强，操作简便，工作环境好，处理的运转费用也较低。但设备复杂，噪声大；当处理水量大时，其初期投资也较高。另外反应生成的 $CaSO_4$ 沉淀易造成滚筒的堵塞，去除 Fe^{2+} 离子的效果不佳。图 3-16 为滚筒中和 – 曝气 – 混凝沉淀联合处理酸性矿井水的处理系统工艺流程。

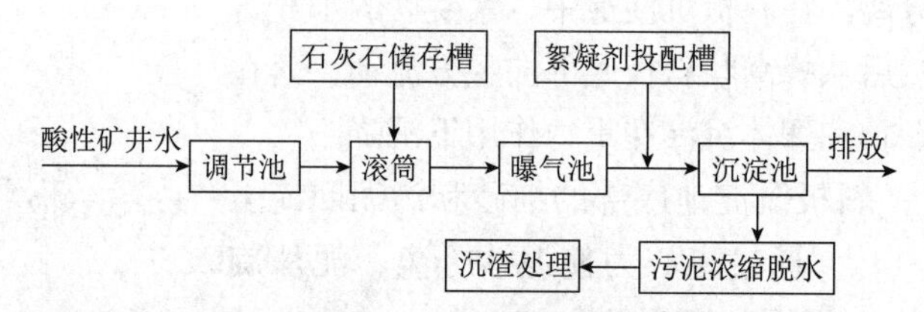

图 3-16　滚筒中和 – 曝气 – 混凝沉淀联合处理酸性矿井水的处理系统工艺流程

3. 变速升流膨胀中和滤池

变速升流膨胀中和滤池是一个上大下小的圆形水泥结构池。一般采用石灰石作中和剂，石灰石经破碎后，过筛分成 0. 5~3mm 粒径的滤料，装在滤池的下部，酸性原水从下部进入滤池，与石灰石发生反应。本工艺的主要优点是运行费用少，处理成本低。管理操作简便，工作环境好。当进水的 pH 值发生变化时，只需调节进水量就可保持出水 pH 值的稳定。缺点是处理量受限制，若矿井水量大，则需建造大型滤池，投资高，占地面积大。石灰石的破碎筛分也给管理带来了不便。同时，与滚筒式中和机一样，它也存在着除 Fe^{2+} 效果差，当原水悬浮物含量高时，滤池易出现堵塞等缺点。处理工艺流程如图 3-17 所示。

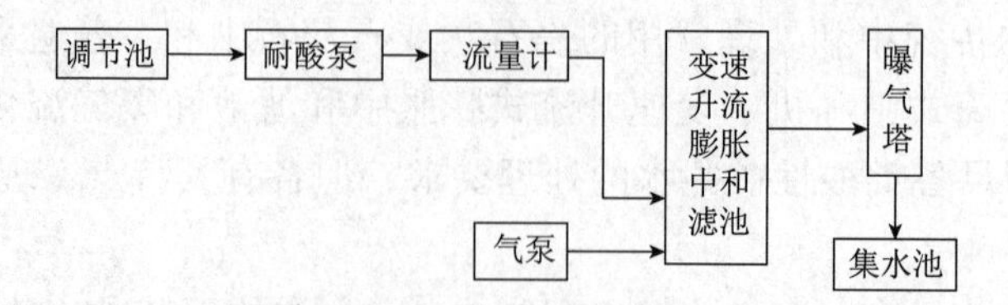

图 3-17　变速升流膨胀中和滤池处理酸性矿井水工艺流程图

4. 曝气流化床处理法

这是我国开发研究的一种较新的工艺。酸性矿井水进入流化床，与床中石灰石填料产生中和反应，产生的碳酸在来自空压机空气的曝气作用下，迅速分解成CO_2和H_2O，使酸性矿井水得到中和处理；其出水再经沉淀后即可排放。曝气的目的除了溶氧和散除CO_2外，还可避免包固现象（中和反应产物$CaSO_4$和$Fe(OH)_3$包在石灰石颗粒表面）。

从理论上讲，在一定pH值下石灰或石灰石都能使金属沉淀，但由于各尾矿所要处理酸性矿井水中可能含有配合试剂或离子，其沉淀及沉淀完成程度差异极大；同时处理后生成的硫酸钙渣较多，容易造成二次污染。为了克服这些缺点，在实践中总结了各种方法的特点进行了革新改造，针对不同的水质创造了许多行之有效的好方法。在沉淀的过程中添加絮凝剂，加快了沉降速度，降低了渣的含水率。为了回收某些有用物质，根据金属离子在不同pH值沉淀完全的差异，采用分段中和沉淀法，既达到了酸性矿井水处理的目的，同时回收了有用金属。比如，当水中Fe^{2+}离子较多时，采用石灰石－石灰法，并实行两段曝气加大滚筒内石灰石滤料的粒度，减少筒壁结垢；或者掺入石灰的同时，在变速升流中和滤池底部曝气，均可大大地提高处理效果。

中和法根据各种酸性矿井水的特点不断发展改良。在国内，酸性矿井水中和法基本上沿袭石灰乳中和法。在国外，美国环保局认为石灰石加石灰乳串联工艺处理含重金属离子的酸性矿井水是最经济的方法，比单纯的石灰乳中和法能降低30%的处理成本。在日本，处理酸性废水通常使用石灰石作中和剂，使pH值达到5左右，再加入中和剂石灰，使pH值继续升高，即通过所谓的二段中和法处理含重金属离子的酸性废水。二段中和法在三菱金属、细仓矿业、同和矿业及小坂矿业等东北地区的矿区得到了广泛的应用。

3.2.2 高浓度泥浆法（HDS）

高浓度泥浆法（HDS）是处理废水的新技术，是石灰中和法（LDS）的革新和发展，是一种高效底泥循环回流技术，在酸性矿井水治理中具有提高药剂利用率与污泥浓度，改善污泥沉降浓缩特性等优点，同时有效克服和解决了石灰法结垢严重，污泥密度低，操作环境恶劣等缺点，在国内外诸多大型矿山企业均有成功应用。该技术于2012年被原生态环境部列入国家鼓励发展的环境保护技术目录。

3.2.2.1 高浓度泥浆法（HDS）处理酸性矿井水小型试验

1. 实验准备和方法

1）废水特性

使用德兴铜矿产生的酸性和碱性废水进行实验，典型的酸碱性废水的水质情况见表3-1。

表3-1 酸、碱性废水的水质

试样	pH值	Al	Cu	Fe	Mn	Ca	COD_{Cr}	SO_4^{2-}
酸性水	2.63	1310	146.8	148	73	391	—	16900
碱性水	11.63	2.7	<0.1	1.45	0.24	650	483	3800

注：除pH值外，单位：mg/L。

废水处理后达到国家《污水综合排放标准》（GB 8978—1996）Ⅱ级标准。

2）监测方法

按照国家《水和废水监测分析方法》进行分析监测。

3）实验工艺流程和装置

实验室小型试验流程如图 3-18 所示。由图 3-18 可以看出，该工艺的特点是将沉淀器底部底泥回流，底泥先在混合槽中与石灰乳混合形成碱性混合浆料，再在反应器与酸性废水、碱性废水进行中和反应。试验装置由 2 个反应槽、2 个混合槽、1 个沉淀槽及多台计量泵组成。

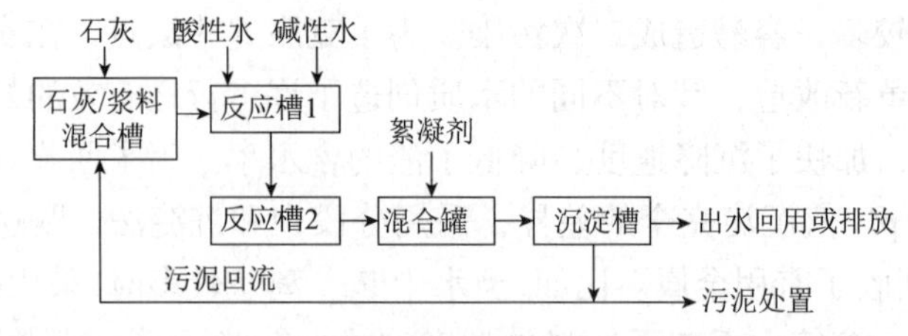

图 3-18　HDS 实验室小型试验流程

2. 实验结果与讨论

1）石灰中和滴定曲线

取酸性废水用石灰溶液进行滴定调节废水的 pH 值，得到石灰投加量（g/L）和废水 pH 值的对应关系，即滴定曲线，如图 3-19 所示。

同时每次取水 500mL，进行了小批量中和实验，并与石灰滴定曲线进行对比，结果如图 3-20 所示。

由图 3-20 可见，随着石灰投加量的增加，pH 值也逐渐增加。当石灰投加量为 4~10g/L 时，pH 值增加较缓慢，而当石灰投加量为 0~4g/L 或 10~14g/L 时，pH 值出现突越，变化很大。两条曲线没有拟合，小批量中和实验曲线在滴定曲线的下方，即在加入同样的石灰量条件下，小批量中和实验的结果是 pH 值略低。其偏差显示小批量实验中加入的石灰有一部分被沉淀物所包覆而没发挥中和作用，石灰的利用效率比滴定时要低。这说明常规石灰法需要消耗过量的石灰才能达到工艺要求。

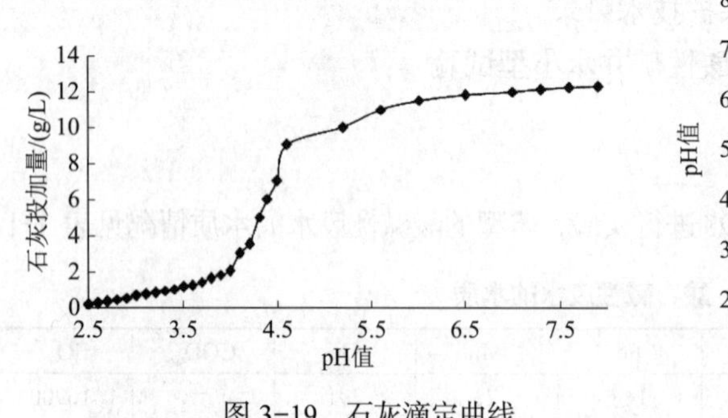

图 3-19　石灰滴定曲线

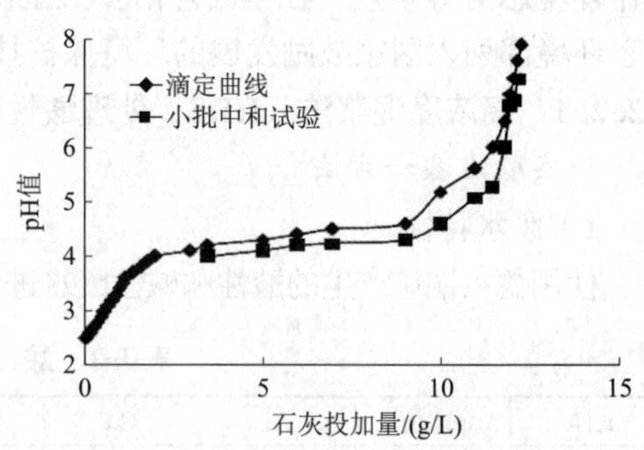

图 3-20　中和实验与石灰滴定曲线对比

2）中和反应产泥量试验

取酸性水样，加入石灰调节成不同 pH 值的溶液，pH 值分别为 5. 0、5. 5、6. 0、6. 5、7. 0、7. 5、8. 0、8. 5、9. 0、9. 5、10. 0、10. 5，再加入絮凝剂（PAM）搅拌，沉淀 30min 后取上清液分析，得到不同 pH 值条件下的石灰投加量、处理效果和产泥量的试验结果，见表 3-2。

由表 3-2 可以看出，当 pH 值为 6. 0 时（每升酸性水加 5. 13g 石灰）除 Mn 外所有金属都达标；在pH值为8.0时，含Cu、Zn、Mn、Fe分别为0.03mg/L、0.33mg/L、1.45mg/L、0.22mg/L。因此当pH值接近8.0时，处理后水可以达标排放。pH值为8.5或更高时，结果会更加理想。实验得到的产泥量比较大，一般为石灰加入量的4~5倍。

表3-2　不同pH条件下石灰投加量、产泥量和处理效果

pH值	废水中金属离子浓度(mg/L)				石灰用量/(g/L)	产泥量/(g/L)
	Cu	Fe	Mn	Zn		
2.6	100	100	100	100	0	
5.0	5.10	19.4	94.2	9.97	4.36	22.4
5.5	0.96.	13.1	57.29	1.78	4.83	25.1
6.0	0.04	1.81	34.7	1.98	5.13	24.7
6.5	0.05	0.74	20.9	0.44	5.37	25.0
7.0	0.04	0.52	19.4	0.56	5.60	24.4
7.5	0.03	0.18	8.42.	0.19	5.71	25.6
8.0	0.03	0.22	1.45	0.33	6.22	28.0
8.5	0.02	0.09	0.28	0.21	6.98	32.2
9.0	0.004	0.087	0.124	0.185	7.56	34.6
9.5	0.03	0.078	0.106	0.136	8.37	36.0
10.0	0.01	0.065	0.096	0.140	10.60	40.5
10.5	0.076	0.138	0.101	0.333	10.80	

当中和反应时Fe^{2+}的氧化提高了所有金属离子的去除效果，因为氢氧化铁能吸附许多污染物质；同时由于Fe^{2+}氧化也抑制了Mn的有效去除。

3）酸碱混合废水石灰用量试验

对一系列不同配比（碱性水/酸性水）的废水投加石灰乳，将酸碱混合废水的pH值控制在7.5和8.5。得到一系列相应的石灰用量。绘制出碱性水/酸性水比例和石灰投加量关系图，并通过线形回归得到相应的回归曲线（图3-21）。由图3-21可以看出：当碱性水/酸性水=1.45（pH=8.5）时，石灰投加量为5kg/m³，而单独处理酸性废水出水pH值到8.5，需要有效石灰用量6.98kg/m³，由此可知使用碱性废水可以节省石灰用量。进一步调整运行方式可以使没有反应的石灰连续循环使用，能够提高石灰的利用效率。

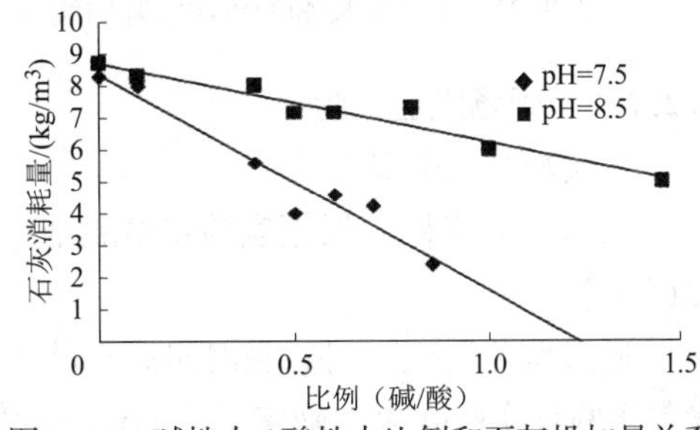

图3-21　碱性水/酸性水比例和石灰投加量关系

4）絮凝剂种类选择试验

分别选择了有代表性的阴离子、非离子性和阳离子性的混凝剂，M1011（中阴离子型）、M351（非离子型）、M156（强阴离子型）和M155（阴离子型，中等尺寸聚合球状）等，进行试验比较，实验数据见表3-3，比较结果如图3-22所示。由试验结果可知，采用絮凝剂M155生成的絮凝物沉淀快，效果比较好。

5）絮凝剂最佳投加量实验

将1000mL新生成的污泥加到一个1000mL的量筒中，将筛选出的M155絮凝剂加入污泥中，浓度范围为5~50mg/L，以10mg递增加入，将量筒上下翻转振动10次，当出现清晰的界面时记录不连续的时间间隔，结果如图 3-23 所示。通过试验可知，随着药剂投加量的增加，沉降效果变得越来越好，从经济和技术综合考虑确定药剂的最佳投加量为 10mg/L。

表 3-3　各种絮凝剂实验的污泥沉降效果

M351		M1011		M156		MI55	
沉降时间 /min	污泥高度 /cm	沉降时间 /min	污泥高度 /cm	沉降时间 /min	污泥高度 /cm	沉降时间 /min	河泥高度 /cm
0	29.8	0	29.3	0	29.3	0	29.5
5	29.1	8	28.7	22	28.5	2	28.8
14	28.5	24	28	52	27.6	5	27.8
24	27.9	50	27.3	91	26.6	8	27.8
43	27.5	82	26	125	25.5	12	26.1
55	26.6	145	24.5	160	24.9	15	25.5
77	25.8	240	23.4	190	24.5	22	24.4
115	24.9					28	23.9
193	24.2					34	23.5
198	23.7					45	23
270	23.1					60	22.7
						136	22.3
						198	21.5

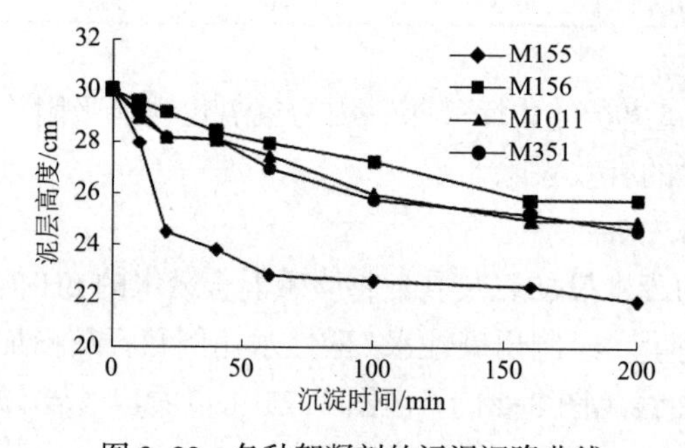

图 3-22　各种絮凝剂的污泥沉降曲线

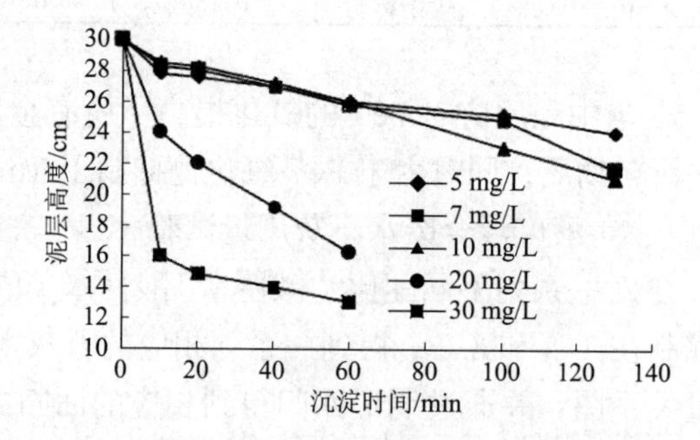

图 3-23　絮凝剂 M155 投加量实验结果

3.2.2.2　现场工业试验

1. 实验工艺和设备

实验工艺流程：根据实验室试验结果，进一步完善了 HDS 工艺流程，主要是完善底泥回流系统。

通过调节反应时间、底泥回流质量比（MSR）、石灰用量和絮凝剂用量、沉淀时间等参数来验证实验效果，确定工艺的运行参数。工业试验的工艺流程如图 3-24 所示。

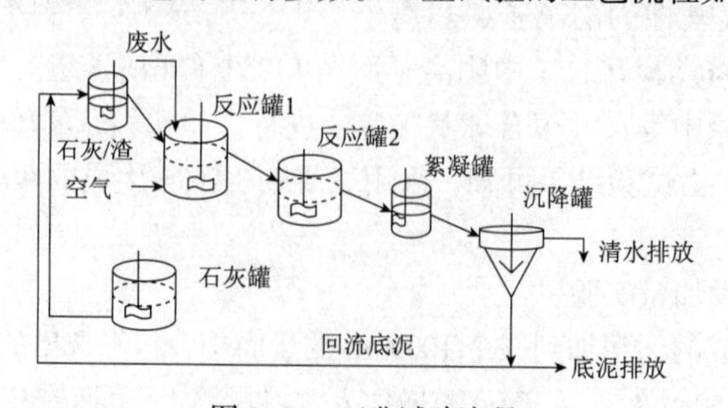

图 3-24　工业试验流程

试验主要设备见表 3-4；工业试验装置如图 3-25 所示。

表 3-4　工业试验主要设备

序号	名称	型号规格	数量 / 台	备注
1	石灰储槽	40L	1	带搅拌器
2	底料 / 石灰混合器	3L	1	带搅拌器
3	反应器	30L	2	带搅拌器
4	絮凝混合罐	1.5	1	带搅拌器
5	竖流式沉淀器	45L	1	带搅拌器
6	加压泵	磁力泵	2	
7	电器控制系统（包括对泵、搅拌器、底泥浓度测定仪、流量计和 pH 值计等在线传输与控制）			

图 3-25　工业试验装置

2. 试验内容和结果

1）酸性水在不同 pH 值下的处理效果

取酸性水样分别加入一定量的石灰乳，控制在 11 个不同 pH 值条件下进行动态现场试验，结果见表 3-5。

表 3-5　不同 pH 值下酸性水处理效果　　mg/L

pH 值	Al	As	Cu	Fe	Mn	Zn	Ca	COD
2.6	–	–	100	100	100	100	–	–
5.0	5.0	<0.1	2.6	3.0	68.0	1.0	0.50	–
6.0	2.23	<0.1	0.14	0.82	57.0	<0.1	0.48	–
6.5	1.5	<0.1	<0.10	0.41	37.0	<0.1	0.50	–
7.0	0.91	<0.1	0.1	0.10	10.46	<0.1	0.50	–
7.5	2.3	<0.1	0.21	1.33	2.0	<0.1	0.51	1.88
8.0	2.1	<0.1	0.18	0.91	0.48	<0.1	0.56	2.01
8.5	2.8	<0.1	0.15	0.86	0.28	<0.1	0.63	1.56
9.0	3.3	<0.1	0.1	0.72	0.11	<0.1	0.63	2.80
9.5	6.1	<0.1	<0.1	0.10	<0.1	<0.1	0.66	–
10.0	6.2	<0.1	<0.1	0.25	<0.1	<0.1	0.64	–
10.5	6.1	<0.1	0.39	0.50	<0.1	<0.1	0.65	–

由表 3-5 可见，实验处理效果比较好，在 pH 值较低时个别成分（如 Mn）超标；在 pH 值为 7. 5 或更高时，处理后水能够达到国家《污水综合排放标准》（GB 8978—1996）II 级标准要求。

2）反应和沉淀时间对处理效果的影响

反应和沉淀时间是反应或沉淀设备的工作体积除以废水进水量和底泥回流量的总和。因石灰投加量相对很小，所以未计入该部分体积。经试验得出：当 pH 值为 7. 5 时，出水中 Cu、Fe 含量分别为 0. 21mg/L、1. 33mg/L；当 pH 值为 8. 0、停留时间为 45min 的条件下，得到的结果较佳，溢流排放液中 Cu、Fe 含量仅为 0. 18mg/L 和 0. 91mg/L。出水 pH 值控制在 7. 5~8. 5 时废水可稳定达标，反应器中合适的反应时间为 15~30min，沉淀停留时间为 30~45min。

3）底泥回流比（MSR）对处理效果的影响

底泥回流比定义为底泥回流的含固量相对于新产生固体量的比率。

半工业实验连续运行了 30 天，20 天以前处理酸性废水（ARD），以后开始处理酸性废水（ARD）和碱性废水（ACE）1 ：2 的混合液。试验中通常可得到含固量 8%~20% 的沉淀底泥。石灰消耗量和产泥量与表 3-5 所列的小批量试验结果是一致的。

整个半工业试验中，底泥回流和排放速率主要是控制沉淀器中沉泥的界面。沉淀停留时间也受底泥回流比影响，底泥回流比高有助于提高底泥密度，但由于酸性废水中铁、铝和硫酸盐含量高，使得产固率很高，沉淀器沉淀能力又限制底泥回流比，对含固量高于 30% 的底泥，形成的是黏稠的泥浆，难以输送。如果想要得到更高密浓度的底泥，则需要两级 HDS 流程，第一级在低 pH 值、高底泥回流比下运行。试验结果表明，5 ：1 或更小的回流比已经足够，一般控制 MSR 在（2~4）：1 时设备可稳定运行，且效果较好。

4）絮凝剂用量的确定

经过试验得出：选用 6~10mg/L 的絮凝剂用量絮凝物容易生成，且沉降速度较快，一般在 30min 内 SS 可沉降 80% 以上，并可得到含固量 15%~25% 的沉淀底泥。

5）连续性实验

（1）启动阶段。

连续处理酸性水 1. 5L/min，pH 值为 8，污水中的 Mn 含量较高。沉淀器中的底泥在底泥回流比高时含固率超过 20%，在污泥回流比较低时，含固率降至低于 15%。表 3-6 列出了启动阶段有关工艺与分析数据。

表 3-6　启动阶段用酸性水进行试验结果

运转时间 /h	给水量 / mL	回流比 / (mL/min)	浆料 / %（干渣）	反应槽 pH 值	沉淀器 pH 值	Cu	Mn	Fe	COD	S^{2-}
0	1500	1000	9. 0	7. 51	7. 76	0. 03	16. 0	70		<0. 1
11	1000	450	7. 23	7. 56	8. 05					<0. 1
23	1000	870	11. 5	7. 53	7. 78					<0. 1
35	800	880	11. 4	7. 73	8. 14	0. 03	0. 31			<0. 1
47	800	920	13. 1	7. 67	7. 76					<0. 1
59	800	940	17. 3	7. 36	8. 14	0. 03	4. 04	0. 65		
71	800	940	20. 6	7. 76	8. 16	0. 03	10. 5	0. 37	22. 6	<0. 1

续表

运转时间 /h	给水量 / mL	回流比 / (mL/min)	浆料 / %（干渣）	反应槽 pH 值	沉淀器 pH 值	Cu	Mn	Fe	COD	S^{2-}
83	800	470	17. 0	7. 76	8. 33	0. 02	9. 95	0. 44		<0. 1
100	800	440	14. 1	7. 73	8. 29	0. 02	8. 49	0. 41		<0. 1
112	800	440	16. 3	7. 77	8. 39					<0. 1
120	800	440	13. 5	8. 52	8. 13					<0. 1
平均	900	708	13. 7	7. 72	8. 08	<0. 03	8. 21	0. 51	22. 6	<0. 1

注：除注明的单位外，单位：mg/L。

（2）验证阶段。

仅用 ARD 做试验，通过提高 pH 值到 8. 5 去除 Mn，回流底泥浓度维持含固率大约为 10%。表 3–7 给出了本次实验的运行和测试数据。

表 3–7　ARD 验证阶段实验结果

运转时间 /h	给水量 / mL	回流比 / (mL/min)	浆料 / %（干渣）	反应槽 pH 值	Cu	Mn	Fe	COD	S^{2-}
123	800	440	12. 5	8. 61	0. 018	3. 07	0. 24	16. 5	<0. 1
129	800	440	11. 1	8. 83	<0. 01	0. 43	0. 21	51. 9	<0. 1
135	800	440	11. 5	8. 82	<0. 01	0. 48	0. 24	28. 6	<0. 1
141	800	640	11. 0	8. 83	0. 011	0. 53	0. 19	29. 8	<0. 1
148	800	440	10. 2	8. 68	0. 014	0. 61	0. 15	54. 1	<0. 1
154	800	900	9. 7	8. 72	0. 021	0. 65	0. 15	43. 6	<0. 1
160	800	900	10. 2	8. 75	0. 023	0. 51	0. 14	83. 8	<0. 1
平均	800	663	10. 9	8. 75	<0. 02	0. 90	0. 19	44. 0	<0. 1

注：除注明的单位外，单位：mg/L。

（3）曝气对处理效果的影响。

ARD ∶ ACE 为 1 ∶ 2 时进行试验，控制 pH 值为 8，所有试验 ARD 和 ACE 的总给水流速为 600mL/min，选取了反应器中不通入空气搅拌、一个反应器曝气搅拌和两个反应器都曝气搅拌三种情况，通入空气量为 10L/min，试验结果见表 3–8。

表 3–8　曝气后的实验结果

运转时间 /h	加入空气	回流比 / (mL/min)	底泥含固率 /%	澄清槽 pH 值	Cu	Mn	Fe	COD	SS
169	无	500	10. 6	8. 71					
191	无	500	15. 8	8. 86	0. 02	1. 03	0. 30	227	32
203	无	500	18. 9	8. 91	0. 03	0. 90	0. 34	235	42
215	无	360	22. 7	8. 79	0. 03	1. 06	0. 31	289	28
227	无	250	27. 5	9. 00	0. 04	1. 29	1. 20	277	37
239	R1+R2	245	25. 5	9. 00	0. 10	3. 51	1. 63	281	未检出
250	R2	200	24. 9	8. 96	0. 04	1. 15	0. 34	141	13
262	R1+R2	200	23. 3	8. 82	0. 03	1. 33	0. 42	126. 3	12
274	R1+R2	240	25. 1	8. 56	0. 04	1. 97	0. 35	未检出	12
286	R1+R2	200	26. 2	8. 52	0. 04	2. 51	0. 60	135. 5	15

续表

运转时间 /h	加入空气	回流比 /(mL/min)	底泥含固率 /%	澄清槽 pH 值	Cu	Mn	Fe	COD	SS
298	R1	200	26.9	8.88	0.15	0.83	1.83	158	32
310	R1	200	26.2	8.85	0.03	1.08	0.27	212	未检出
322	无	180	22.5	8.78	0.06	1.54	0.88	285	40
334	无	200	18.7	8.75	0.02	1.86	0.23	220	16

注：除注明的单位外，单位：mg/L。

试验结果表明：不曝气时，处理后水中的 COD 含量高于国家相应标准 150mg/L。在运转了 235h 后开始曝气，COD 含量仍然高于 240mg/L，因为水处理站设备检修，所用碱性废水取自储槽底部，偶尔 COD 超过了 1000mg/L。在运转 250h 后开始在 2# 反应槽曝气，COD 急剧下降。所以曝气条件下出水效果好，有利于废水中还原物质（如 Fe^{2+} 和 S^{2-} 等）的氧化去除，采用的气水比为（1.5~3）：1。

（4）酸碱废水混合配比试验。

依次进行了 ARD ：ACE 不同水量配比试验，所有试验总的进水流速为 600mL/min，试验结果见表 3-9。

表 3-9　酸碱废水混合配比试验结果

运转时间 /h	酸性水 / 碱性水	回流比 /(mL/min)	底泥含固率 /%	pH 值	Cu	Mn	Fe	COD	SS
340		180	20.4	8.77	0.05	0.51	0.64	未检出	22
346		200	18.3	8.90	0.04	0.45	0.62	24	39
352		240	17.7	8.91	0.05	0.56	0.77	326	49
358		240	18.9	8.90	0.05	0.56	0.80	292	13
371		240	17.3	8.92	0.05	0.48	0.75	未检出	17
377	1 ：2	240	18.5	8.95	0.04	0.52	1.38	306	87
382		240	23.1	9.03	0.04	0.45	1.70	305	75
395		180	22.2	8.99	0.05	0.83	0.62	212	19
401		180	22.3	9.03	0.06	0.81	0.44	267	20
407		180	19.1	8.74	0.08	0.88	0.42	275	40
414		180	14.8	8.89	0.10	0.45	0.43	224	未检出
420		180	17.2	8.79	0.09	0.47	0.41	222	未检出
426		180	17.3	8.95	0.09	0.74	0.80	262	未检出
440		200	14.1	8.92	0.05	0.39	0.49	128	17
446		200	15.4	8.62	0.08	0.50	0.64	126	35
452		200	16.0	8.78	0.09	0.43	0.59	137	31
462		300	17.6	8.43	0.12	1.28	0.32	147	51
470		300	22.3	8.52	0.11	1.62	0.47	155	74
478		200	25.8	8.43	0.17	1.19	0.47	208	80
485		200	27.5	8.37	0.23	1.44	0.56	209	68
491	1 ：0.5	150	29.2	8.39	0.39	2.88	0.92	155	63
497		150	28.3	8.38	0.33	3.67	1.21	121	89

续表

运转时间 /h	酸性水 / 碱性水	回流比 / (mL/min)	底泥含固率 /%	pH 值	Cu	Mn	Fe	COD	SS
524		200	25.8	8.44	0.13	2.59	1.19	190	56
530		200	26.3	7.84	0.11	2.15	1.46	149	27
536	1.2	200	27.9	7.99	0.12	2.37	2.06	126	27
543		200	28.1	8.41	0.21	2.23	1.96	156	20
549		200	30.2	8.39	0.27	3.80	3.48	71	55
557		100	27.3	8.63	0.09	3.95	0.70	122	18
567		100	25.2	8.61	0.20	5.51	0.57	159	23
574		100	24.0	8.62	0.42	5.16	1.49	146	21
平均数	1 ∶ 1.5	195	21.9	8.65	0.065	1.70	0.98	153	25

注：除注明的单位外，单位：mg/L。

由于在进行该项试验时恰逢水处理站设备检修，所用碱性废水取自储槽底部，偶尔 COD 在 1000mg/L 以上，同时含有较多的硫化物，从处理后的澄清溢流液中仍检测发现含 S^{2-} 为 1~6mg/L。很可能是硫化物转化为其他的不饱和硫化合物，如硫代硫酸盐，所以出水 COD 偏高。排除上述因素影响，当酸碱废水比例在 1 ∶ 1.5 和 1 ∶ 2 时，底流浆料含固量高，一般可达 25%~30%，出水能够达到国家《污水综合排放标准》二级的要求且比较稳定。

3. 确定 HDS 工艺参数

由上述实验室和现场工业试验得出 HDS 工艺参数见表 3-10。

表 3-10　HDS 工艺参数

序　号	工艺参数	参数值
1	酸性水：碱性水（进水比例）	1 ∶ 1.5~2
2	石灰 / 浆料混合槽反应时间 /min（连续）	3
3	石灰投加量 /（kg/m^3）	7.0~8.5
4	中和反应后 pH 值	7.5~8.5
5	底泥回流比（连续运转）	2~4
6	絮凝剂投加量（PAM）/（g/m^3）	5~10
7	中和反应时间 /min	20~30
7.1	反应槽 1/min	10~15
7.2	反应槽 2/min	10~15
8	曝气量（气水比）	1.5~3 ∶ 1
9	沉降速度 /（$m^3/m^2 \cdot h$）	0.8~1.5
10	沉降时间 /min	≥45
11	底流浓度（含固率）/%	20~30

3.2.2.3　技术经济可行性分析

高浓度泥浆法（HDS）是对传统石灰法（LDS）的全面革新，与 LDS 工艺相比具有很大的优越性，比较见表 3-11。

表 3-11 HDS 工艺与 LDS 工艺比较

内 容	HDS 处理工艺	LDS 处理工艺
处理概念	1. 金属废水加入石灰浆和底泥混合物调整 pH 值	1. 金属废水加入石灰浆调整 pH 值
	2. 加入絮凝剂，在浓密池中进行固液分离，清水回用或排放	2. 加入絮凝剂，在浓密池中进行固液分离，出水排放
处理工艺	1. 部分底浆返回反应池，降低了石灰的消耗量	1. 由于底浆中部分石灰没有反应，造成浪费
	2. 由于沉降底泥中的颗粒大，加快了沉降和分离的速度	2. 由于沉降颗粒小，降低了沉降和分离的速度
	3. 有效减少结垢现象，保证了设备的正常运行	3. 结垢现象严重，每月需清垢一次
	4. 不需要增加浓密池，可提高废水处理量	4. 处理能力一般不能达到设计要求
自动化	1. 实现全自动控制水量、加入药剂和 pH 值	由于结垢，仪表容易损坏，完全依靠手动控制
	2. 有效延缓结垢现象延长了仪表的使用寿命	
维修周期	结垢现象少，每年需要清垢 1~2 次	结垢现象严重，每月都要清垢
出水	所有的项目符合国家污水排放标准	出水不稳定，有时超出排放标准

具体的优点如下：

（1）不改变现有主体处理设施的前提下，废水处理能力提高近 1 倍，并有效地节省工程投资。德兴铜矿一直在论证提高废水处理量的方案，如果酸性废水得到基本处理，需要扩大近 1 倍的处理能力，增加酸性水处理能力 211. 2 万 m^3/a，新建或扩大原有工艺的废水处理站，需要工程投资 3800 多万元，同时运行费用和污泥输送费很高，企业难以承受。

如果采用 HDS 工艺对水处理站进行改造，在利用原有工程主体设备的基础上，投资不足 1000 万元补充一些必需设备和土建工程，即可将酸性水处理能力提高 75%，酸性废水由 0. 86 万 m^3/d 提高到 1. 5 万 m^3/d，折成吨水工程费用仅为 1500 元。

（2）有效减缓处理设施结垢现象，操作维护方便。常规石灰法的一个很大弊端是设备、管道容易结垢，不经常清理会严重影响处理设施的正常运行。德兴铜矿一般每季度清垢 2~4 次，基本上每月 1 次，每次为期 3~5 天，每年清垢维护费用为 50 多万元，同时使废水处理设施的实际运行率大为降低，达不到设计处理能力。改造后，HDS 工艺的污泥含水率低，出水澄清，有效地延缓设备、管道的结垢现象，可大幅度减少清垢次数（预计 1 年清垢 1 次），保证了处理设施的运转率，提高自动控制水平，操作管理更加方便。

（3）减少石灰消耗量 10% 左右，节约药剂费用。通过对 HDS 试验获得的数据分析，当酸性水量：碱性水量为 1 ： 2 时，石灰用量为 7. 6kg/m^3；采用现有普通石灰法（LDS），石灰耗量平均为 8. 8kg/m^3，HDS 石灰消耗比常规方法减少 10% 以上。按照改造后处理站每年处理酸性水 400 万 m^3 计，每年可减少石灰用量 4000t，节省大量的药剂费。

（4）污泥含水率降到原来的 1/20~1/30，体积大幅减少，显著地节省污泥后续处置费用。改造前德兴铜矿废水处理站位于海拔 70m 的位置，废水处理站的沉淀污泥要提升到海拔 260m 的尾矿库，要经四级泵站输送，每立方污泥输送费需要 0. 8 元，根据废水处理的规模和常规石灰法污泥产生量的数据计算，每天污泥输送费用为 0. 91 万元，折合每年输送费用为300万元；采用HDS工艺后，产生的沉淀污泥可达20%~30%的含固率，由此，可以节省大量的污泥输送费用。

改造后酸性废水处理运行费用可由改造前的4.70元/m^3减低到3.70元/m^3。

由此可见，德兴铜矿采用HDS工艺对废水处理站进行改造后，预计每年节省500多万元运行费用，同时提高处理能力近1倍，由改造前每天处理能力0.86万m^3提高到1.5万m^3，可有效减轻酸性废水对大坞河的污染，矿区环境质量将得到明显改善。

3.2.2.4　HDS工艺机理探讨

1. HDS工艺产生物质的特性分析

与传统石灰中和法（LDS）相比，HDS工艺具有石灰消耗量小、污泥含固率高、不易结垢、出水水质稳定等优点，这是由于采用了底泥回流的方式，工艺优化使整个工艺过程中产生的物质形态有所改变。对LDS和HDS工艺产生的物质分别进行了SEM扫描电镜和能谱分析，对表面形态进行了表征；用物相分析测定了有效钙含量，用氮吸附法对其比表面积进行了测定；采用电泳仪测量其表面Zeta电位。

1）扫描电镜表面形态分析

图3-26为在扫描电镜下放大2000倍的HDS工艺和LDS工艺产生物质的形态。

（a）电石渣　（b）电石渣-回流底泥混合物

（c）LDS工艺反应底泥　（d）HDS工艺反应底泥

（e）LDS工艺沉淀底泥　（f）HDS工艺沉淀底泥

图3-26　HDS与LDS工艺产生物质的形态扫描电镜

从图 3-26（a）和（b）可以看出,LDS 工艺中和剂（电石渣）主要是以块状物为主，HDS 工艺中和剂（电石渣 - 回流底泥混合物）则是块状物、柱状物和絮状物的混合物，并且颗粒粒径明显增大；从图 3-26（c）、（d）、（e）和（f）中可以看出，LDS 工艺反应底泥和沉淀底泥主要是丝状物和絮状物，而 HDS 工艺反应底泥和沉淀底泥是块状物、柱状物和絮状物的混合物，并且比 LDS 工艺反应底泥和沉淀底泥粒径大，密实得多，呈晶体化、粗颗粒化。为初步确定图 3-26 中 LDS 工艺和 HDS 工艺产生块状物、柱状物、丝状物和絮状物的成分，对其取点进行分析，结果如图 3-27 和图 3-28 所示。

（a）扫描电镜

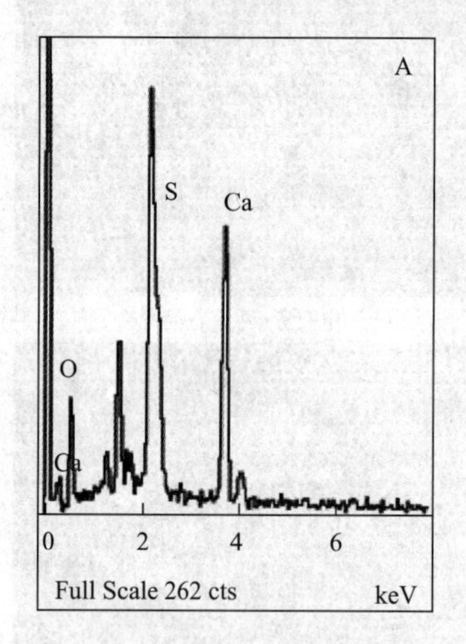

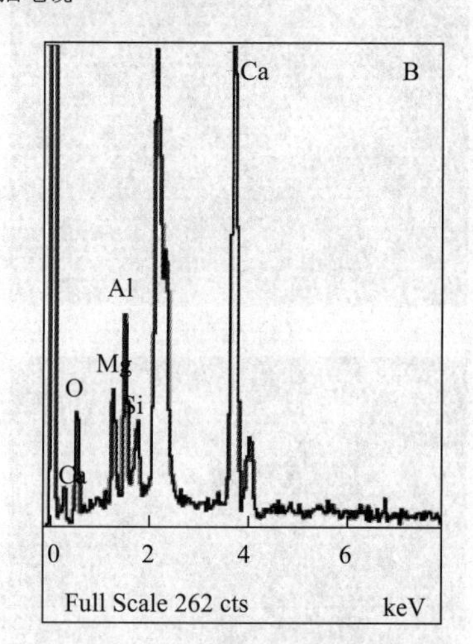

（b）能谱分析

图 3-27　LDS 工艺产生的丝状物和絮状物的形态及物质组成

从图 3-27 可以看出，LDS 产生的丝状物主要为 $CaSO_4$，含少量的有效钙 [CaO 和 $Ca(OH)_2$]，絮状物为有效钙（CaO 和 $Ca(OH)_2$）和其他的废水中的金属氢氧化物。从图 3-28 可以看出，HDS 产生的块状物和柱状物主要是 $CaSO_4$，含少量的有效钙（CaO 和 $Ca(OH)_2$），其中块状物上附着了一些絮状物；絮状物为有效钙（CaO 和 $Ca(OH)_2$）和其他的废水中的金属氢氧化物。

综上所述，HDS 工艺处理酸性废水主要是絮状物和废水中的污染物发生的反应的过程。

（a）扫描电镜

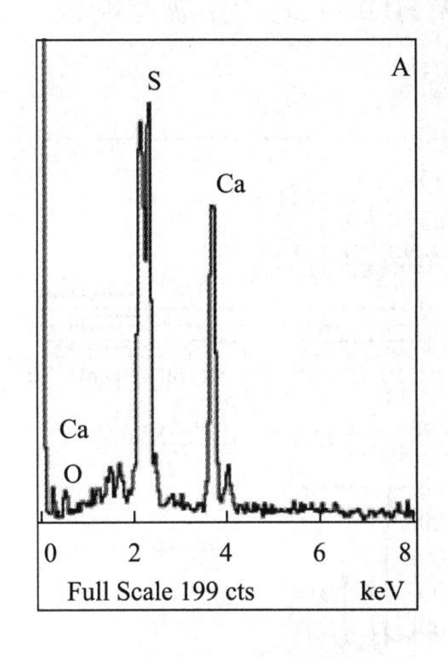

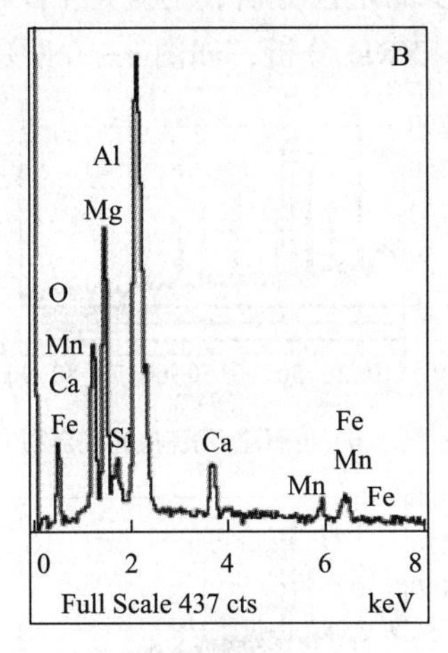

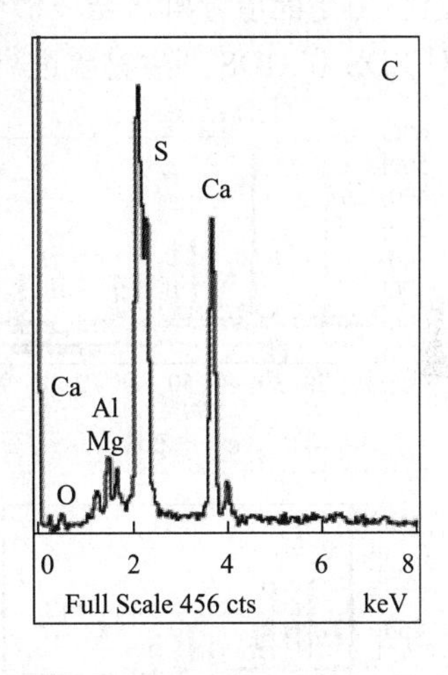

（b）能谱分析

图 3-28　HDS 工艺产生的块状物、柱状物和絮状物的形态及物质组成

2）物质组成能谱分析

采用能谱分析确定 LDS 和 HDS 工艺产生物质的成分，结果如图 3-29 所示。

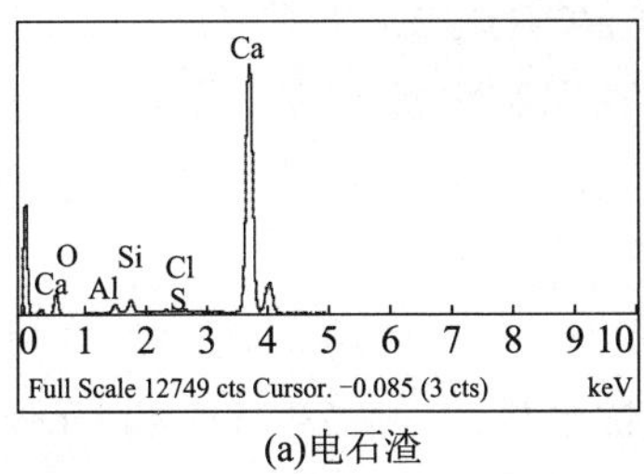

(a)电石渣

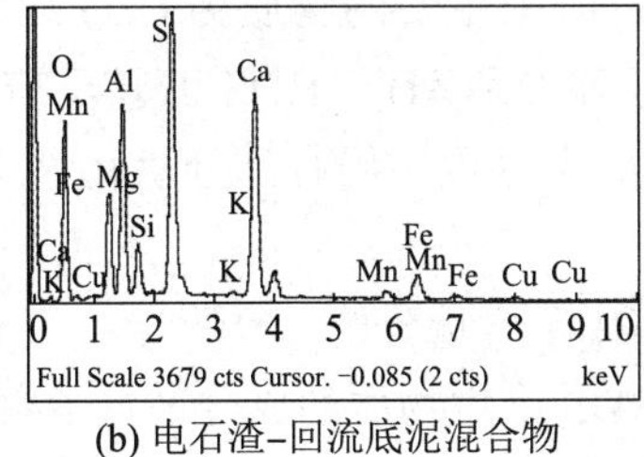

(b) 电石渣-回流底泥混合物

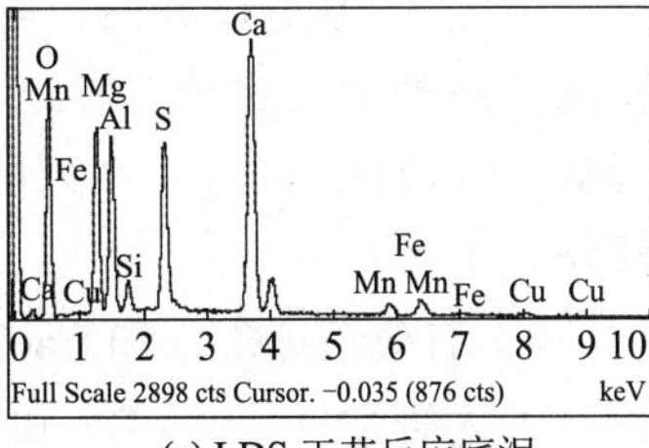

(c) LDS 工艺反应底泥

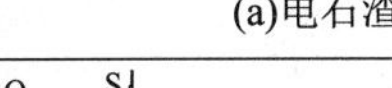

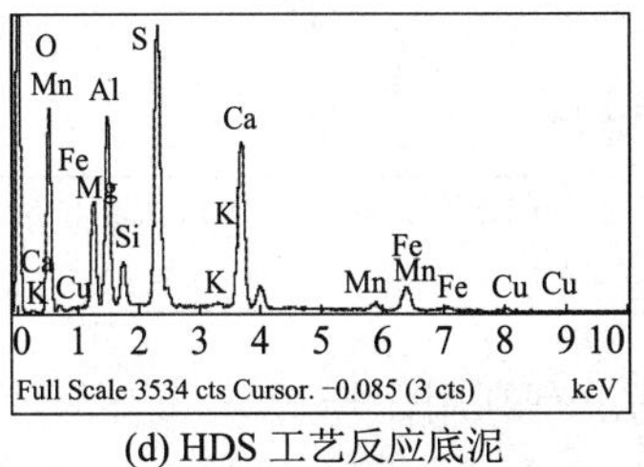

(d) HDS 工艺反应底泥

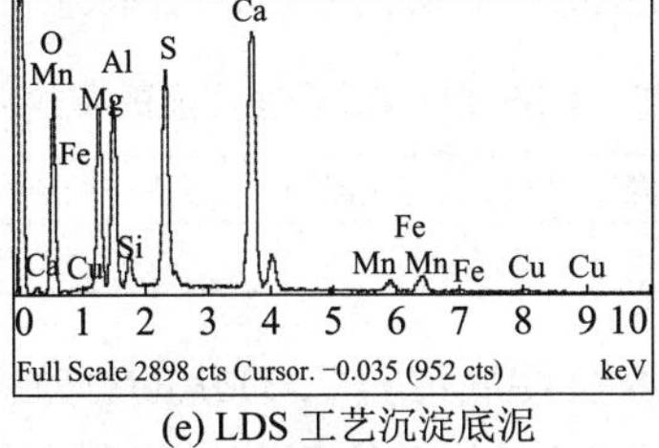

(e) LDS 工艺沉淀底泥

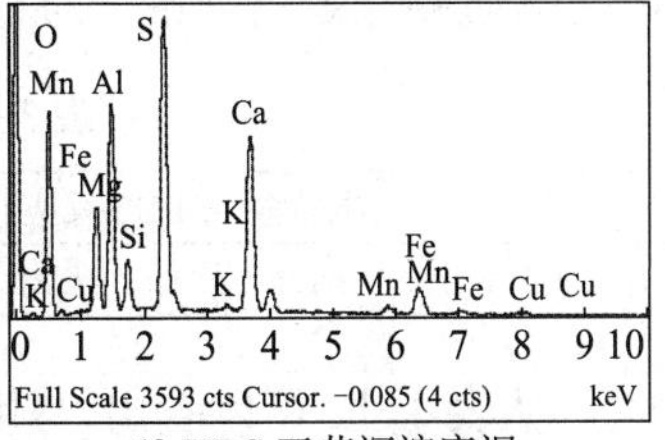

(f) HDS 工艺沉淀底泥

图 3-29　物质组成能谱图

由图 3-29 可以看出，HDS 工艺由于进行了污泥回流，与 LDS 工艺反应底泥和沉淀底泥相比，S 的峰显著增加，Ca 的峰显著降低，分析原因主要是污泥的部分回流，使生成 $CaSO_4$ 的比例大大增加，使 LDS 工艺反应底泥和沉淀底泥中大量未反应的有效钙得到充分利用，投加的中和剂量将显著减少。电石渣 - 回流底泥（混合物）、HDS 反应底泥和沉淀底泥物质组成非常类似，均含有 $CaSO_4$（可能含有 CaO、$Ca(OH)_2$ 和各种金属氢氧化物），电石渣 - 回流底泥（混合物）经过反应后，Ca 部分消耗，在 HDS 反应底泥和沉淀底泥中 Ca 的峰显著降低。

3）物质成分的确定

由于能谱分析只是一个初步的定性分析，为确定 LDS 和 HDS 工艺产生物质的成分，对 LDS 和 HDS 产生物质进行了 XRD 分析，如图 3-30 所示。

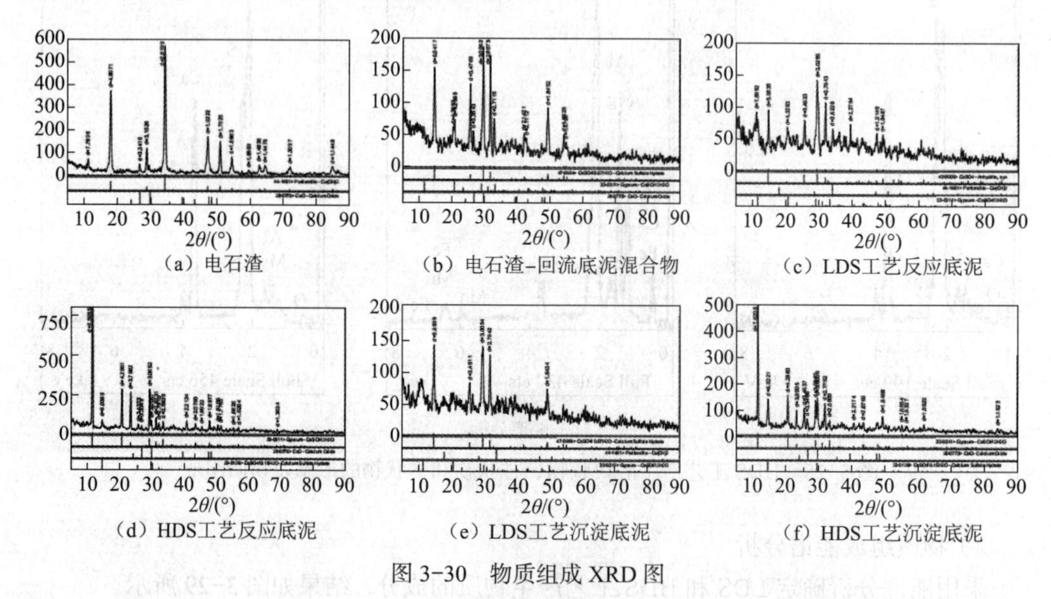

（a）电石渣　（b）电石渣–回流底泥混合物　（c）LDS工艺反应底泥

（d）HDS工艺反应底泥　（e）LDS工艺沉淀底泥　（f）HDS工艺沉淀底泥

图 3-30　物质组成 XRD 图

从图 3-30 可以看出，电石渣中主要的物质为 CaO 和 $Ca(OH)_2$，LDS 工艺反应底泥和沉淀底泥主要物质为 $CaSO_4$ 和 $Ca(OH)_2$，HDS 工艺反应底泥和沉淀底泥主要物质为 $CaSO_4$ 和 CaO，经过一系列的反应过程，仍有部分氧化钙未水解，说明回流底泥中仍有部分有效钙。

4）有效钙（CaO 和 $Ca(OH)_2$）含量分析

上述研究只是对 LDS 和 HDS 产生物质的成分进行了定性分析，为确定 LDS 和 HDS 产生物质的有效钙含量，对样品进行了物相分析，结果见表 3-12。

表 3-12　LDS 和 HDS 产生物质的有效钙含量

项目	电石渣	LDS 反应底泥	LDS 沉淀底泥	电石渣 - 回流底泥	HDS 反应底泥	HDS 沉淀底泥
有效钙含量 /%	61. 5	19. 21	17. 97	51. 5	9. 5	7. 31

从表 3-12 可以看出，HDS 沉淀底泥有 7. 31% 的有效钙没有利用，与 LDS 沉淀底泥相比，有效钙多利用了 10. 66%，通过 HDS 工艺污泥回流的方式，LDS 工艺沉淀底泥部分有效钙得到充分利用，减少了中和剂的投加量。

5）Zeta 的变化

为确定 LDS 和 HDS 产生物质的 Zeta 电位，采用微粒电动电位的方法对 LDS 和 HDS 产生物质进行了 Zeta 电位分析，结果见表 3-13。

表 3-13 LDS 和 HDS 产生物质的 Zeta 电位

项目	电石渣	LDS 反应底泥	LDS 沉淀底泥	电石渣 - 回流底泥	HDS 反应底泥	HDS 沉淀底泥
Zeta 电位 /mV	-14. 4	-8. 49	-8. 62	-6. 96	-1. 3	-1. 29

从表 3-13 可以看出，与 LDS 工艺相比，HDS 工艺沉淀底泥的 Zeta 电位负值较小，易与带负电位的颗粒接近。

2. HDS 工艺处理矿山酸性废水机理分析

HDS 工艺处理矿山酸性废水的具体机理如下：

1）酸碱中和

电石渣 - 回流底泥（混合物）与酸性—废水在反应池中发生如下中和反应：

$$CaO + H_2O = Ca(OH)_2 \tag{3-1}$$

$$Ca(OH)_2 + H_2SO_4 = CaSO_4 + 2H_2O \tag{3-2}$$

电石渣 - 回流底泥（混合物）中的有效钙与酸发生反应，产生 $CaSO_4$ 和 H_2O，达到了中和酸性废水的目的。由于充分利用了回流底泥中的有效钙，可大大降低电石渣消耗量。

2）金属离子沉淀

在反应池中随着 pH 值的升高，废水中重金属离子发生沉淀反应，主要反应方程式如下：

$$M^{2+} + 2OH^- = M(OH)_2 \downarrow \tag{3-3}$$

通过上述反应使水中的重金属得到去除。其中，生成的 $Fe(OH)_2$ 极不稳定，极易发生氧化反应，其氧化反应过程用以下化学反应过程表示：

$$4Fe(OH)_2 + 2H_2O + O_2 = 4Fe(OH)_3 \downarrow \tag{3-4}$$

3）底泥晶体化、粗颗粒化

从扫描电镜可以看出，HDS 工艺反应底泥和沉淀底泥是块状物、柱状物和絮状物的混合物，并且比 LDS 工艺反应底泥和沉淀底泥粒径大、密实得多，呈晶体化、粗颗粒化。与 LDS 工艺相比，加快了污泥沉降和分离的速度，可显著提高废水的处理能力。

4）晶核诱导作用

HDS 反应底泥、沉淀底泥的 Zeta 电位负值较小，只有 -1. 3mV 左右，非常有利于像 $CaSO_4$ 这种带负电位的颗粒接近。具体吸附过程如下：具有较高负值 Zeta 电位的电石渣 - 回流底泥（混合物），首先与酸性废水进行反应，随着产生的重金属氢氧化物附着在上面，Zeta 电位负值变得更小，非常易于带负电位的 $CaSO_4$ 接近和吸附在上面，这时的 HDS 底泥相当于一个晶核，随着 $CaSO_4$ 不断地附着在上面，不断地扩大，当其回流后，又会发生同样的反应，周而复始晶体不断成长。由于大部分的 $CaSO_4$ 附着在底泥上，从而显著减少硫酸钙在反应池、搅拌器和管道上附着概率和附着量，有效延缓设备和管路的结垢，延长使用寿命。

5）共沉淀作用

由于酸性废水中含有大量的 Al^{3+}、Fe^{3+} 和 Fe^{2+}，中和反应发生后生成大量的 $Fe(OH)_3$

和 $Al(OH)_3$ 沉淀，可起到较大的絮凝作用，水中各种重金属氢氧化物与之发生共沉淀作用。

3.2.2.5 HDS 工艺特点

（1）反应槽中的反应充分利用了回流底泥中剩余的有效钙，减少了新鲜石灰的投加量。同常规石灰法比较，处理同体积酸性废水可减少石灰消耗 5%~10%。

（2）沉淀槽中发生了晶核诱导作用，新产生的 $CaSO_4$ 附着在晶核上面，使晶核不断地成长，减少了设备管道结垢，加快了底泥沉降和分离。常规石灰法通常 1 月清垢 1 次，而采用 HDS 法通常 1 年清垢 1 次，节省大量设备维护费用，能显著提高设备的使用率。

（3）在原有废水处理设施基础上，将常规石灰法改造为 HDS 法，可提高废水处理能力 50% 以上，并且易于对现有的石灰法处理系统的改造，改造费用低。

（4）HDS 工艺产生污泥含固率高（含固率可达 20%~30%），同常规石灰法产生含固率 1% 左右的污泥比较，污泥体积是其 1/20~1/30，可以节省大量的污泥处置或输送费用。

（5）自动控制系统采用前馈式串极 PID 控制技术，建立了精确的 HDS 控制数学模型，对各种运行工艺参数进行精确控制和智能协调，保证处理水质、处理能力及系统稳定运行，并设有可与外部控制中心连接的接口。控制系统的电气元件设有防尘、防湿的装置。

改变了常规石灰中和法手动操作的方式，可实现自动化操作，药剂投加更加合理、科学，可有效降低运行费用。

控制合适的工艺条件（如 pH 值低于 9.0），能够使废水中多种重金属离子（Cu、Pb、Zn、Cd、Mn、Cr、Fe 等）同时达到规定标准，克服了需采用多级石灰中和法工艺和排水用碱返调的弊端，简化了工艺流程。

3.2.2.6 酸性废水回用于采矿区工业用水的可行性研究

德兴铜矿采用露天采掘方法开采铜矿石，其工业用水的途径主要是运输道路的抑尘洒水、矿石粗破抑尘的喷水、钻机加水及采矿场边角点和辅助道路洒水、矿山机械及机动车辆维修保养的冲洗水、采矿过程中采矿机械的抑尘用水五方面。

采区各用水单位均对工业用水水质无特殊要求，目前采场工业用水使用工业水库输送的新水，无须深度处理即可供应各用水点使用。露天采场的工业用水水质见表 3-14。

表 3-14 采场工业用水水质

名 称	分析项目				
	pH 值	SS	Cr	As	S^{2-}
工业用水水质	6.8	72	<0.01	—	<0.01

注：除 pH 值外，单位：mg/L。

对采场工业用水水质取样分析及对采区现场调研了解到的情况表明，为防止洒水喷头堵塞以及保证冲洗车辆洁净，采区用水对水质中要求最高的是 pH 值及 SS，也就是说一般不含腐蚀性、无有毒物质的地表水及地下水均可满足采场的用水需求。

根据大坞头老窿酸性废水现状，设计实施老窿酸性废水清污分流工程。该工程实施后，酸性废水与地表径流水分离，酸性水产生量每年由原有的 232.3 万 m^3 减少到 78.7 万 m^3。清污分流后，大坞头老窿酸性废水经 290 工程管道送入尾矿库进行中和处理，分离出的微酸性径流水（水质情况见表 3-15）可直接排入大坞河，也可回用于露天采场工业用水。

表 3-15　大坞头分流清水水质

名　称	分析项目				
	pH 值	SS	Cu	Pb	Zn
大坞头分流清水	>5	50	0.054	<0.01	0.87

注：除 pH 值外，单位：mg/L。

由表 3-15 可以看出，大坞头分流清水的水质除 pH 值在 5 以上，其他指标均可满足污水综合排放标准的一类标准值，但因废水呈弱酸性，若直接使用会对输送系统设备管道及洒水设备产生腐蚀，因此必须对该水进行处理，使其达到中性条件后才可用作采矿场工业用水。

针对大坞头分流清水呈酸性问题，采用碱中和法对大坞头清水进行中和处理试验，处理前后大坞头清水水质见表 3-16。

表 3-16　处理前后大坞头分流清水水质

项　目	分析项目				
	pH 值	SS	Cu	Pb	Zn
处理前	5.0	50	0.054	<0.01	0.87
处理后	7	12	<0.01	<0.01	<0.1

由表 3-16 可知，使用碱中和法处理后，该水呈中性，用于采矿场运输道路抑尘洒水、维修清洗车辆等工业用水时不会腐蚀管道设备，因此，处理后大坞头分流清水可替代原采矿场工业用水。

3.2.2.7　工业废水处理站排水用于选矿工艺用水试验研究

德兴铜矿工业废水处理站使用 HDS 工艺改造后，水质较好，水量很大，可作为潜在的利用水资源。为此，进行了处理站处理后排放水用于选矿工艺用水的研究。

1. 试验用水及矿样

试验用水为处理站处理后排放废水、泗洲选矿厂使用新水和尾矿库回水，试验矿样为德兴铜矿生产用矿石。其水质和矿样分析结果见表 3-17 和表 3-18。

表 3-17　试验用水水质分析结果

项　目	分析项目							
	pH 值	SS	Cu	Pb	Zn	Cd	Cr	S^{2-}
工业用新水	6.78	72	<0.01	0.042	0.075	<0.01	<0.01	<0.01
尾矿库回水	7~9	56	0.03	<0.02	<0.02	<0.01		
处理站排水	7~9	50~100	<0.8	<0.5	<2.0	<0.01	<0.05	

注：除 pH 值外，单位：mg/L。

表 3-18　矿样多元素分析结果

化学成分	Cu	S	Au	Ag	Mo	Pb
含量 /%	0.38	2.12	0.21	0.97	0.009	0.027
化学成分	Zn	SiO_2	Al_2O_3	CaO	MgO	Co
含量 /%	0.11	65.48	14.80	1.32	1.64	0.0029

2. 单元实验

1）捕收剂 AP 用量及浮选时间试验

单元试验根据泗洲选矿厂现有生产工艺条件，考察了新水与回用水为 1 ：4 的条件下，捕收剂 AP 用量、浮选时间的选择试验，以确定使用回水作选矿工艺用水的工艺条件。结果表明捕收剂 AP 用量为 10g/t 时，捕收效果较好。选择浮选时间为 2min 时，其品位及回收率较适宜。

2）石灰用量试验

一段浮选作业所加石灰用量为 1000g/t 时（即矿浆 pH 值为 9 左右时），铜品位及回收率为最高。

3. 小型闭路试验

使用工业废水处理站处理后排水、新水进行小型闭路试验，并与用原生产用水选矿结果进行对比，结果表明，使用工业废水处理站处理后排水、新水进行的小型闭路试验结果，达到了用原生产用水选矿各项指标。试验结果见表 3-19、表 3-20。

表 3-19　现场工艺流程试验结果

产品名称	产率 /%	品位 /%		回收率 /%	
		Cu	S	Cu	S
铜精矿	1. 27	26. 62	31. 76	85. 63	14. 78
硫精矿	7. 12	0. 15	30. 45	2. 74	79. 52
尾矿	91. 62	0. 050	0. 17	16. 63	5. 70
原矿	100. 00	0. 39	2. 73	100. 00	100. 00

表 3-20　使用工业废水处理站排水闭路试验结果

产品名称	产率 /%	品位 /%		回收率 /%	
		Cu	S	Cu	S
铜精矿	1. 25	27. 99	30. 83	89. 03	18. 80
硫精矿	6. 84	0. 12	23. 17	2. 09	77. 17
尾矿	91. 91	0. 038	0. 09	8. 88	4. 03
原矿	100. 0	0. 39	2. 05	100. 00	100. 00

试验表明，相同工艺条件下，使用工业废水处理站处理后的排放废水进行的小型闭路试验中各指标，完全达到使用原生产用水选矿的指标，由此说明工业废水处理站处理后的排放废水完全可以用于选矿工艺用水。

3. 2. 2. 8　小结

在充分调研的前提下，针对传统石灰中和法存在的问题，通过系统的试验研究，优化工艺流程，确定工艺参数，探讨作用机理，研发相关配套设备，开发出 LDS 先进实用替代工艺——高浓度泥浆法（HDS），填补国内空白，为德兴铜矿废水处理站改造以及矿业酸性废水综合治理提供技术支撑；同时对矿山酸性废水回用技术进行研究。得到如下结论：

（1）HDS 工艺简单实用、出水效果好、处理效率高、运行费用低、可延缓设备结垢，适用于 LDS 工艺改造，是处理金属废水的先进实用技术。列入 2010 年国家鼓励发展的环境保护技术目录（重金属污染防治技术领域）。

（2）对于德兴铜矿矿山酸性废水处理的优化工艺参数为：酸性水：碱性水（进水比例）为 1 ∶ 1. 5~2；石灰 / 浆料混合槽反应时间为 3min；石灰投加量为 6. 5~8. 5kg/m^3；中和反应后 pH 值为 7. 5~8. 5；底泥回流比（MSR）为 2~4；絮凝剂投加量（PAM）为 5~10g/m^3；中和反应时间 20~30min；曝气量（气水比）为 1. 5~3 ∶ 1；沉降速度为 1. 0~1. 5m^3/m^2 · h；沉降时间为≥45min 和底流浓度为 20%~30%。

（3）德兴铜矿废水处理站采用 HDS 工艺改造后预期效果显著：在不改变主体处理设施的前提下，废水处理能力提高近 1 倍，并有效地节省工程投资；有效减缓处理设施结垢现象，操作维护方便，由每月清垢 1 次变为 1 年清垢 1 次，提高处理设施的运转率和自动化水平；减少石灰消耗量 10% 以上，节约药剂费用；污泥体积减少到原来的 1/20~1/30，显著地节省污泥后续处置费用；吨酸性废水处理运行费用由改造前的 4. 70 元降低到 3. 70 元。

（4）确定了 HDS 工艺处理矿山酸性废水机制为：酸碱中和作用、金属离子沉淀作用以及 $Fe(OH)_3$ 和 $Al(OH)_3$ 絮凝共沉淀作用；污泥回流使沉淀底泥晶体化、粗颗粒化，加快了污泥沉降和分离的速度；沉淀底泥 Zeta 电位负值变得更小，易于带负电位的沉淀物（硫酸钙等）接近和附着，形成晶核并不断地扩大，有效地延缓设备和管路的结垢。由于上述的综合作用提高了重金属的处理效率和处理效果，使 HDS 工艺具有显著的综合优势。

3. 2. 3　轻烧镁粉中和法

轻烧镁粉来源于菱镁矿尾矿。菱镁矿主要化学成分为碳酸镁，工业上主要用于制备各种耐火材料和镁盐，我国的东北、西北、华北和华南均有产出，目前探明储量大于 30 亿 t，远景储量估计在 50 亿 t 以上。用菱镁矿制备耐火材料时，对菱镁矿的品位要求较高，当菱镁矿中含有少量石英或者氧化铁时，耐火材料的性能将会大幅度下降，这些菱镁矿便被作为尾矿大量排放，既浪费了大量的资源，又严重污染了矿区生态环境。将这些菱镁矿在 540~800℃煅烧，即可得到以活性氧化镁为主要成分的轻烧镁粉；因为菱镁矿尾矿是废品，所以生产轻烧镁粉的成本很低。

1. 轻烧镁粉的化学成分

轻烧镁粉的化学成分一般见表 3-21。

表 3-21　轻烧镁粉的化学成分表（数据来自某菱镁矿）　　%

氧化镁	氧化铝	氧化钙	氧化钾	氧化钠	二氧化硅	总铁	烧失量
90. 53	0. 80	0. 038	0. 01	0. 029	3. 30	0. 69	4. 04

从表 3-21 可以看出，轻烧镁粉的主要化学成分是氧化镁，此外还含有少量的氧化铝、氧化钙、氧化钾、氧化钠和二氧化硅。用此轻烧镁粉作中和剂处理酸性废水时，除二氧化硅外，其余碱性成分都能发挥作用，二氧化硅将作为沉渣，因二氧化硅含量很少，所以沉渣也会很少。

2. 轻烧镁粉作为中和剂的特点

轻烧镁粉的主要成分是活性氧化镁。在用氧化镁中和酸性物质的过程中，即使用量过多，溶液的 pH 值也不会超过 9，很容易控制。中和对象若是硫酸，通常无沉淀物生成，也不会发生结垢问题，中和产物是硫酸镁，可以作为一种含硫酸镁肥料加以回用。用氧化镁缓慢中和含酸废水，废水中某些金属离子将生成沉淀，与用石灰、烧碱中和处理比较，所生成的沉淀大而密实，很容易沉淀、澄清和过滤，可减少泥浆体积，降低处理成本。基于轻烧镁粉的主要成分是活性氧化镁的事实，轻烧镁粉用作中和剂来处理酸性废水时能起到与氧化镁相似的效果，当然其处理酸性废水的效果肯定没有氧化镁好。以轻烧镁粉中和处理酸性废水方面，国内外已有部分研究。其特点是反应较慢，终点 pH 值比较容易控制。

拟用轻烧镁粉作为酸性矿井水处理的中和剂改进中和处理工艺流程，达到利用矿业固体废弃物处理酸性废水的目的。

3.2.3.1 实验试剂与仪器

1. 实验试剂

中和剂：轻烧镁粉（表 3-22）。

实验用水：为人工配制的模拟酸性矿井水（简称模拟 AMD），主要成分是 Fe^{3+}、Fe^{2+}、SO_4^{2-}、Ca^{2+}、Mg^{2+} 等离子。配水时以山西某酸性矿井水为参照，用七水合硫酸亚铁（$FeSO_4 \cdot 7H_2O$）、六水合三氯化铁（$FeCl_3 \cdot 6H_2O$），硫酸钾（K_2SO_4）、氧化钙（CaO）和氧化镁（MgO）按一定比例称量，混合后用水完全溶解，根据需要用稀盐酸调节酸度后稀释到一定体积，pH 值为 3.24 左右，所用试剂均为分析纯试剂。实验用水的主要成分见表 3-22。

表 3-22 模拟酸性矿井水组分表 mg/L

水质指标	酸性矿井水	中性水
硫酸盐	5930	1.35
钙	650	460
镁	168	114
总铁	825	<0.002

2. 实验仪器

意大利哈纳 pH-211 酸度计、梅宇 M-3000 型智能混凝搅拌仪、空气泵、蜂窝状曝气头、转子流量计，以及一些实验室常用的玻璃仪器和称量仪器等。

3.2.3.2 用轻烧镁粉作中和剂性能实验研究

本实验部分研究轻烧镁粉作为中和剂处理酸性废水时的缓冲性能，并与氧化钙和氧化镁进行对比。实验过程中采取分批逐量加药的方法，每加一次药后用玻璃棒中速搅拌 2min 再静置 1min 后测量水样 pH 值，每次取水样 1L。

实验现象：刚取的上清液呈橙黄色，混浊不清。加药搅拌后，水样变得更加混浊并产生大量絮状沉淀物，沉淀颗粒较密实。所有沉淀颗粒按大小基本可分为大、中、小三个等级。大颗粒约占 60%，沉降速度较快，约 10min 内可沉淀完毕；中等粒径的沉淀颗粒约占 10%，沉淀缓慢，在 30min 内可沉淀完毕。已经沉淀于底部的颗粒会发生挤压脱水，体积减小，颗粒变得更加小而密实，性质趋于稳定。此时上清液颜色变浅。水样中剩余的是一些细小颗粒物和胶体，细小颗粒物沉淀觉察不到沉淀现象。

1. 轻烧镁粉加药量与水样 pH 值的关系实验

水样的初始 pH 值分别为 3. 15、3. 16、3. 24、3. 25、3. 27、3. 31。经过一系列实验发现：利用轻烧镁粉作中和剂时，水样初始的酸度大小对于中和剂的投加量的影响比较大。要使 pH 值提高到相同的值（如 pH=7）时，水样的初始 pH 值越低，所用轻烧镁粉的量越小；初始 pH 值稍大时，中和剂用量也会随之减小，在一个极小的范围内会使 pH 值突增。实验结果见表 3-23（a）、表 3-23（b）。

表 3-23（a）　不同初始 pH 值下加药量与 pH 值的变化

初始 pH 值	加药量 /g											
	0. 10	0. 20	0. 30	0. 40	0. 50	0. 60	0. 70	0. 80	0. 90	1. 00	1. 10	1. 20
3. 15	3. 34	3. 63	4. 26	4. 74	5. 13	5. 39	5. 76	6. 21	6. 95	8. 18	9. 30	9. 83
3. 16	3. 31	3. 68	4. 30	4. 73	5. 15	5. 43	5. 79	6. 36	6. 90	8. 28	9. 34	9. 72
3. 24	3. 38	3. 68	4. 61	5. 01	5. 39	5. 71	6. 05	6. 35	6. 80	8. 65	9. 67	10. 03

表 3-23（b）　不同初始 pH 值下加药量与 pH 值的变化

初始 pH 值	加药量 /g										
	0. 10	0. 20	0. 30	0. 40	0. 50	0. 60	0. 70	0. 75	0. 80	0. 90	1. 00
3. 25	3. 51	4. 47	5. 15	5. 59	5. 86	6. 25	7. 27	9. 11	9. 20	9. 93	10. 24
3. 27	3. 49	4. 53	5. 18	5. 54	5. 82	6. 31	7. 11	9. 06	9. 51	9. 98	10. 19
3. 31	3. 65	4. 14	5. 19	5. 62	6. 04	6. 66	7. 60	9. 60	10. 07	10. 33	10. 53

根据表 3-23（a）的数据，我们可以看出，在初始 pH 值为 3. 15~3. 24 时，用轻烧镁粉作中和剂，其缓冲性能很好，每升水样投加药量为 0. 80~1. 00g 时，均可以使模拟 AMD 的 pH 值升高至 6~9。根据数据作图如图 3-31（a），可看出在这三个初始的 pH 值水平下，三个关系曲线基本一致。

根据表 3-23（b）的数据，我们可以看出，在初始 pH 值为 3. 25~3. 31 时，每升模拟 AMD 加入 0. 6~0. 7g 轻烧镁粉即可使 pH 值达标，但是加药量稍微过量（加入 0. 75g）时，pH 值就会有一个突变，以致 pH 值 >9 而超标。根据数据作图如图 3-31（b），可看出在这三个初始的 pH 值水平下，三个关系曲线也基本一致。

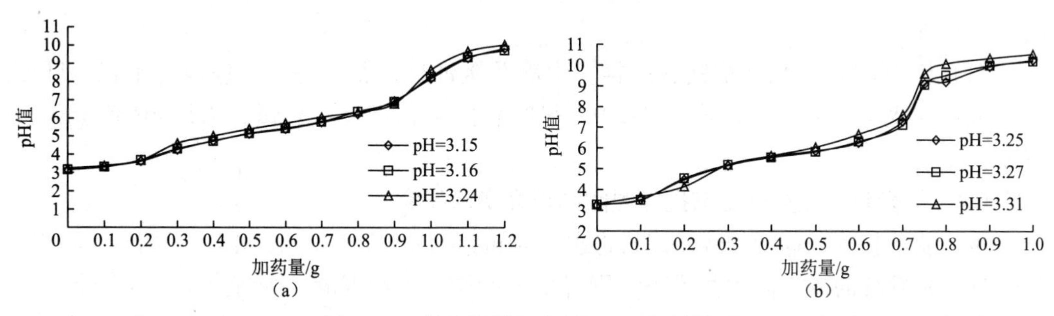

图 3-31　轻烧镁粉加药量与 pH 值的关系

2. 氧化钙和氧化镁与轻烧镁粉的对比实验

分别以氧化钙和氧化镁作为中和剂，与轻烧镁粉作为中和剂时的缓冲性能进行对比。

实验现象：往水样中加入氧化镁后，现象与加入轻烧镁粉的现象差不多；往水样中加入氧化钙粉末后，立即产生大量絮状沉淀，沉淀物略呈海蓝色，沉淀颗粒大而疏松，沉淀较快，大的颗粒 10min 左右可沉淀完毕，小颗粒沉淀极其缓慢，另有微溶的硫酸钙和一些胶体几乎观察不到沉淀现象，水样较加轻烧镁粉的水样稍微澄清一些。另外，沉于底部的沉淀物结构较疏松，脱水挤压作用不如加轻烧镁粉的水样明显，占有的体积比加轻烧镁粉的水样中的沉淀物体积大 2 倍以上，沉淀物性质较不稳定，易受搅动而分散到上清液中，使水样重新变得浑浊 [表 3-24（a）、表 3-24（b）]。

表 3-24（a） 用氧化钙作中和剂，水样初始 pH=3. 27

加药量 /g	0	0. 05	0. 10	0. 15	0. 20	0. 25	0. 30	0. 35	0. 40
水样 pH 值	3. 27	3. 63	5. 31	6. 34	8. 23	10. 17	10. 69	10. 80	10. 95

表 3-24（b） 加氧化镁作中和剂，水样初始 pH=3. 29

加药量 /g	0	0. 10	0. 20	0. 30	0. 35	0. 40	0. 45	0. 50	0. 55	0. 60
水样 pH 值	3. 29	5. 20	5. 51	7. 13	7. 20	7. 64	7. 73	8. 59	8. 67	8. 74

以加药量对水样 pH 值作图，并与初始 pH=3. 27 时加轻烧镁粉的水样对比，如图 3-32 所示。

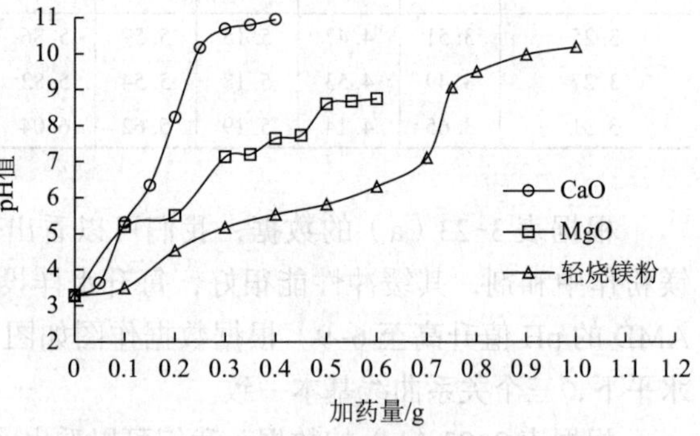

图 3-32 不同中和剂的加药量与 pH 值关系的比较

轻烧镁粉因含有约 90% 的 MgO，处理效果不错，缓冲性能较好，较容易控制加药量使 pH 值为 6~9；但缺点是沉淀性能不太好，一般要 3h 以上才能沉淀 50% 以上。好在沉淀比较紧实，容易过滤。这一问题可以通过加絮凝剂的方法很好地解决。

氧化钙缓冲性能比较差，投药量很不好控制，pH 值直接从 5 升到 8 以上，很难控制在 6~9。但其沉淀性能很好，反应迅速，较短的静置时间即可沉淀完全，且沉淀物比较松散，受波动易散。

氧化镁沉淀效果和轻烧镁粉一样。中和及缓冲性能都很好，反应较为平稳，即使加药过量，水样的 pH 值也不会超过 9，很容易控制；但反应较慢，水样 pH 值上升也较慢。

3. 2. 3. 3 加药量、搅拌速度与搅拌时间的正交实验研究

本实验的目的是通过加轻烧镁粉将水样的 pH 值调至 7. 0~8. 0，在达到降低水样酸度的同时，为后续的曝气除铁做准备。因轻烧镁粉作为中和剂的一个特点是反应较慢，所以加药后必须进行搅拌，这就必须确定一个最佳的搅拌速度和搅拌时间，既可降低能耗，又可使加入的轻烧镁粉基本反应完全，使得在曝气阶段水样的 pH 值不会有太大变化，更不能超过 9。为避免实验的盲目性且减少实验次数，本部分采用正交实验设计的方法，考虑轻烧镁粉加药量、搅拌速度、搅拌时间这三个因素，在不同水平条件下对水样 pH 值的影响，从而得到最优方案。

1. 正交实验

经过若干次定性实验，最终确定了以下的三因素三水平正交实验因素水平表（表 3-25）。

表 3-25　正交实验因素水平表

水平	A 加药量 /g	搅拌速度 /（r/min）	C 搅拌时间 /min
1	0. 80	450	10
2	0. 75	400	8
3	0. 85	500	12

为使各次实验结果具有可比性，每次实验水样的初始 pH 值均控制在 3. 20~3. 30。具体见表中的初始 pH 值。为保证实验结果的准确性和一致性，每次搅拌完后静置 10min 再测量水样 pH 值，此时水样较为澄清；第一次测量完后静置 2h 后再测量一次，观察所加轻烧镁粉是否反应完全及其反应程度。

进行三元素三水平正交实验结果见表 3-26。

表 3-26　正交实验试验结果

实验号		加药量 /g	搅速速率 /（r/min）	搅拌时间 /min	水样 pH 值		
					初始值	搅拌后 10min	搅拌后 2h
1		0. 80	450	10	3. 26	8. 17	8. 31
2		0. 80	400	8	3. 23	8. 11	8. 33
3		0. 80	500	12	3. 26	8. 29	8. 42
4		0. 75	400	12	3. 23	7. 54	7. 64
5		0. 75	500	10	3. 25	7. 41	7. 57
6		0. 75	450	8	3. 26	7. 33	7. 42
7		0. 85	500	8	3. 25	8. 66	8. 70
8		0. 85	450	12	3. 24	8. 93	9. 02
9		0. 85	400	10	3. 24	8. 91	9. 07
搅拌后 10min 的 pH 值	K1	24. 57	24. 43	24. 49	—	—	—
	K2	22. 28	24. 56	24. 10	—	—	—
	K3	26. 50	24. 36	24. 76	—	—	—
	R	4. 22	0. 20	0. 67	—	—	—
搅拌后 2h 的 pH 值	K1	25. 06	24. 75	24. 95	—	—	—
	K2	22. 63	25. 04	24. 45	—	—	—
	K3	26. 79	24. 69	25. 08	—	—	—
	R	4. 16	0. 35	0. 63	—	—	—

将搅拌完并静置 10min 后水样的 pH 值作为考查实验结果的指标，并规定 pH 值越

高越好。由此对实验结果进行极差分析可知，各因素间并无明显的交互作用；由 $R_{加药量}$>$R_{搅拌时间}$>$R_{搅拌速度}$可知，各因素对水样 pH 值影响程度的大小为：加药量 > 搅拌时间 > 搅拌速度。这和实验之前预想的是一样的，因为轻烧镁粉反应较慢，所以搅拌时间的影响程度大于搅拌速度。水样放置一段时间后，水样 pH 值还会缓慢上升，这是由于加入的轻烧镁粉未完全反应的结果。

2. 检验实验

以选定的搅拌速度（500r/min）和搅拌时间（10min），加药量分别为 0. 72g、0. 75g、0. 78g、0. 80g，对正交实验得出的结论进行检验，以便最终确定加药量。实验结果见表 3-27。

表 3-27　检验实验结果

实验号	加药量 /g	搅速 /（r/min）	时间 /min	水样 pH 值		
				初始值	搅完后	2h 后
1	0. 75	500	10	3. 24	7. 44	7. 59
2	0. 78	500	10	3. 25	7. 67	7. 81
3	0. 80	500	10	3. 27	8. 15	8. 34
4	0. 72	500	10	3. 25	6. 89	7. 08

3. 小结

由本次实验结果可知，当水样初始 pH 值在 3. 24 左右时，要将水样的 pH 值中和到 7. 0~8. 0，在搅拌速度为 500r/min、搅拌时间为 10min 的情况下，每升水样需要的轻烧镁粉的量为 0. 75~0. 78g。

3. 2. 3. 4　曝气氧化除铁的实验研究

本部分实验目的是研究曝气氧化对除铁的影响。曝气装置为空气泵和蜂窝状曝气头以及转子流量计，曝气时将曝气头直接放入水样中；亚铁和总铁的测量采用呤非啰啉分光光度法，所用仪器为美国尤尼柯 2100 紫外可见分光光度计，对铁的测定下限 0. 343mg/L。本实验是基于以下两个理论进行的：

（1）水样 pH 值小于 5. 5 时，亚铁的氧化速率是非常缓慢的；在 pH>5. 5 的情况下，pH 每升高 1. 0，亚铁的氧化速度就增大 100 倍；在 pH 值为 7. 0~8. 0 的条件下进行曝气，Fe^{2+} 可迅速氧化为 Fe^{3+} 而除去。

（2）除铁所需溶解氧量，按下式计算：

$$[O_2]=0.143a[Fe^{2+}]$$

式中，$[O_2]$ 为除铁所需的溶解氧浓度，mg/L；$[Fe^{2+}]$ 为水中二价铁浓度，mg/L；a 为过剩溶解氧系数，一般取 3~5，本次实验取 a=5，由此可算出每氧化 1mg/L 的亚铁需要空气 2503L。

本部分实验主要研究模拟 AMD 在用轻烧镁粉将水样 pH 值中和到 5. 0~7. 0 再曝气时亚铁含量的变化情况，以及将水样 pH 值中和到 7. 0 以上后曝气对亚铁的去除情况。

1. 接近中性条件下曝气亚铁含量变化的研究

针对低 pH 值时曝气对亚铁的去除意义不大的问题，将水样 pH 值提高到 5. 0 以后再进行曝气，曝气流量为 $1m^3/h$。取两个 1L 的模拟 AMD 水样，各加入 0. 2g 轻烧镁粉后用玻璃棒搅拌 2min，此时 pH 值接近中性开始进行曝气，并在曝气一定时间间隔后测其 pH 值。实验结果见表 3-28。

表 3-28 接近中性水样中亚铁含量的变化情况

曝气时间 /min		0	5	10	20	40	60	90
水样 1	pH 值	5.09	5.47	5.56	5.59	5.68	5.72	5.75
	$[Fe^{2+}]$/（mg/L）	66.978	62.747	58.665	48.589	43.048	31.720	17.226
水样 2	pH 值	5.55	6.35	6.42	6.50	6.83	6.97	—
	$[Fe^{2+}]$/（mg/L）	52.018	42.143	28.842	11.766	2.232	0.728	—

由水样 1 的实验结果可以看出，水样的 pH 值提高到 5.50 以上后，亚铁的氧化速率有了显著提高，但效果仍不理想，不但亚铁的含量还在 10mg/L 以上，而且如此高的曝气量也是很不切实际的。分析水样 2 的数据看出，随着水样 pH 值的进一步提高，曝气对亚铁的去除效果越来越好，曝气 45min 后，水样的亚铁含量已经降到了 0.728mg/L，虽然此时的曝气量还是很高，但是可以预测，如果将水样的 pH 值中和到 7.0 以上再进行曝气，曝气量和亚铁含量都会继续降低。

2. 过中性条件下曝气除铁实验研究

根据之前的正交实验中得出的加药量（0.75~0.78g）、搅拌速度（500r/min）、搅拌时间（10min）进行中和处理，将水样的 pH 值中和到 7.0 以上再进行曝气。为确定一个曝气时间，设定三个水样的曝气时间分别为 1min、3min、5min；为降低能耗，并考虑氧的传递速率，曝气流量降为 0.6m^3/h；加药量均为 0.75g。分别于加药前、加药搅拌后、曝气后测量 1 次亚铁含量，取搅拌完后的上清液进行曝气。实验所用的分光光度计的测定下限为 0.343mg/L，实验结果见表 3-29。

表 3-29 过中性条件下亚铁含量的变化情况

项　目	初始值	加药搅拌 2min	曝气 /min		
			1	3	5
pH 值	3.29	7.48	7.56	7.47	7.53
$[Fe^{2+}]$/（mg/L）	73.040	1.342	0.408	<0.343	<0.343

分析表 3-29 数据，加药搅拌后，亚铁的去除效果非常理想，在曝气之前就降到了 1.5mg/L 以下，这是因为搅拌速度较大和搅拌时间较长，搅拌的同时就起到了部分曝气的作用，水样的 pH 值到了 7.0 以后亚铁就迅速被氧化所致。虽然在搅拌阶段能耗较高，但这无疑可以降低后续工艺中曝气的能耗。由实验结果可知，在曝气流量为 0.6m^3/h 的条件下，只需曝气 3min 即可将亚铁降到 0.343mg/L 以下。

为得到总铁的去除效果，再取 3 个水样，在加药、搅拌并曝气后，再将水样用普通滤纸进行过滤，分别于加药前、加药并搅拌后、曝气后、过滤后测量水样的亚铁和总铁含量。三水样加入的轻烧镁粉的量均为 0.76g，其中水样 3 是加入少量聚合氯化铝（PAC）搅拌后发生絮凝沉淀后再用滤纸过滤的。实验结果见表 3-30。

分析表 3-30 实验结果，水样 1 和水样 2 曝气后水样的总铁含量仍然较高，主要是因为有一些细小的氢氧化铁沉淀分散在曝气后的上清液中；过滤后水样中总铁含量仍然在 1mg/L 以上，除了因为普通滤纸的过滤效果不佳外，还因为有一些氢氧化铁是以胶体的形式存在于水样中，影响了氢氧化铁的沉淀性能；而水样 3 因为絮凝沉淀作用，去除了这些干扰，所以水样的总铁含量降至 0. 343mg/L 以下。

表 3-30　水样中铁含量变化情况

项　目		初始值	加药搅拌后	曝气后	过滤后
水样 1	pH 值	3. 24	7. 61	7. 67	7. 63
	$[Fe^{2+}]$	78. 706	1. 653	<0. 343	<0. 343
	[TFe]	240. 011	—	16. 679	1. 927
水样 2	pH 值	3. 25	7. 65	7. 71	7. 66
	$[Fe^{2+}]$	80. 143	1. 718	<0. 343	<0. 343
	[TFe]	247. 284	—	18. 235	2. 293
水样 3	pH 值	3. 25	7. 56	7. 65	7. 51
	$[Fe^{2+}]$	79. 223	1. 520	<0. 343	<0. 343
	[TFe]	239. 487	21. 239	15. 004	<0. 343

3. 小结

水样越接近中性，亚铁氧化的速率越快，但水样 pH 值<7. 0 时将亚铁大量氧化所需的曝气量是很大的，并无工业应用价值。根据正交试验所得结论将水样的 pH 值提高到 7. 0 以上再进行曝气，铁的去除效果非常理想。在曝气流量为 0. 6m³/h 的条件下，只需曝气 3min 即可将亚铁降到 0. 343mg/L 以下，几乎完全氧化。

曝气结束后，会有一些细小的氢氧化铁颗粒分散于上清液中，此外还有一些氢氧化铁以胶体的形式存在于上清液中，影响了沉淀和过滤，这个问题可通过向水样中投加絮凝剂来解决；之后进行过滤，总铁含量即可达到排放标准。

3. 2. 3. 5　小结

通过实验和理论分析，可以得出以下结论：

（1）利用轻烧镁粉作为中和剂处理酸性矿井水能达到中和及除铁的目的。轻烧镁粉的缓冲性能良好，容易通过控制加药量来调节处理水样的 pH 值，克服了氧化钙作为中和剂时加药容易过头，水样 pH 值不易控制的缺点。同时轻烧镁粉处理酸性矿井水时直接投加即可，投加前无须配乳，且其腐蚀性小于氧化钙。利用轻烧镁粉中和酸性矿井水产生的沉淀小而密实，沉淀量和沉淀物体积都比氧化钙的小，性质较稳定，污泥量减少。

（2）轻烧镁粉作为中和剂反应较氧化钙慢而平缓，加药量、搅拌速度、搅拌时间三个工艺参数对水样 pH 值的影响程度的大小为：加药量 > 搅拌时间 > 搅拌速度。为使加入的轻烧镁粉充分反应，在水样的初始 pH 值为 3. 20~3. 30 时，最佳的搅拌速度和搅拌时间分别为 500r/min 和 10min，在此工艺条件下加入的轻烧镁粉基本上可以反应完毕。此时将水样的 pH 值中和到 7. 50 左右每升水样所需的加药量为 0. 75~0. 78g，可根据具体的初始 pH 值决定具体的加药量。

（3）在最佳搅拌速度（500r/min）和搅拌时间（10min）下对水样进行中和处理，既能起到降低酸度的作用，又能起到曝气除铁的作用，在中和处理的阶段亚铁含量便迅速降低，在后续的曝气阶段每升水样只需在 0. 6m³/h 的曝气流量下曝气 3min，即可将亚铁的含量降至 0. 343mg/L 以下。在曝气后加絮凝剂帮助沉淀后再进行砂滤，水样中总铁的含量可以达到排放标准（0. 3mg/L）。

中和法是我国较为广泛的应用方法，各方面的经验都比较成熟，近年来不断有新的中和剂提出。本实验的创新之处就是利用轻烧镁粉来处理酸性矿井水，轻烧镁粉来源于菱镁矿尾矿，成本很低，在许多菱煤矿矿区，菱煤矿尾矿被当作废物排放，严重污染了矿区生态环境，同时也给矿区带来一定的经济负担。利用轻烧镁粉处理酸性矿井水，可以达到以废治废的效果，具有可观的经济效益。用于工业应用的话可以改善工作环境并减少设备和基建投资。

由于各种原因，本次还存在一些有待进一步解决的问题：

（1）本实验只针对轻烧镁粉对酸性矿井水进行处理的性能有所研究，并未深入其处理机理。曝气除铁阶段的曝气量远大于理论值，应用到工业上曝气量还是有点大，如何提高曝气过程中氧的传递速率和溶解氧量从而降低曝气阶段的能耗，也很值得探讨。

（2）很多酸性矿井水都是高硬度，高硫酸根的酸性水，本次试验只考虑了轻烧镁粉的中和及除铁效果，并未考察它对于去除硬度、硫酸根及其他一些指标是否有作用。此外，由于引入了大量的镁离子，对于硫酸盐含量很高的矿井水，利用轻烧镁粉处理后出水中含有大量的硫酸镁，可以考虑从出水中回收硫酸镁肥料。

（3）因实验条件所限，本实验仅对模拟酸性矿井水进行研究，还未有工业应用，实际的酸性矿井水要比模拟水样复杂得多，处理起来也会更加麻烦。本文的结论用于实践时必然会产生很多新的问题，这些问题的解决也有待于进一步的研究。

3.3　含铁锰矿井水处理技术

3.3.1　矿井水除铁锰的机理

我国每年产生的大量矿井水中含铁锰的矿井水占有较大比例。由于矿区缺水，很多煤矿都将矿井水净化处理后回用作为生产和生活用水，由于铁锰超标，限制了矿井水的回用。我国对矿井水回用作为生活用水和生产用水时，对铁、锰的含量进行了严格的限制，国家《生活饮用水卫生标准》GB 5749—2022 中规定铁不能超过 0. 3mg/L，锰得不超过 0. 1mg/L。矿井水回用时铁锰含量参照此标准执行，超过此标准的必须进行矿井水除铁锰。

矿井水除铁锰机理参考了地下水除铁锰技术，主要是氧化法去除铁和锰。矿井水的氧化除铁锰主要有三种：空气氧化法、化学氧化法和接触氧化法。

1. 空气氧化法

含铁矿井水提升到地面后经曝气充氧，利用溶解氧将 Fe^{2+} 氧化为 $Fe(OH)_3$。$Fe(OH)_3$ 因其溶解度小而沉淀析出形成 $Fe(OH)_3$ 颗粒，使原本清澈透明的矿井水变为黄褐色的浑水，$Fe(OH)_3$ 颗粒在以后的沉淀、过滤等固液分离净化工序中被去除，从而达到除铁的目的，这种不依靠催化物质而利用空气直接将 Fe^{2+} 氧化为 $Fe(OH)_3$，然后将其颗粒从水中分离出来的除铁方法称为空气氧化法。

该工艺对矿井水中的铁具有去除效果，但是当矿井水中的硅酸浓度为 40~50mg/L 时，自然氧化法除铁无效。当矿井水原水浊度、色度较高时，需要先去除浊度和色度后，再采用自然氧化法除铁效果较好。自然氧化法对矿井水中的锰基本没有去除效果，除非将矿井水的 pH 值提高到 9. 5 以上时才有除锰效果。

2. 化学氧化法

对于铁、锰共存的矿井水，可先采用化学药剂（Cl_2 或 $KMnO_4$）氧化。Cl_2 是比氧更强的氧化剂，将它投入水中，能迅速地将 Fe^{2+} 氧化为 Fe^{3+}，化学反应式如下：

$$2Fe^{2+}+Cl_2 \longrightarrow 2Fe^{3+}+2Cl^-$$

作为氧化剂的氯，一般加入的是液氯或漂白粉。理论上每氧化 lmg/L Fe^{2+} 离子约需 0. 64mg/L 的氯，而实际上特别当水中含有机物时，氯的消耗量比此值要大。

往含有 Mn^{2+} 水中投加氯，然后流入锰砂滤池。在催化剂的作用下，氯将 Mn^{2+} 氧化为 $MnO_2 \cdot mH_2O$ 并与原有的锰砂表面相结合。新生成的 $MnO_2 \cdot mH_2O$ 也具有催化作用，也是自催化反应。但是，此反应只有在 pH 值高于 8. 5 时，才可以进行，所以，在实际水处理工艺中仅仅投加氯，并不能有效去除水中的锰。

高锰酸钾是比氧和氯都更强的氧化剂，对铁和锰的氧化都很有效。

$$3Fe^{2+}+MnO^{4-}+2H_2O \longrightarrow 3Fe^{3+}+MnO_2+4OH^-$$

$$3Mn^{2+}+2MnO_4-+2H_2O \longrightarrow 5MnO_2+4H^+$$

理论上每氧化 1mg/L Fe^{2+} 离子需 0. 94mg/L 的 $KMnO_4$，但有人发现实际上比理论量小时就有较好的除铁效果，这可能是因为 MnO_2 具有接触催化作用的缘故。

3. 接触氧化法

接触氧化法是指以溶解氧（空气）为氧化剂，以固体催化剂为滤料，采用加速二价铁或二价锰的除铁除锰方法。接触氧化法虽然用的是空气中的氧，但是与前述的“空气氧化法”不同，空气氧化法的曝气充氧有一个氧化反应的过程和停留时间，然后再经过沉淀或过滤去除氧化后的固形物，又称容积氧化法。而接触氧化法是快速充氧后，铁、锰的氧化过程直接在滤池中进行。

接触氧化除铁的机理是催化氧化反应，起催化作用的是滤料表面的铁质活性滤膜 $Fe(OH)_3 \cdot 2H_2O$，铁质活性滤膜首先吸附水中的亚铁离子，被吸附的亚铁离子在活性滤膜的催化作用下迅速氧化为三价铁，铁质活性滤膜接触氧化铁的过程是一个自催化反应过程，其反应式如下：

Fe^{2+} 的吸附：

$$Fe(OH)_3 \cdot 2H_2O+Fe \longrightarrow Fe(OH)_3(OFe) \cdot 2H_2O+H^+$$

Fe^{2+} 的氧化：

$$Fe(OH)_3(OFe) \cdot 2H_2O+Fe+1/4O_2+5/2H_2O \longrightarrow 2Fe(OH)_3 \cdot 2H_2O+H^+$$

接触氧化除锰的机理也是自催化反应，含锰矿井水在滤料表面的锰质活性滤膜 $MnO_2 \cdot xH_2O$ 的作用下，Mn^{2+} 被水中的溶解氧氧化为 MnO_2，并吸附在滤料表面，使滤膜得到更新，其反应式为：

Mn^{2+} 的吸附：

$$Mn^{2+}+MnO_2 \cdot xH_2O = MnO_2 \cdot MnO \cdot (x-1)H_2O+2H^+$$

Mn^{2+} 的氧化：

$$MnO_2 \cdot MnO \cdot (x-1)H_2O+1/2O_2+H_2O = 2MnO_2 \cdot xH_2O$$

多年工程实践表明，接触氧化法中铁质活性滤膜对容易氧化的铁的去除非常有效，但在除锰方面则发现一些新问题。一方面由于矿井水中一般为铁锰共存，为排除铁快速氧化对锰氧化的干扰，接触氧化法采用一级曝气过滤除铁，二级曝气过滤除锰的分级方法。工艺流程仍然比较复杂，运行费用也偏高；另一方面，锰难以在滤层中快速氧化为MnO_2，而附着于滤料上形成锰质活性滤膜，除锰能力形成周期比较长，而且由于经常性反冲洗等外界因素的干扰，锰质滤膜有时根本不能形成，除锰效果更是呈现很不稳定的状态。

3.3.2 矿井水除铁锰工艺流程

为了扩大矿井水的利用范围，有必要对含铁锰矿井水进行有效处理。由于煤矿含铁锰矿井水的水质特征，地下水一般悬浮物、色度比较低，而含铁锰矿井水往往悬浮物、浊度、色度都比较高，所以含铁锰矿井水的处理工艺与地下水含铁锰的处理工艺不同。

3.3.2.1 含铁矿井水处理工艺流程

1. 空气氧化法

空气氧化法工艺流程：矿井水→调节池→混凝沉淀处理单元→曝气池→除铁滤池→出水。

2. 化学氧化法

加Cl_2或$KMnO_4$
↓

化学氧化法工艺流程：矿井水→调节池→氧化池→混凝沉淀处理单元→除铁滤池→出水。

3. 接触氧化法

接触氧化法工艺流程：矿井水→调节池→混凝沉淀处理单元→水射充氧→除铁滤池→出水。

3.3.2.2 含锰矿井水处理工艺流程

加$KMnO_4$
↓

含锰矿井水处理工艺流程：矿井水→调节池→氧化池→混凝沉淀处理单元→除锰滤池→出水。

3.3.2.3 含铁锰矿井水处理工艺流程

1. 接触氧化法

接触氧化法：矿井水→调节池→混凝沉淀处理单元→水射充氧→除铁除锰滤池→出水。

2. 化学氧化法

加Cl_2或$KMnO_4$
↓

化学氧化法：矿井水→调节池→氧化池→混凝沉淀处理单元→除铁除锰滤池→出水。

当含铁锰矿井水从井下排至处理的来水流量比较均匀时，可将氧化池与调节池对调。

当原水铁、锰含量较高时（如铁超过10mg/L或锰超过1mg/L），氧化投加方式可采用两次投加，即除锰滤池前再投加氧化剂。

总之，含铁锰矿井水的处理工艺流程需要根据原水的铁、锰含量，并结合其他指标（如浊度、悬浮物）的去除方式，灵活调整处理工艺。

第 4 章　矿井水脱盐处理与资源化利用技术

矿井水的常规处理能有效去除水中的悬浮物、胶体等，但对于溶解性总固体（TDS）或全盐量并没有实质性的作用。当矿井水中的全盐量超过 1000mg/L 时即被认为是高盐矿井水，此类矿井水的排放会造成地表水土流失、土地盐碱化、植被枯萎死亡、生态环境破坏等问题，因此从 2013 年国家发改委出台的《矿井水利用规划》，到 2020 年 11 月国家生态环境部、国家发改委和国家能源局联合发布的《关于进一步加强煤炭资源开发环境影响评价管理的通知》，明确并进一步规定矿井水在充分利用后确需外排的，水质应该满足或优于受纳水体所在的地方环境质量标准，且全盐量明确规定不得超过 1000mg/L，内蒙古、新疆等生态脆弱地区更是要求矿井水达到零排放。可见随着矿井水处理要求的日益严格，矿井水高质量的处理越发显得必要。

矿井水脱盐处理与资源化利用技术的主要处理对象就是矿井水中的全盐量，矿井水由于长期接触煤炭和岩层的过程中会发生一系列的物理、化学、生化反应，因此主要的全盐量由 Na^+、Ca^{2+}、Mg^{2+}、K^+、SO_4^{2-}、Cl^- 等离子盐分组成，换言之矿井水脱盐处理与资源化利用技术就是将溶解的高浓度盐分从矿井水中分离出来，回收利用矿井水的过程。常用的脱盐工艺技术包含两个方面，分别是针对低中浓度含盐水的脱盐浓缩技术以及针对高浓度含盐水的蒸发结晶技术。

4.1　脱盐浓缩技术

脱盐浓缩技术是矿井水处理的重点也是难点，主要的目的是将 TDS 含量≥1000mg/L 的矿井水浓缩数十倍以上，产出 TDS≤1000mg/L 的产品水用于生产、生活用水；产出 TDS≥100000mg/L 的高浓盐水用于蒸发结晶产盐，实现零排放。目前，根据浓缩原理的不同可将常见的浓缩技术分为膜浓缩技术和热法浓缩技术，膜浓缩技术根据驱动力的不同又可分为压力驱动的膜浓缩技术和电场驱动的膜浓缩技术，热法浓缩技术根据热源的不同又可分为多效蒸发（MED）和机械蒸汽再压缩蒸发（MVR）。

4.1.1　压力驱动的膜浓缩技术

压力驱动的膜浓缩顾名思义就是通过外部压力迫使水分子克服渗透压从高盐矿井水中透过半透膜进行迁移，形成低含盐量的产品水和高含盐量的浓缩水（简称浓水）的过程。依据膜制备工艺和膜形态的不同，可将其分为平板膜和中空纤维膜，如图 4-1 所示。在早期由于中空纤维膜独特的纤维结构，相比于平板膜具有单位体积填装密度高、过滤面积大、占地面积小的优势，但是中空纤维膜相比于平板膜更容易发生结垢和堵塞，耐受污染的程度略有不足；随着膜技术的发展，特别是卷式平板膜的出现，单位体积的装填密度大为提高，因此高盐矿井水脱盐浓缩处理多以压力驱动的卷式平板膜为主。

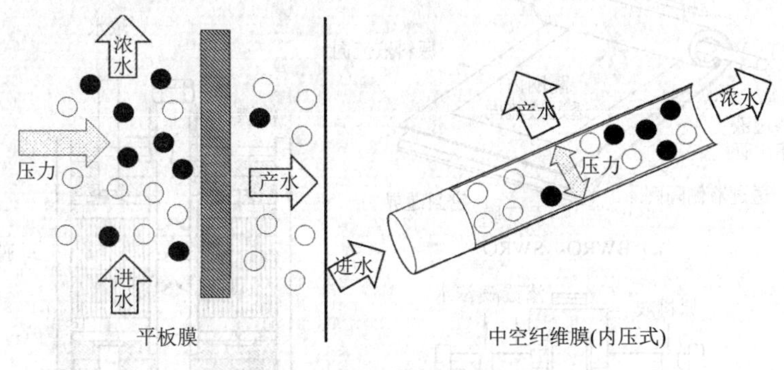

图 4-1　平板膜与中空纤维膜

依据膜有效孔径的不同，压力驱动膜又可分为反渗透（RO）、纳滤（NF）、超滤（UF）、微滤（MF）等，其中 RO 膜因其能去除 99% 以上的盐分而被广泛应用于脱盐和浓缩工艺。RO 膜最早出现在 20 世纪 60 年代，被用于苦咸水的淡化，因此也被称为苦咸水淡化膜（BWRO），对应的运行压力一般为 1. 5~2. 5MPa，适用的 TDS 范围为 1000~15000mg/L。随着技术的发展，RO 膜在 80 年代涉足海水淡化，并逐步成为海水淡化市场的重要组成部分，这类 RO 膜也被称为海水淡化膜（SWRO），对应的运行压力一般为 6~8MPa，适用的 TDS 范围为 25000~45000mg/L。

截至 2019 年，以 RO 膜为主压力驱动膜应用于海水淡化已经占据全球海水淡化能力的 69% 以上，此外以 RO 膜为主的压力驱动膜在与海水淡化类似的煤化工、矿井水等高盐水脱盐处理上也多有应用。彭向阳采用二级 RO 膜组合工艺对新疆某煤化工废水进行处理，结果表明一级 RO 膜产水满足优质再生水 Ⅰ 类水质指标，回收率≥75%；二级 RO 膜产水满足优质再生水 Ⅱ 类指标，回收率≥80%，有效浓缩了高盐水，减少了蒸发结晶的处理量。朱泽民等人利用 UF-RO 为主体的双膜系统对甘肃某矿的矿井水进行深度脱盐处理，系统脱盐率达 95. 47%，实现了矿井水的分质供水和达标排放。可见以 RO 膜为主的压力驱动膜在高盐水零排放的领域内扮演着越来越重要的角色，随着压力驱动膜在零排放工业应用的增多，对其运行效率、浓缩倍数、抗污染性和投入成本的要求也越来越高，相关的研究和工程实例也就越发增多。

研究表明膜材料和膜组件的质量与完整性是决定膜法处理后水质和浓缩倍数的决定性因素。经过长期的发展，RO 膜材料已经趋于成熟，市面上多为高分子聚合物为基底的聚酰胺 RO 膜，此类反渗透膜具有渗透通量大、脱盐效率高等优点。RO 膜组件的发展较为模块化，中空纤维膜的纤维结构导致其相关的膜组件形式较为统一，由于抗污染的性能较弱，相关的应用也较少；相对而言平板膜可变性更大，膜组件的类型更多样化，其中较为常用的平板膜组件有三种，分别是卷式反渗透（BWRO、SWRO）、碟管式反渗透（DTRO）、管网反渗透（STRO），对应的结构如图 4-2 所示。

卷式反渗透的正常运行压力为 1. 55~8. 3MPa，膜组件的装填密度为 300~1000m^2/m^3，膜组件中的隔网具有分离膜片和料液导流的作用，并且能对流体产生影响，进而改变组件的压降、传质速率等以提升反渗透整体的性能。

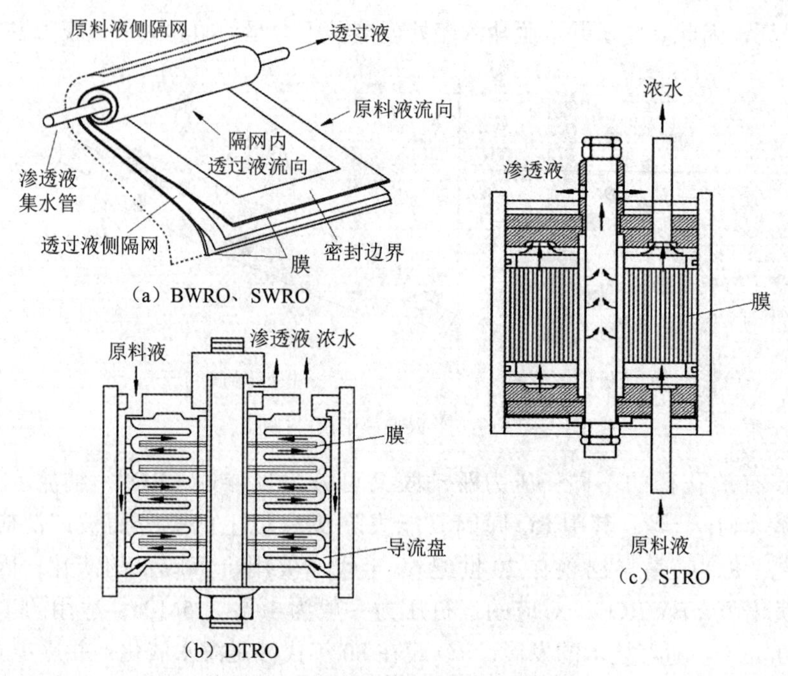

图 4-2　平板膜膜组件结构与流向

1. WRO、SWRO

如图 4-2（a）所示，BWRO、SWRO 膜组件包括平板膜片、原料液侧隔网、透过液侧隔网、胶水和渗透液集水管等，主要由多个膜袋卷在一个多孔的中心管外构成，其中起支撑作用的隔网间隔于三边密封的分离膜袋中，膜口袋的第四边与渗透液的多孔收集管连接。长期的研究与工程运行表明，卷式膜易受浓差极化的影响，且膜袋中网状支架会造成净水区沉积污染物，因此仅适用于低浓度废水的处理和浓缩，对于高浓度废水卷式膜容易受污染，清洗频繁，连续运行的平均寿命为 2~3 年。

2. DTRO

为了提高 RO 膜处理废水的浓度上限，德国的 Rochem 公司在 1988 年开发了 DTRO，如图 4-2（b）所示。DTRO 采用改良后的醋酸纤维 - 聚酰胺复合膜片，具有较强的机械性能，配合承压筒体和 DT 导流盘，减小了浓差极化的影响，运行压力最高可达 16MPa。在高压的作用下，流体与导流盘表面的凸点会形成高速的湍流，膜表面不易沉降污染物，减少了结垢的风险，从而延长了膜的使用寿命，一般 DTRO 膜的使用寿命可长达 3 年以上，此外独特的导流盘组合结构有利于受损膜片的更换。

3. STRO

STRO 同样是由德国 Rochem 公司于 2003 年开发的，如图 4-2（c）所示，STRO 结合了卷式膜和 DTRO 的优点，首先 STRO 继承了 DTRO 的导流设计实现了与 DTRO 同样的高压运行模式，其次平行间隔的开放孔道设计获取了更高的流速，进一步减少了污染的产生，使得 STRO 能处理盐含量、有机污染物和 SS 更高的水体，例如高浓盐水、垃圾渗滤液等。

以上三种膜组的主要参数及适应盐浓缩范围见表 4-1，应对不同的水体，将三者有效的组合以获取更高的优质水和浓缩倍数有助于零排放的实施，这同样是高浓盐水零排放的工程实践方向。

表 4-1　平板膜膜组件的参数

膜组件		NaCl 截留率 /%	运行压力 / MPa	单只浓缩倍数	盐浓缩范围 / (mg/L)
卷式膜	陶氏 FILMTEC	>99. 6	1. 5. 5~8. 3	1. 09~1. 18	1000~60000
	海德能 Hydranautics	>99. 2	0. 7~8. 4	1. 11~1. 18	
	东丽 Toray	>99. 7	1. 55~8. 3	1. 18~1. 43	
DTRO	Rochem Disc Tube module	>99. 0	3~12	1. 33~2. 00	30000~80000
STRO	Rochem Spacer Tube module	>99. 0	3~12	1. 33~2. 00	30000~80000

4. 1. 2　电场驱动的膜浓缩技术

电场驱动的膜浓缩技术的核心是一种具有离子选择透过性的离子交换膜，包含阴离子交换膜（AEM）、阳离子交换膜（CEM）和双极膜（BM）。在外加直流电场的作用下，利用电位差作为推动力，溶液中的阴阳离子选择性的透过阴阳离子交换膜发生电子迁移，从而实现溶液浓缩与纯化的过程称为电渗析（Electrodialysis，ED），其基本原理如图 4-3 所示。

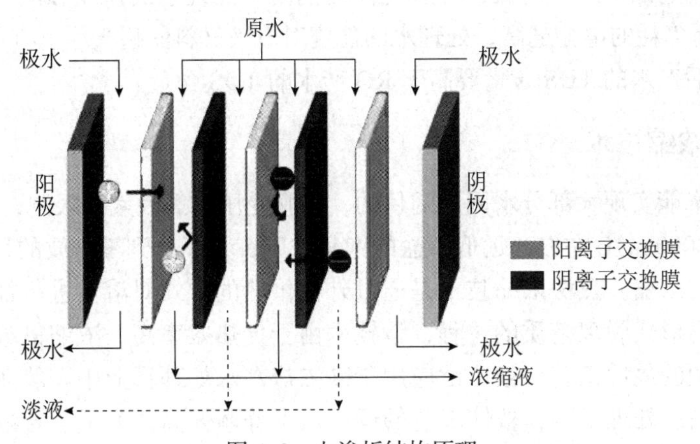

图 4-3　电渗析结构原理

如图 4-3 所示，ED 装置通常由离子交换膜、电极和辅助材料组成，电极通常由钛、氧化铝、石墨等材料制成，在左阳右阴的电场作用下，溶液中的阳离子通过阳离子交换膜向阴极移动，阴离子通过阴离子交换膜向阳极移动，最终在淡水室产生淡水，而在浓水室产生浓水。历史上第一台 ED 概念的装置是 1890 年由 Maigret 和 Sabates 采用碳电极和高锰酸钾纸制备，主要用于糖浆的脱盐。经过 60 余年的发展和使用，ED 技术已经广泛应用于制药、食品、化学、食盐、电子、生物、水处理等领域，其中 ED 技术在水处理领域的应用逐渐增多。公认的 ED 技术已经成熟应用于海水淡化超过 50 年，此外 ED 还被用于废水中回收和浓缩离子，例如张传亮等人采用 ED 技术从苯甲酰胺基脲类杀虫剂的生产废水中回收硫酸钠和 2，6- 二氟苯甲酰胺；陈玉姿等人利用 ED 技术对山东魏桥某电厂脱硫废水进行处理，有效实现了脱硫废水在减量浓缩单元的浓缩过程，最终达到含盐质量分数为 15% 的浓缩效果；杜璞欣等人采用 ED 法分离富集钽铌冶炼厂含氟废水中的 F^- 和 SO_4^{2-}，优化条件下 LiF 产品的纯度达 99. 06%，F^- 的回收率达到 79. 45%，SO_4^{2-} 的去除率接近 100%。

与大部分的膜产品类似，ED 技术在使用的过程中膜同样会受到污染。早期时段为了消除 ED 的膜表面污染，大多会采用酸或阻垢剂，但是该方法会对膜造成损害，直至 1974 年 Ionics 公司开发了频繁倒极电渗析（EDR），有效缓解了 ED 膜污染问题。EDR 的原理就是在特定的时间间隔内通过倒极反转施加在电极两端的电压，使得膜表面的结垢最小化。周明飞等人采用 EDR 工艺处理脱硫废水，研究结果表明 ED 处理过程中通过倒极可有效去除膜表面的沉积垢层，降低 ED 脱盐能耗。正因为 EDR 的便利有效，因此在市面上迅速发展。然而随着处理时间的延长，EDR 浓缩液的电导率会增加，会发生过饱和，进而导致在离子膜上形成无机垢，换言之虽然 EDR 具有缓解膜污染的作用，但膜表面的污染并不能完全避免，因此，与其他膜产品设备类似，ED/EDR 在实际工程应用中对膜的清洗依旧无法避免，而如何减轻和去除膜表面污染依然是 ED/EDR 的一个难点。

相比于压力驱动 RO 工艺，ED/EDR 具有许多优点，例如 ED/EDR 对污染具有较高的耐受能力，对预处理的要求较低，可以处理 SS 和 TDS 含量较高的原水。但是 ED/EDR 需要较高的直流电源供应给电极，并且电能的消耗与处理水的盐度和流动性成正比，即盐度越大处理所消耗的电能越高，处理水的盐度对电极材料的耐久性也有影响，此外 ED/EDR 浓缩处理后产水的 TDS 含量要高于 RO 产水的 TDS 含量。

4. 1. 3　热法浓缩技术

膜浓缩技术能实现大部分水回用的目的，但膜受压力等因素的限制，浓水的 TDS 最高只能达到 100000mg/L 左右，远低于盐的饱和浓度，为了达到零排放的目的，需要对浓水进行进一步的浓缩。热法浓缩技术是通过外部供热的方式对溶液进行加热，使溶液中的水分以气态的形式脱离溶质的过程，该技术由于传热效率高、浓缩倍数大等优势通常作为零排放处理的最后工艺，被广泛应用于高浓盐水水处理行业中。然而长久以来热法浓缩技术能耗高、处理量小，整体工艺的运行成本普遍偏高，为了节省浓缩过程中的能源，如何合理利用和分配热源，使其满足高效节能浓缩的需求是重中之重。常用的热法浓缩技术主要包括多效蒸发（MED）热法浓缩技术和机械蒸汽再压缩（MVR）热法浓缩技术。

4. 1. 3. 1　MED 热法浓缩技术

MED 是由多个串联的单效蒸发器和一个末端冷凝器组成，热源一般来自外部蒸汽，如发电厂、自建锅炉房的蒸汽等。具体的原理如图 4-4 所示，首先将加热蒸汽引入蒸发器，溶液被加热沸腾并产生二次蒸汽，而二次蒸汽将作为下一个蒸发器的加热蒸汽，此过程一直延续到最后一个蒸发器，最后的蒸汽通过冷凝回用。通常单效蒸发 1t 浓盐水需要 1.1t 左右蒸汽来蒸发，而相同条件下，三效蒸发仅仅需要 0. 45t 蒸汽，因此相比于单效蒸发，MED 合理地利用了二次蒸汽的热量，可以有效节约能耗。

经过几十年的发展，MED 已经被广泛应用于废水处理和海水淡化。例如，通过三效蒸发技术可以从含有苯酚和硝酸盐的废水中回收硫酸钠。通过蓖麻油酸萃取苯酚后，将废水引入三效蒸发结晶器。在碱性的环境下，逆流三效蒸发可以有效地避免剩余苯酚进入二次蒸汽，使得处理后苯酚的含量低于 0. 5mg/L，可直接排放或作为水源。此外，副产物硫酸钠的回收率可达 99. 9%。多效蒸发在废酸的浓缩与回收中也有应用，德国拜耳公司早在 1991 年就发布了利用多效蒸发回收废酸的专利 US5061472。该专利表明稀酸在经过多效真空蒸发和除硫酸亚铁的过程后，可以有效浓缩至 60%~70%（wt）。同样是浓缩回收废酸，Pang 等人通过一种化学脱水与多效蒸发耦合的新工艺来处理钛白粉生产过程中的废酸。该工艺首先利用一水硫酸亚铁为脱水剂，在稀硫酸中形成七水硫酸亚铁以去除部分水分，之后采用二效蒸发进一步去除残余水，最终得到 70%（wt）的硫酸。由于在化学脱水过程中大部分硫酸亚铁会析出，这也就有效地减轻了多效蒸发过程中的结垢。

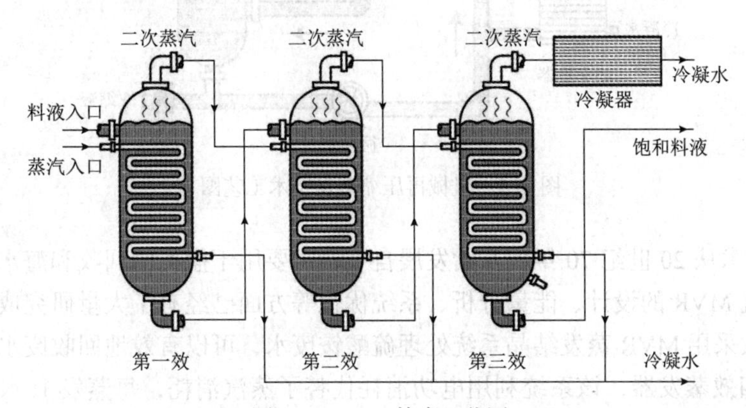

图 4-4　MED 技术工艺图

在海水淡化的脱盐工艺中，热法 MED 被认为是一种很有前途的工艺。一方面是因为其电能消耗低、运行成本低、热效率高，可以有效利用低品位的热能以降低成本，并且相比于膜法，热法 MED 的给水前处理简单，所需的化学药剂较少；另一方面同样是热法脱盐，在部分负载条件下 MED 比多级闪蒸稳定性和传热效率更高。长期发展以来，MED 技术在废水处理和海水淡化方面取得了重大的发展，但是依然面临着许多挑战，例如结垢问题。MED 系统需要蒸汽作为系统驱动力，因此该系统对蒸汽具有客观的依赖性，并且单位体积蒸汽所产生的淡水量也就决定了系统整体的经济效应。就目前而言多效蒸发系统的蒸汽经济性还具有很大的提升空间。除此之外，虽然 MED 利用了二次蒸汽的余热来加热后续处理液，可以提升能源的利用效率，但并不是蒸发器的效数越多越好。首先系统的建设成本也会随着效数的增加而增加，其次每增加一效蒸发级效，蒸汽的换热效率就会下降，在第五效的蒸发器中需要消耗近 4t 蒸汽才能蒸发 1t 水，所以在实际过程中，要核算外部因素以及运行维护成本来决定 MED 系统的建设。

4. 1. 3. 2　MVR 热法浓缩技术

MVR 同样被认为是一种处理高浓盐水的热法浓缩技术，然而相比于 MED，MVR 技术对生蒸汽的依赖性要小许多。其基本原理如图 4-5 所示，首先蒸发器内蒸发产生二次蒸汽，然后通过蒸汽压缩机对二次蒸汽做功以提升二次蒸汽的压力和温度，之后升温后的蒸汽回用于蒸发器中加热产生二次蒸汽，如此反复维持蒸发过程的持续。为了最大限度节约能源，一般排出的热冷凝水还会通过热交换器把能量传递给进料原液。

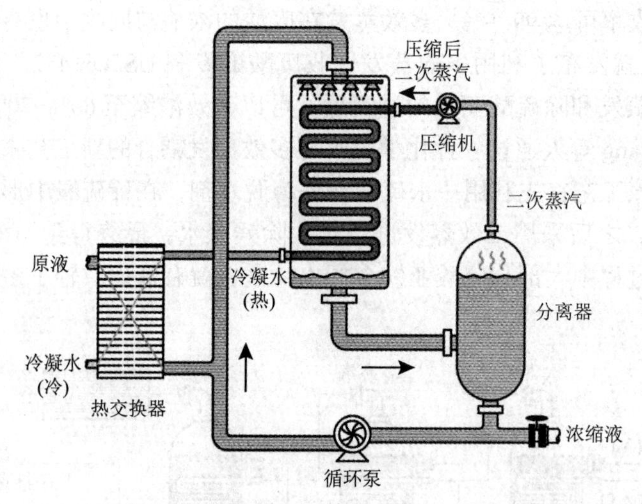

图 4-5　机械再压缩蒸发技术工艺图

MVR 技术从 20 世纪 70 年代开始发展自今，主要用于盐类的回收和海水淡化。此外许多研究者就 MVR 的设计、能量分析、系统优化等方面已经有了大量研究成果和实践成果。韩东等人采用 MVR 蒸发结晶系统处理硫酸铵废水，可以有效地回收废水中的硫酸铵盐。相比于四效蒸发器，该系统利用电功消耗代替了蒸汽消耗，每蒸发 1t 水蒸气，可以节省 53. 48% 的标准煤。其他研究人员通过单效 MVR 蒸发系统处理高盐（Na_2SO_4）废水，并开发了一个综合设计模型来预测该系统的特性。研究发现除压缩机消耗量外，其余数据与预测值相吻合。此外系统的蒸发速率和比功率消耗均随温差的增大而线性增加，但是蒸发器的换热面积随温差的增大而减小，所以理论上存在着一个最佳温差值，使得系统具有更低的能耗和更小的传热面积。

MVR 具有许多优点，包括热效率高、设备紧凑、无须外部热源或冷凝器、运行可靠灵活和低温条件运行等，并且在同类的热法蒸发工艺中，MVR 的效率要高于多级闪蒸和 MED。但是 MVR 技术的设备费用一直居高不下，许多企业为了节约成本大多愿意选择 MED 技术。此外 MVR 技术处理高浓度废水时，仍有很大的降能空间，这是由于在一定的蒸发压力下，溶液的沸点会随着盐浓度的增加而增加，而为了保持传热的温差，较高的沸点往往产生较高的功率消耗。为了解决此问题，单效的 MVR 系统还可以与其他系统相结合来提高能源的利用率，这也是目前的研究热点之一。

4. 1. 3. 3　MED 与 MVR 的比较

MED 和 MVR 的优缺点比较，以及相关应用在固体的吨水处理费用见表 4-2。运行费用方面业内存在较多争议，一般认为在蒸汽价格较低的地方 MED 占优，在蒸汽价格较高的地方，MVR 优势更加明显。此外在不限定场地大小的前提下，MED 和 MVR 的工艺成本受到效数和设备成本的影响，效数和设备成本又相互制约，在实际工程需要需求最佳的平衡点以达到最高的经济效益。

表 4-2　MVR 和 MED 的优缺点及吨水费用

工艺	优点	缺点	设备	蒸发水量 / (m^3/d)	蒸汽费用 / (元 /m^3)	电费 / (元 /kW·h)	吨水生产费用 / (元 /m^3)
MED	应用范围广；蒸汽利用率高	系统较为复杂，操作复杂；设备占地大	MED-FF	5000	29.31	0.64	12.18
			The Suez Desalination System	5000	97.71	0.59	21.63
			MED system	18000	17.13	0.39	6.25
			MED-TVC	2000	13.03	0.20	6.27
MVR	热效率高；设备占地小；运行成本低	设备成本高；消耗电能大	MVR (2 Stages)	5000	97.71	0.59	10.88
			MVR System (3 Stages)	5000	101.62	0.59	10.68
			MVR (4 Stages)	1500	—	0.52	10.62
			MVR (1 Stage)	1128	—	0.59	11.73~14.98

4.1.4　其他浓缩技术

除了以上所述的浓缩技术，其他浓缩技术还包括自然蒸发（蒸发塘技术）和人工辅助自然蒸发。

1. 自然蒸发（蒸发塘技术）

自然蒸发即蒸发塘技术主要通过阳光照射和空气流动将水分子以气态的形式从液态中分离，最终达到浓缩的目的。根据工况的实际需求，蒸发塘技术由调节系统、多组蒸发系统、防渗漏系统、监管监测系统、结晶收集填埋系统及其他附属配套系统构成。其基本构造如图 4-6 所示，包括调节池、蒸发池、浓缩池与结晶池等多个池体，相邻池体之间采用管道连接，整个过程基本无须外加能源。因此相较于其他蒸发结晶技术，蒸发塘技术的成本相对较低、运营维护简单稳定、抗冲击负荷能力较好等特点。国内使用蒸发塘技术的有国电赤峰“3052”项目、大唐阜新项目、新疆庆华项目、神华鄂尔多斯项目、大唐克旗项目等。

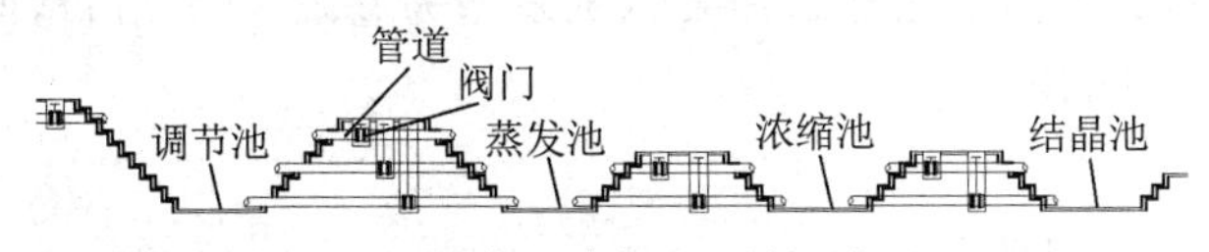

图 4-6　蒸发塘蒸发系统工艺图

蒸发塘技术需要合适的光照条件和地域面积，实际工程中该技术会大大受限于气候条件以及地域位置条件。在我国蒸发量较大的西北地区，蒸发塘技术作为一种处理煤化工高盐废水的方法被普遍采用。据不完全统计，新疆、内蒙古、陕西、宁夏，已有上百个蒸发塘。例如内蒙古已建成的蒸发塘总容积已经达到 1695 万 m^3，其对应的占地总面积达 350.17 公顷。由于西北地区的矿产资源丰富，这些蒸发塘长期处于高位运行状态；但是西北地区往往气温过低，一年中至少 5 个月左右处于结冰期，导致浓水无法蒸发，蒸发塘整体运行效率低下。并且随着运行时间的增加，蒸发塘盐度和污染物浓度不断增长会破坏坝体，存在渗漏风险和污染地下水的隐患。例如鄂尔多斯大路和圣圆两个煤化工基地的蒸发塘，其电导率超过了70000μS/cm，氨氮超过了6000mg/L，COD达到了350mg/L。长期运作下，池壁会有被侵蚀的现象，存在渗漏危险。

除此之外，企业的无序化管理造成了蒸发塘水质的恶化，个别企业甚至把蒸发塘变成了污水池。2014年，内蒙古自治区腾格里地区企业将未经处理的废水排入蒸发塘，让其蒸发，之后将黏稠沉淀物埋在沙漠下。2015年，生态环境部向社会公布的1月份重点环境案件中，内蒙古5家企业涉嫌利用蒸发塘排污。2015年5月27日，生态环境部发布《关于加强工业园区环境保护工作的指导意见》征求意见稿，叫停蒸发塘。文中明确提到“各类园区不得以晾晒池、蒸发塘等替代规范的污水处理设施，对于现有不符合相关环保要求的晾晒池、蒸发塘等应立即清理整顿。”

2. 人工辅助自然蒸发

人工辅助自然蒸发是蒸发塘技术的增强型，建立在自然蒸发的基础之上，采用外部人工辅助的形式加速蒸发浓缩效率的方法，例如机械雾化蒸发技术。机械雾化蒸发技术需引入机械雾化设备，其原理是将浓水雾化成细小的液滴，将蒸发面从2D提升至3D，使得处理水与空气的接触更加充分，同时提高空气之间的流速，促使蒸发进程加快。机械雾化蒸发器包括风送式机械雾化蒸发器、离心式机械雾化蒸发器和破碎式机械雾化蒸发器。风送式机械雾化蒸发器的原理液体是通过高压泵增压后从喷嘴喷出，水与空气接触后破碎成小液滴，液滴直径为100~200μm；离心式机械雾化蒸发器的原理是利用高速旋转（8000~10000r/min）的离心力将液体甩离装置，水与空气摩擦，在剪切作用下分散成细小液滴，液滴直径在100μm左右；破碎式机械雾化蒸发器的原理是通过特制高速旋转叶片多次打碎液体，并抛向高空形成液滴，液滴的直径为200~400μm。此外，为了提升雾化的效果，通常会采用起泡雾化。起泡雾化是一种双流体雾化的方法，在液体喷出之前起泡少量的液体，可以增加雾化的效果，其雾化过程如图4-7所示。内蒙古、新疆等地多个煤化工企业建设了蒸发塘，应用了机械雾化蒸发技术处理工业废水，工程实践表明机械雾化蒸发技术的蒸发速率是正常自然蒸发的10~14倍，该技术无二次污染，能耗低、处理效率高，可缩减50%以上的蒸发塘占地。然而机械雾化蒸发技术目前缺少相关的技术规范和标准，并且设备运行需要以蒸发塘为基础，因此占地面积依然较大，并且整体受限于极端天气的影响。

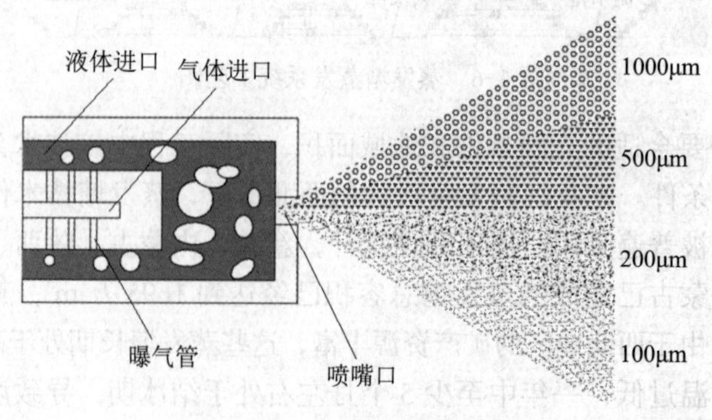

图4-7 机械雾化过程

4. 2　蒸发结晶技术

4. 2. 1　结晶器形式

结晶器是工业高盐废水浓缩后析出晶体的设备，实际工业中蒸发结晶工艺基本都离不开结晶器的使用。由于工业结晶过程的原理多样化，晶体的产品质量又十分重要，多种多样的结晶器被研究人员开发出来以应对不同的情况。目前较为常用的蒸发结晶器有强制循环（FC）结晶器、遮导式（DTB）结晶器、流化床（Oslo）结晶器。

4. 2. 1. 1　FC 结晶器

FC 结晶器是一种晶浆循环式连续结晶器，主要由结晶室、循环管、循环泵和换热室组成，如图 4-8 所示。FC 结晶器是通过轴流泵迫使晶浆和母液以 2~5m/s 的速度沿一个方向通过加热管,防止管内结垢,增加传热效果。由于结构简单，FC 结晶器在工业应用中较为常见。为了有效提升结晶盐的质量和设备能源的利用率，许多研究人员和工业工程师对 FC 结晶器进行了大量的参数优化试验。Farahbod 等人研究了冷却水流量、结晶停留时间和结晶器的占有容量对 FC 结晶器结晶的影响。结果显示，冷却水为 10kg/min，结晶停留时间为 4h，结晶器占有容量为 70% 时，盐晶粒的生长和产出最佳，晶粒大小为 0. 70~0. 83mm。Agrawal 等人利用工业强制循环结晶器制备乳糖，并研究了相关参数对结晶产物的影响。结果表明，二次成核速率是影响晶粒大小的主要因素，其余因素虽然有一定影响，但不利于整体生产的经济性。然而，目前 FC 结晶器依然存在着许多制约因素，例如 FC 结晶器中会发生固相偏析的现象，导致大量的细晶产生，并且料液的固相浓度过高容易磨损泵和热交换器入口。以上这些因素制约着 FC 结晶器在工业中的发展。

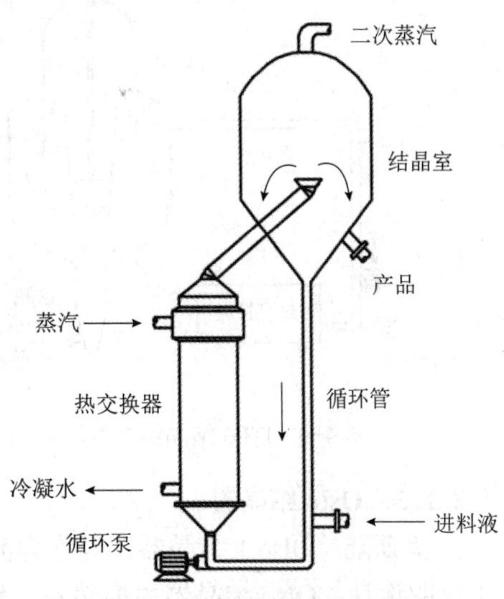

图 4-8　FC 结晶器结构原理图

4. 2. 1. 2　DTB 结晶器

DTB 结晶器是一种搅拌槽型连续结晶器，主要由结晶室、循环管、循环泵、换热室和盐腿组成，结晶室内设有螺旋桨和尾水管，如图 4-9 所示。螺旋桨的使用可以使得晶浆与母液在尾水管和挡板之间构成温和的环流回路，部分细晶体通过挡板时会进入加热室被加热溶解，这有助于减少晶体数量，增加晶体粒径。此外环流回路使得结晶室底部产生循环向上的流场，所以当晶体达到一定的大小才能进入盐腿被外排，这保证了产品的质量。由此可见，DTB 结晶器中回流的情况对晶体产品具有决定作用，许多研究人员也对该情况进行了验证。Pant 等人将 PR-L 和 PR-R 两种螺旋桨用于 DTB 结晶器，并采用中性浮力放射性随动技术测量螺旋桨对应的流量准数情况。结果表明，螺旋桨 PR-L 和 PR-R 的流量范围分别是 0. 3~0. 5 和 0. 4~1. 3，利用动场数据信息，可以有效预测循环流量和结晶动力学，这有利于结晶器的设计。Pan 等人采用流体力学计算和双流体力学相结合的方式研究了结晶器底部形状对 DTB 结晶器内回流和晶粒悬浮的影响。结果表明型底在一定程度上可以抵消涡流产生的冲击。凸面可以破坏涡流，减少进入涡中的细颗粒；光滑的凹面可以降低流体的能量消耗。合适的型底能有效提升悬浮液的流动性，并降低能源消耗。此外，DTB 结晶其中晶浆的停留时间、结晶器工况面积和加热器体积等均能影响产品的情况，在实际工程中需要调试设备，寻找最佳条件以获取最大效益。

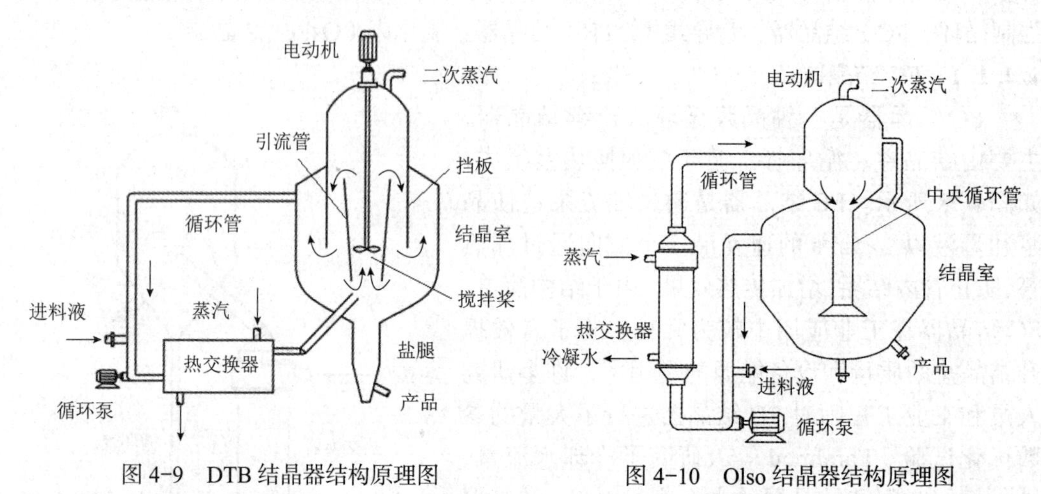

图 4-9　DTB 结晶器结构原理图　　　图 4-10　Olso 结晶器结构原理图

4. 2. 1. 3　Oslo 结晶器

奥斯陆（Olso）结晶器，也称为流化床型结晶器，它是由芬兰 Oslo 结晶公司于 1924 年发明设计。Olso 结晶器由换热室、结晶室、循环泵和循环管组成，结晶室内分为蒸发室和育晶室，两者通过中央管连接，如图 4-10 所示。它的特点是中央管到溢流管会产生流化床效应，流化床的原理能让晶核持续生长，不受停留时间的影响，当晶粒的沉降速率大于溶液速率时，产品外排。此外，Olso 结晶器中颗粒的磨损和破碎比 FC 和 DTB 结晶器小，因此 Olso 结晶器结晶出的颗粒比 FC 型、DTB 型更大。流化床结晶器的主要目的是获得特定尺寸的颗粒。一个衍生的目标是对不同的晶体馏分进行高度分离，也就是说，在流化床结晶器容器中从不同高度“收获”一定尺寸的晶体馏分。Olso 结晶器具有很大的发展潜力，许多研究者通过精确的建模对结晶进行了精确地控制。Shiau 等人为 Olso 结晶器建立一个新模型。他们通过该模型阐明了种子进料速率、进料溶质浓度、循环比和高料液存高等对结晶器性能的影响，并实现了结晶器的快速设计。Bartsch 等人通过流体动力学，包括流场、温度、浓度等因素，对钾矾在流化床结晶器中的结晶进行了试验和模拟研究。结果表明晶体的平均直径随着生长和团聚而增加，粒径从 130μm 增加到 210μm，试验结果与模型模拟结果相似，对结晶技术具有一定的指导意义。然而，虽然 Olso 结晶器在试验、小试或中试规模中具有良好的运行结果，一旦将整体装置放大后运行就较为困难，因此该结晶器的发展还有许多需要解决的问题。

4.2.2　机械蒸汽再压缩蒸发技术

机械蒸汽再压缩蒸发技术是通过压缩机对蒸发器中的二次蒸汽进行压缩处理，使压力、温度得到进一步提高，之后再将二次蒸汽作为加热蒸汽进行利用，以保证料液能够始终保持在沸腾状态下，同样能够起到提高热效率与蒸汽利用率的效果，如图 4-11 所示。这一技术还具有能耗低、污染少、占地面积小、稳定性高等特点。

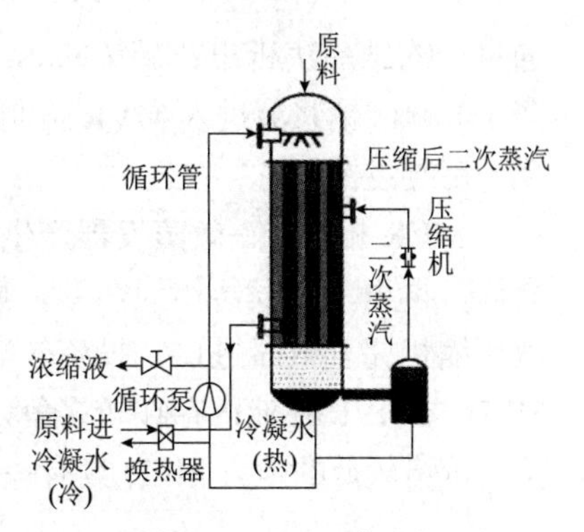

图 4-11　MVR 蒸发器

MVR 蒸发器使用的是通过压缩机压缩二次蒸汽，通常国产高速压缩机每台可提供 20℃的温升，进口低速压缩机每台可提供 9℃的温升。因此，蒸发器系统对进水的要求是沸点尽可能 <15℃，以达到节能蒸发的目的。MVR 对进水的要求：通常钙镁需要 <100mg/L，超过时蒸发结垢较迅速；需除硅或硅化物，含量需 <30mg/L，超过时也会有结垢现象；另外不能有氰化物，一旦泄漏会产生爆炸危险。

其节能的工作原理如图 4-12 所示。

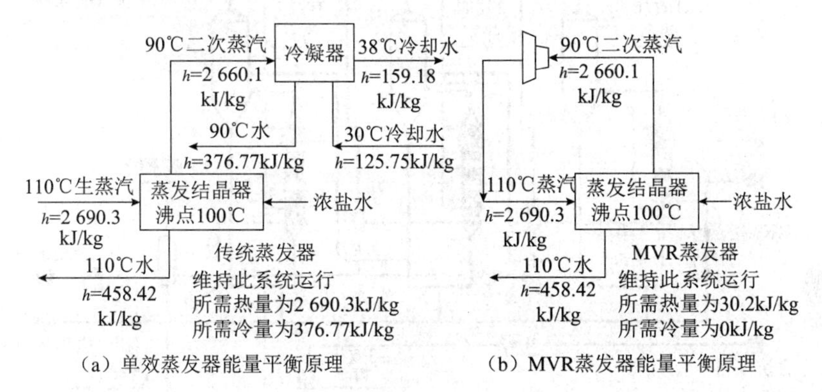

(a) 单效蒸发器能量平衡原理　　(b) MVR蒸发器能量平衡原理

图 4-12　节能的工作原理

目前的矿井水蒸发结晶工艺按照分盐方式划分主要有两种，一种是将浓盐水先通过纳滤进行分盐处理，分别形成含杂质的硫酸钠、氯化钠浓盐水，再分别对这两种盐进行蒸发结晶——分盐后结晶工艺；另一种是根据硫酸钠和氯化钠结晶温度的不同，首先蒸发结晶提取出硫酸钠，再继续对母液进行进一步蒸发结晶再提取出氯化钠，然后对杂盐利用逐步结晶工艺进行提取。

在矿井水的蒸发流程中，氯化钠的蒸发结晶工艺中，有项目采用“MVR 降膜蒸发 + 强制循环蒸发结晶系统”处理工艺，氯化钠浓缩液通过预热器加热，再经过脱气器去除水中的 CO_2 和 O_2 等不凝气，蒸发器出来的蒸汽或者厂用蒸汽将水中不可凝结的气体脱出。通过脱气器后废水进入蒸发器的盐水槽。经预处理后的浓缩液进入 MVR 蒸发单元进一步浓缩，浓缩后将 TDS≥20000mg/L 的浓缩液送入氯化钠结晶单元进行氯化钠的结晶，结晶盐经离心分离、干燥工序将氯化钠予以回收。而硫酸钠蒸发结晶工艺中，采用“冷冻结晶 + 熔融结晶 +MVR 强制循环结晶”的处理工艺，由于硫酸钠对温度的敏感性，可先通过冷冻结晶法析出芒硝（$Na_2SO_4 \cdot 10H_2O$），芒硝经过离心后进入熔融结晶，熔融结晶产生的硫酸钠浆液进入MVR强制循环结晶器，进行蒸发结晶得到无水硫酸钠晶体，再经风干后装袋销售。

MVR相当于一效蒸发器产生的二次蒸汽经压缩机压缩提高压力和饱和温度，增加热焓后，再送入蒸发器作为热源，替代生蒸汽循环利用，从而达到节能目的，但是存在蒸汽压缩机完全依靠进口，投资较高，以及无法单独实现分盐操作等缺点，运行费用方面MED与MVR在业内存在较多争议，一般认为在蒸汽价格较高的地方，MVR更经济，在蒸汽价格较低的地方MED具有一定优势。

4.2.3 多效蒸发技术（MED）

多效蒸发技术是目前使用较广泛的一种热法脱盐技术，在海水淡化方面应用广泛。如图4-13所示，多效蒸发是将几个蒸发器串联运行的蒸发操作，使蒸汽热得到多次利用，从而提高热能利用率。

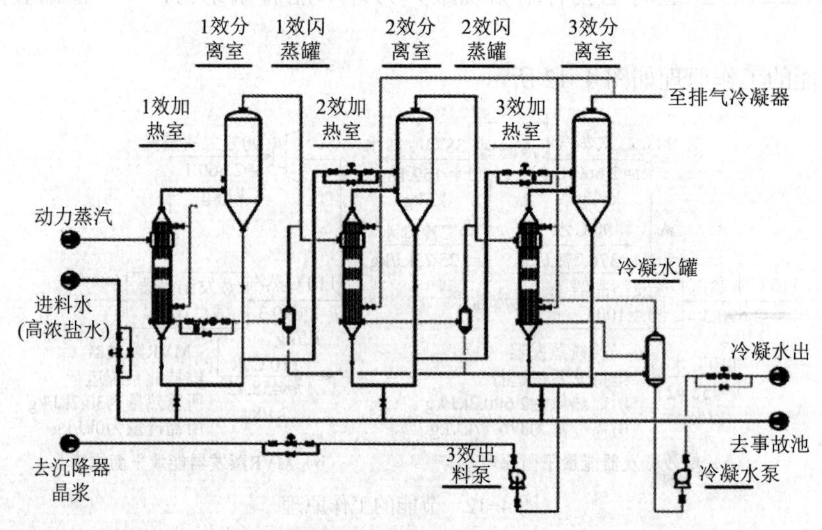

图4-13 MED蒸发技术

蒸发器工作原理为高浓盐水由加热器顶部进入，经液体分布器分布后呈膜状向下流动，在管内被加热汽化，被汽化的蒸汽与液体一起由加热管下端引出，经汽-液分离得到浓缩液。浓缩液经结晶或喷雾干燥就可以实现矿井水处理零排放。这种处理方式特别适合有廉价蒸汽的煤矿使用，例如可以利用电厂的废弃蒸汽作为热源，或利用电厂低温烟气余热进行换热得到蒸汽，有效降低处理成本，实现高盐矿井水的高效低成本处理。

多效蒸发技术（MED）通常用于高盐矿井水浓缩后的高浓盐水处理，一般来说，多效蒸发系统可以把高浓盐水再浓缩2倍以上，使之接近饱和，最后经过沉降器和离心或脱水装置，得到结晶盐，多效蒸发装置产生的冷凝水水质通常很好（TDS<200mg/L），因为其处理前通常有除硬装置，去除易结垢的钙、镁、硅等杂质，因此蒸发效果较好。

一般三效蒸发具有较高的性价比，可以分别控制各效温度，有利于分盐操作多；效蒸发的热源可以采用廉价低压蒸汽；同时前一效产生的二次蒸汽可用于后一效物料加热，进一步提高蒸汽利用率，降低运行费用。为了达到较高的浓缩比，同时避免结垢，MED的进料方式常采用顺流流程。

MED 较 MSF 的热效率高，但占地面积大。MED 的热效率与效数成正比，虽增加其效数可以提高系统经济性，降低操作费用，但会增大投资成本。

4.2.4　多级闪蒸技术

多级闪蒸技术（MSF）的运行原理是将高浓盐水加热到一定温度后引入到第一个闪蒸室，闪蒸室内压力控制在小于进水的饱和蒸气压的条件下，一部分物料迅速汽化形成蒸汽，之后被冷凝成淡水，剩下物料温度降低，流入下一个压力更低的闪蒸室，再次被汽化浓缩，通过不断重复上述一系列蒸发和降温的过程，实现浓缩及产水。

多级闪蒸系统主要设备包括进水泵、前处理装置、加热器、闪蒸器、循环泵、不凝气真空系统及出水泵等。其工艺流程为：进料—排热段闪蒸器—预处理—循环水泵—热回收段闪蒸器各级。

多级闪蒸多用于海水淡化，通常与火电联合运行，热源采用电站的汽轮机低压抽汽。MSF 应用的是蒸馏原理，因其工艺成熟，在海水淡化中得到了应用。但存在热力学效率低，能耗高，设备结垢和腐蚀严重的缺点。

需要指出 MSF 在高硫酸根的矿井水的蒸发结晶中会存在易结垢等的缺陷，硫酸盐垢限制了其首级的蒸汽温度，从而影响了运行成本。

第5章 高盐矿井水零排放处理工艺

高盐矿井水，又称高矿化度矿井水，一般指全盐量>1000mg/L的矿井水。

这类矿井水在全国煤炭矿区都有分布，尤其是北方矿区，其水量约占我国北方国有重点煤矿矿井涌水量的30%以上，主要分布于甘肃、宁夏、内蒙古中西部、新疆的大部分矿井及陕西的中部和东部、河南的西部、江苏北部、山东、安徽等矿区。其成因主要由于煤层中盐分溶解、硫化物氧化反应、海水或地表咸水入侵等。按含盐量的不同，高盐矿井水还可以进一步划分为微咸水、咸水、盐水；按所含离子成分的多寡，高盐矿井水可分为硫酸盐型，氯化物型、碳酸盐型、硫酸盐－氯化物、复合型五种。

一般来说，高盐矿井水处理大体可以分为3个单元步骤：①以去除悬浮物为目的的净化处理，出水满足排放和不限制TDS的一般回用要求；②以脱盐回用、浓缩减量为目的的深度处理，产品水TDS质量浓度≤1000mg/L，可以作为生活用水和要求较高的工业用水，浓缩后的浓盐水TDS质量浓度≥60000mg/L，满足蒸发结晶的经济性要求；③以溶解性总固体固化为目的的蒸发结晶处理。3个单元步骤如图5-1所示。

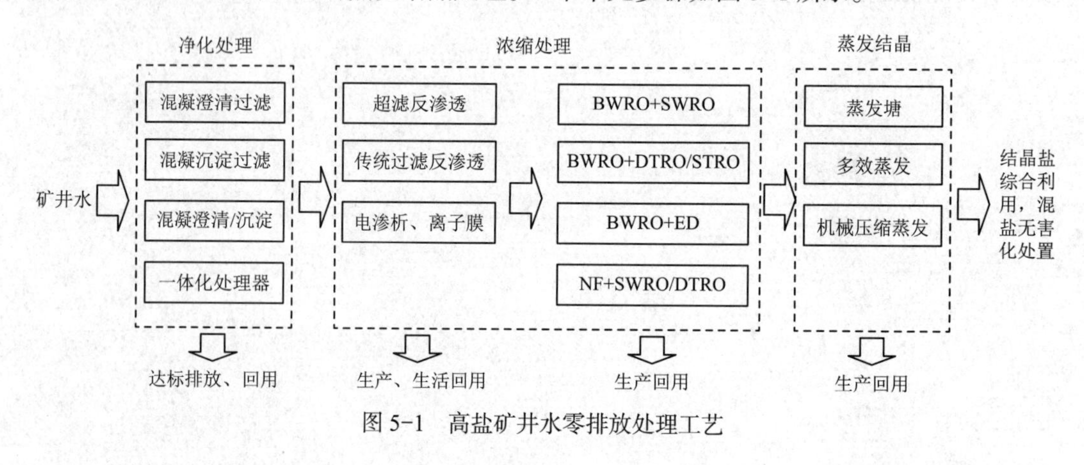

图5-1 高盐矿井水零排放处理工艺

5.1 预处理工艺

5.1.1 HERO预处理工艺

高效反渗透（High Efficiency Reverse Osmosis，简称HERO）技术是在常规反渗透技术基础上发展起来的一种新的反渗透技术。HERO技术的核心工艺原理是通过过滤除去水中的悬浮物，采用离子交换去除水中的硬度，以及将水中碳酸盐和重碳酸盐转化为二氧化碳而去除，再利用反渗透除盐。HERO技术的特点是预处理去除悬浮物、硬度和部分碱度后，反渗透在高 pH 值条件下运行。

反渗透在高 pH 值条件下运行，硅主要是以离子形式存在，不会污染反渗透膜并可通过反渗透去除；而水中的有机物在高 pH 值条件下皂化或弱电离，微生物在高 pH 值下不会繁殖，这样就可以避免膜的有机污染和生物污染，可使反渗透的回收率提高到 95% 以上。它不仅克服了单纯离子交换和反渗透缺点，而且通过工艺相结合，发挥了离子交换和反渗透各自的优势。

HERO 工艺的简单流程如图 5-2 所示。

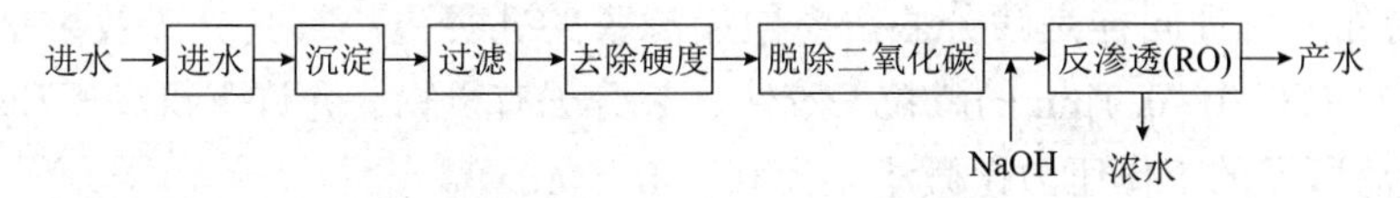

图 5-2　HERO 工艺流程图

HERO 预处理工艺主要包括混凝、沉淀、过滤、软化、脱除、二氧化碳和调 pH 值。

1. 混凝

混凝在水处理、化工、选矿等行业中是重要的分离过程，尤其是在水处理工艺中，混凝技术不论是作为整体澄清工艺，或是作为生化处理前的预处理，或是生化处理后的深度处理方法，都是必不可少的程序。

混凝过程包括凝聚和絮凝，凝聚主要是加入的絮凝剂与水中胶体颗粒迅速发生电中和、压缩双电层作用，然后使其凝聚脱稳，脱稳颗粒再相互聚集形成初级微絮凝体。絮凝就是使得微絮凝体继续增大形成大而密的沉降絮体。混凝过程既是水中胶体颗粒聚集的过程，也是胶粒长大的过程。

矿井水通常采用铝盐或铁盐混凝剂进行净化处理。常用的是聚合氯化铝，有的也用聚合铝铁；采用的絮凝剂主要是聚丙烯酰胺。聚合氯化铝作为一种无机高分子型混凝剂，对矿井水的水温和 pH 值的变化适应能力很强，它的去浊率比硫酸铝更高。

2. 沉淀

沉淀是利用水的自然沉淀或混凝沉淀的作用来除去水中悬浮物的方法。水处理行业应用比较多的是沉淀池，按水流方向分为水平沉淀池和垂直沉淀池。为了提高沉淀效果，减少用地面积，多采用蜂窝斜管异向流沉淀池、加速澄清池、脉冲澄清池等。

高盐矿井水采用平流式沉淀和斜管（斜板）沉淀形式，其工艺简单，易于操作，处理过程能耗小，但却存在处理构筑物占地面积较大，沉淀污泥容易堵塞等缺点。

3. 过滤

为了满足反渗透装置对进水浊度和 SDI 的要求，常在预处理系统中设置多介质过滤、微滤和超滤等深度过滤装置。

1）多介质过滤

多介质过滤器是通过两种以上的介质作为滤层，在一定的压力下让浊度较高的水通过一定厚度滤层，从而有效地去除悬浮物和胶体，BOD_5 和 COD 等也有一定程度的去除效果。常用的滤料有石英砂、无烟煤、锰砂等，可根据工艺要求添加不同的滤料。多介质过滤器广泛应用于水处理过程中，可以单独使用，但大多数用于高级水处理（交换树脂、电渗析、反渗透等）的预过滤。

2）微滤

微滤又称微孔过滤，其分离机理主要是筛分截留，即以多孔膜（微孔滤膜）为过滤介质，在 0. 1~0. 3MPa 的压力推动下，截留溶液中 0. 1~1μm 的颗粒，如砂砾、淤泥、黏土和一些细菌等颗粒，而允许大分子有机物和无机盐通过。微滤属于精密过滤，具有效率高、工作压力低、膜通量高的优点。

3）超滤

超滤的分离机理同样是筛分截留，但超滤膜的孔径更小，其分离效果是分子级的，它可以截留水中 0. 01~0. 1μm 的微粒、胶体、大分子有机物，允许无机离子和小分子有机物通过。超滤所需的工作压力比微滤大为 0. 1~0. 5MPa。

4. 软化

水的硬度是指水中多价金属离子的浓度，对天然水体而言，主要是钙离子和镁离子，其他多价金属离子很少，所以通常称水中钙离子和镁离子之和为硬度，这些离子一旦进入反渗透或蒸发浓缩设备，它们就会形成水垢附着在膜或列管壁上，降低膜和蒸发的产水效率，甚至堵塞膜孔、管路或装置，影响设备的运行。软化处理主要去除水中部分硬度或者全部硬度，常用的药剂软化法、离子交换软化法。

1）药剂软化法

水的药剂软化是根据溶度积原理，在水中投加特定药剂，与水中的钙镁离子反应生成难溶化合物，如 $CaCO_3$ 和 $Mg(OH)_2$，通过沉淀去除，达到软化的目的。水的软化处理药剂有石灰、纯碱、烧碱，根据水质的特点可以选择一种药剂或两种药剂配合使用，目前使用较多的是石灰、纯碱。石灰可以去除碳酸盐硬度，但无法去除非碳酸盐硬度，同时投加纯碱就可以去除非碳酸盐硬度。药剂软化法生成的 $CaCO_3$ 和 $Mg(OH)_2$ 沉淀物往往不能聚集成大颗粒沉淀，以胶体形式残留在水中。特别是当水中含有较多有机物时，有机物吸附在胶体颗粒表面，保护了胶体稳定性，使残留在水中的 $CaCO_3$ 和 $Mg(OH)_2$ 含量有所增加。所以药剂软化法经常与混凝同时进行，在实际应用中宜选用澄清池来同步进行混凝、沉淀和药剂软化法。

主要药剂软化法包括：石灰法、石灰－纯碱法和双碱法。

（1）石灰法。石灰软化可同时去除水中的悬浮物、暂时硬度、碱度、胶体硅、铁等。

去除暂时硬度原理：

$$Ca(HCO_3)_2 + Ca(OH)_2 \longrightarrow 2CaCO_3 + 2H_2O$$

$$Mg(HCO_3)_2 + Ca(OH)_2 \longrightarrow MgCO_3 + CaCO_3 + 2H_2O$$

$$MgCO_3 + Ca(OH)_2 \longrightarrow Mg(OH)_2 + CaCO_3$$

石灰法适用于处理暂时硬度高、永久硬度低的原水。石灰处理后，水中的碳酸盐硬度可降低到 0. 5~1mmol/L，残余碱度达 0. 8~1. 2mmol/L。

（2）石灰－纯碱法。石灰－纯碱水软化可以去除水中大部分的暂时和永久硬度。石灰去除了水中的大部分暂时硬度，而纯碱去除了水中大部分永久硬度。去除暂时硬度原理同石灰法。

去除永久硬度原理：

$$CaSO_4 + Na_2CO_3 \longrightarrow CaCO_3 + Na_2SO_4$$
$$CaCl_2 + Na_2CO_3 \longrightarrow CaCO_3 + 2NaCl$$
$$MgSO_4 + Na_2CO_3 \longrightarrow MgCO_3 + Na_2SO_4$$
$$MgCl_2 + Na_2CO_3 \longrightarrow MgCO_3 + 2NaCl$$
$$MgCO_3 + H_2O \longrightarrow Mg(OH)_2 + CO_2$$

石灰－纯碱法适用于永久硬度和暂时硬度都高的原水。出水硬度通常可达 1.5~2mmol/L，碱度可达 0.5~1mmol/L。

（3）双碱法。双碱法软化方程式如下：

$$Ca(HCO_3)_2 + 2NaOH \longrightarrow CaCO_3\downarrow + Na_2CO_3 + 2H_2O$$
$$Mg(HCO_3)_2 + 4NaOH \longrightarrow Mg(OH)_2\downarrow + 2Na_2CO_3 + 2H_2O$$
$$CO_2 + 2NaOH \longrightarrow Na_2CO_3 + H_2O$$
$$CaCl_2 + Na_2CO_3 \longrightarrow CaCO_3\downarrow + 2NaCl$$
$$CaSO_4 + Na_2CO_3 \longrightarrow CaCO_3\downarrow + Na_2SO_4$$
$$MgSO_4 + 2NaOH \longrightarrow Mg(OH)_2\downarrow + Na_2SO_4$$
$$MgCl_2 + 2NaOH \longrightarrow Mg(OH)_2\downarrow + 2NaCl$$

双碱法用于永久硬度高、暂时硬度低、有机物多的进水，投资省、操作方便、运行安全可靠、无二次污染，是废水回收处理常用的软化方法。

2）离子交换软化法

离子交换软化法是利用离子交换剂上可交换的阳离子与水中的钙、镁离子之间进行等物质量的交换。离子交换软化法目前常用的有钠离子交换法、氢离子交换法和氢－钠离子交换法。

钠离子交换树脂，其优点是树脂价格低，处理过程中不产生酸性水，但无法去除碱度（HCO_3^-），在高温高压下，$NaHCO_3$ 会被浓缩并发生分解和水解反应生成 NaOH 和 CO_2；氢离子交换法除了软化外还能去除碱度，但出水为酸水，无法单独作为处理系统，一般与钠离子交换法联合使用。氢离子交换树脂分为强酸氢离子交换树脂和弱酸阳离子交换树脂。弱酸阳离子树脂再生比强酸氢离子交换树脂容易得多，交换容量也大很多。实际使用中通过整合离子交换工艺，控制原水中结垢离子浓度彻底解决后续反渗透系统结垢问题。

在氢离子交换过程中，氢离子和水中重碳酸根 HCO_3^- 反应生成水和大量的 CO_2。这些气体会腐蚀金属，侵蚀混凝土，因此在离子交换脱碱软化或除盐系统中需要考虑去除 CO_2 的措施。

5. 脱除二氧化碳

CO_2 气体在水中的溶解度服从于亨利定律，即在一定温度下气体的溶解度与液面上该气体的分压成正比。当水中 CO_2 浓度超过了它在该分压下的溶解度，它就会从水中析出，所以，只要降低与水相接触的气体中的 CO_2 的分压，溶解于水中的游离 CO_2 便会从水中解吸出来，从而将水中的游离 CO_2 去除。降低 CO_2 气体分压以提高水中 CO_2 析出速度的方法，一种方法是在除碳器中鼓入空气，使水中 CO_2 尽快与空气中 CO_2 达到平衡，即大气式除碳；另一种方法是从除碳器的上部抽真空，降低水的沸点，即为真空式除碳。为了提高脱气效果，还可以氮气解吸水中气体。

6. 调 pH 值

HERO 工艺反渗透装置进水采用 NaOH 调节 pH 值到 10. 0 左右，但不能超过 11. 0，因为反渗透膜适用的 pH 值范围最高为 11. 0，超过此 pH 值范围，会导致反渗透膜的水解，而丧失选择性透过能力，造成永久性破坏。

5. 1. 2 适度分步协同预处理工艺

与传统的 HERO 工艺不同，分步协同预处理工艺是通过对进水水质进行详细分析，结合不同反渗透膜进水要求，制定不同的预处理方案。该工艺根据高盐矿井水的水质特点确定影响每一级浓缩处理的关键因素，进行针对性、定向去除或降低，处理程度根据需要灵活调整，以满足当级浓缩处理为目的，不进行过度处理。

分步协同预处理工艺在每一级浓缩处理前，设置相应的预处理工艺段。每个预处理工艺段针对影响本级浓缩的关键因素进行专门处理，满足本级浓缩处理要求。

通常影响一级浓缩处理的关键因素是矿井水中含有大量的悬浮物（SS）和少量的钙镁，所以一级预处理的主要目标是去除 SS、抑制钙镁结垢。一级预处理采用混凝沉淀、过滤、超滤工艺去除 SS，采用阻垢剂抑制钙镁结垢趋势，消除对反渗透的影响。一级污泥主要成分为煤粉，热值在 2000kJ/kg 以上，通过浓缩、压滤后含水率降到 60% 以下，作为低热值燃料综合利用，压滤液回本级预处理循环处理回用。

通常影响二级浓缩处理的关键因素是浓缩后过高的钙、镁、硅等，二级预处理的主要目标是去除绝大部分钙、镁、硅；二级预处理采用化学软化除硬除硅、过滤工艺去除钙、镁、硅等。化学软化除硬除硅是通过投加石灰 + 镁剂、石灰 + 烧碱 + 镁剂、烧碱 + 纯碱 + 镁剂等与钙、镁、硅形成沉淀；过滤工艺采用管式微滤（TMF）、高密澄清池 + 砂滤 + 超滤等将矿井水与沉淀物实现固液分离。二级污泥主要成分为 $Mg(OH)_2$、$CaCO_3$ 等，通过浓缩、压滤后含水率降低到 65% 以下，做固废填埋处理，压滤液回本级预处理循环处理回用。

通常影响三级浓缩处理的关键因素是残留的钙、镁、硅，及浓缩后的硼等，三级预处理的主要目标是彻底去除钙、镁、硅、硼等；三级预处理采用化学软化除硬除硅 + 过滤 + 离子交换工艺去除钙、镁、硅、硼或者单独采用离子交换工艺去除钙、镁、硅、硼等。化学软化除硬除硅是通过投加石灰 + 烧碱 + 镁剂、烧碱 + 纯碱 + 镁剂等与钙、镁、硅形成沉淀；过滤工艺可以采用管式微滤（TMF）、高密澄清池 + 砂滤 + 超滤将矿井水与沉淀物实现固液分离；离子交换可以采用弱酸阳离子树脂交换器或螯合树脂交换器将残存的微量钙、镁、硅、硼交换出来，离子交换之后调节 pH 值至酸性，通过脱碳塔吹脱 CO_2。三级浓缩产物主要是以 $Mg(OH)_2$、$CaCO_3$ 为主的污泥和离子交换再生废液，混合反应后，通过浓缩、压滤含水率降低到 65% 以下，做固废填埋处理，压滤液回本级预处理循环处理回用。

5. 1. 3 技术对比

采用 HERO 预处理工艺，通过混凝、沉淀、药剂软化、过滤、离子交换等单元工艺，一次性降低矿井水中的悬浮物及钙、镁、硅、硼等易结垢物质，但仍存在药剂软化规模大、加药量多、药剂效率低、污泥废水量大、离子交换规模大、再生废水量大的弊端，以及残留钙、镁、硅、硼等易结垢物质经过后续浓缩后，仍然有极大结垢风险，影响后续膜浓缩和蒸发结晶的稳定运行。

而采用适度分步协同预处理工艺，一级预处理采用阻垢剂阻垢，不投加石灰、镁剂等化学药剂，不产生 $Mg(OH)_2$、$CaCO_3$ 等化学沉淀；通过一级浓缩后，矿井水中的钙、镁、硅浓度提高为原来的 3~5 倍；在二级预处理过程中投加石灰、镁剂等化学药剂，产生 $Mg(OH)_2$、$CaCO_3$ 等化学沉淀，处理后矿井水中残余钙、镁、硅通常为 10~50mg/L；经过三级浓缩后，钙、镁、硅浓度提高到 50~250mg/L，在三级预处理过程中投加石灰、镁剂等化学药剂，将钙、镁、硅降低到 10~50mg/L 后，进行离子交换或者单独采用离子交换，三级预处理后钙、镁、硅降低到 0. 03mmol/L 以下，满足后续浓缩及蒸发结晶要求。相比 HERO 预处理工艺，该工艺减少了化学软化除硬除硅处理规模，提高了药剂效率，降低了离子交换规模，减少了再生废液数量，大幅节约投资及运行费用，具有广泛的技术先进性及明显的有益效果。

5. 2　多级膜浓缩工艺

多级膜浓缩处理的主要目的是通过膜技术处理将绝大部分污染物质截留在浓水一侧，同时获得大量优质产品水。通常合格产品水的水量占总水量的 90% 以上，TDS≤1000mg/L 或更高要求，可以作为生活用水和要求较高的工业用水；浓缩后的浓盐水水量占总水量的 10% 以下，TDS 在 100000mg/L 以上，满足蒸发结晶的经济性要求。

膜浓缩处理根据水质不同，通常采用 1~3 级膜浓缩。一级膜浓缩适合原水 TDS<10000mg/L，浓水 TDS 为 10000~30000mg/L，以 BWRO 最具优势；二级膜浓缩在此基础上将浓水 TDS 进一步提高至 30000~60000mg/L，以 BWRO 或 SWRO 为主，需要通过具体的技术经济比较确定；三级膜浓缩再进一步将最终浓盐水的 TDS 提高到 100000mg/L 以上，TDS 较低时 SWRO 工艺具有极大的经济性，TDS 较高时宜采用 DTRO、STRO 或 ED 等工艺；同时根据不同的水质及处理情况，各级膜浓缩前还需进行相应的预处理。

5. 2. 1　BWRO+BWRO+SWRO 膜浓缩工艺技术

BWRO+BWRO+SWRO 膜浓缩工艺技术路线如图 5-3 所示，预处理过后的水首先通过 BWRO 进行初步一级浓缩，BWRO 一级浓缩的回收率控制在 70% 左右；之后将浓水再通过 BWRO 进行二级浓缩，BWRO 二级浓缩的回收率控制在 70% 左右；此时 BWRO 的处理能力已经不能胜任该 TDS 浓度的浓水，需要 SWRO 进一步进行三级浓缩，由于渗透压的增加，三级浓缩的回收率控制在 50% 左右。三次膜浓缩的出水经混合后外排或回用，其 TDS≤1000mg/L。

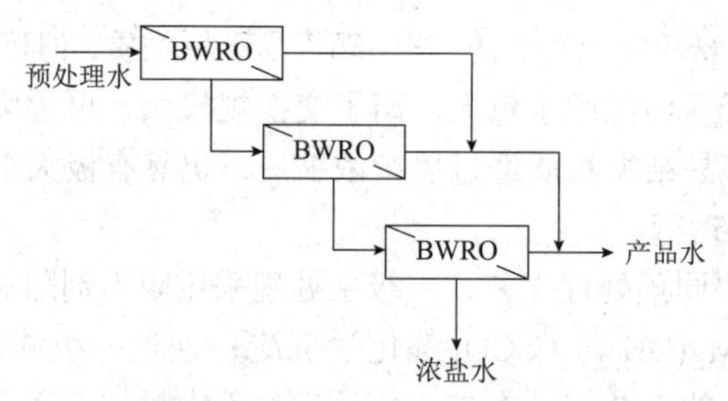

图 5-3　BWRO+BWRO+SWRO 膜浓缩工艺技术路线

该工艺适用于原水水质较好，预处理水 TDS 质量浓度在 4000mg/L 左右的浓缩处理，最终高浓盐水 TDS 质量浓度可达 80000mg/L 以上，总回收率达 94% 以上，最高渗透压力可达 8MPa。该工艺针对原水水质较好的矿井水，所采用的膜成本较为经济适用，能对矿井水进行有效的浓缩以达到蒸发结晶的基本要求，节省后续处理的能源成本。SWRO 的经济使用范围一般是进水 TDS10000~50000mg/L，SWRO 的抗污染能力差，一般用于原水有机污染浓度较低的场合。

5. 2. 2　BWRO+SWRO+DTRO 膜浓缩工艺技术

BWRO+SWRO+DTRO 膜浓缩工艺技术路线如图 5-4 所示，一级膜浓缩与上述采用 BWRO 类似，BWRO 一级浓缩的回收率控制在 70% 左右；二级膜浓缩直接采用 SWRO，SWRO 二级膜浓缩的回收率控制在 80% 左右；最后采用 DTRO 对浓水进行三级膜浓缩，DTRO 三级膜浓缩的回收率控制在 45% 左右。三次膜浓缩的出水经混合后外排或回用，其 TDS≤1000mg/L。

该工艺适用于原水水质一般，预处理水 TDS 质量浓度在 4000mg/L 以上的浓缩处理，最终高浓盐水 TDS 质量浓度可达 120000mg/L 以上，总回收率达 95% 以上。DTRO 最初应用于垃圾渗滤液处理，其优点是适用进水水质范围广，抗污染强，可处理有机物较高的废水；预处理要求低，开放式流道可处理含胶体和悬浮物较多的废水；膜组件流程短，流道宽，特殊的水力条件使液体在膜柱内形成湍流，最大程度上减少了膜表面结垢、污染及浓差极化的现象。标准化的膜组件系列，组装灵活，膜片可以单独抽换，易于检修维修。耐高压，最高操作压力可达 12MPa。其缺陷是投资高，运行成本高，清洗频繁。

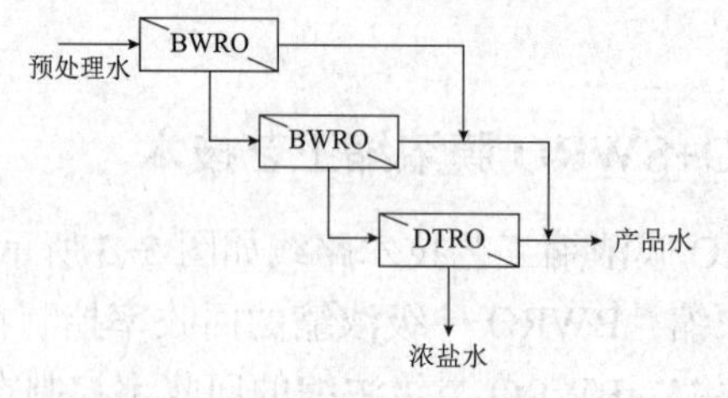

图 5-4　BWRO+SWRO+DTRO 膜浓缩工艺技术路线

5. 2. 3　BWRO+SWRO+ED 膜浓缩工艺技术

BWRO+SWRO+ED 膜浓缩工艺技术路线如图 5-5 所示，同样的一级膜浓缩采用

BWRO 进行处理，BWRO 一级浓缩的回收率控制在 70% 左右；之后的二级膜浓缩与上述（5.2.2）一致，直接采用 SWRO，SWRO 二级膜浓缩的回收率控制在 80% 左右；最后利用 ED 对浓水进行处理，通过 ED 产品水和浓水分别循环脱盐、浓缩，实现较高脱盐率和浓缩倍数，产生的浓水 TDS 浓度可达 100000~140000ml/L。三次膜浓缩的出水经混合后外排或回用，其 TDS≤1000mg/L。

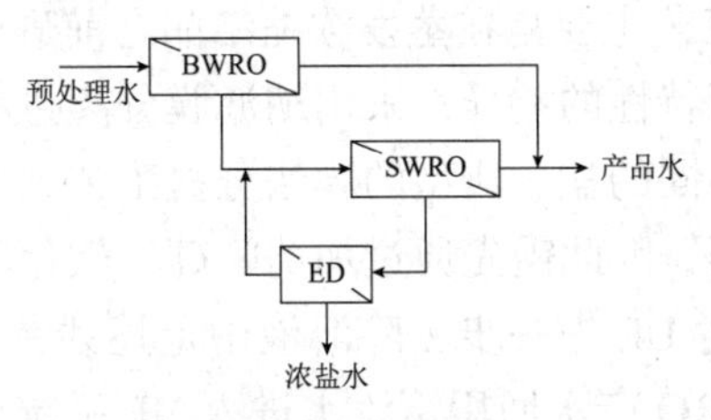

图 5-5　BWRO+SWRO+ED 膜浓缩工艺技术路线

该工艺适用于原水水质一般，预处理水 TDS 质量浓度在 4000mg/L 以上的浓缩处理，最终高浓盐水 TDS 质量浓度可达 140000mg/L 以上，总回收率达 96% 以上。相比于 RO，ED 的主要优势是浓水浓缩倍数更高，污染的耐受程度更好。

5.2.4　NF+RO 膜浓缩工艺技术

NF+RO 膜浓缩工艺技术路线如图 5-6 所示，一级、二级和三级膜浓缩与上述（5.2.2）一致，之后采用 NF 进行一价盐和二价盐的分离，NF 分盐的回收率控制在 65% 左右；之后将产水再通过 HPRO 进行浓缩，回收率控制在 60% 左右，浓缩后浓水的 TDS 将达 120000mg/L 以上，最后硝侧浓水和盐侧浓水分别进入蒸发结晶段。以上膜浓缩的出水经混合后外排或回用，其 TDS≤1000mg/L。

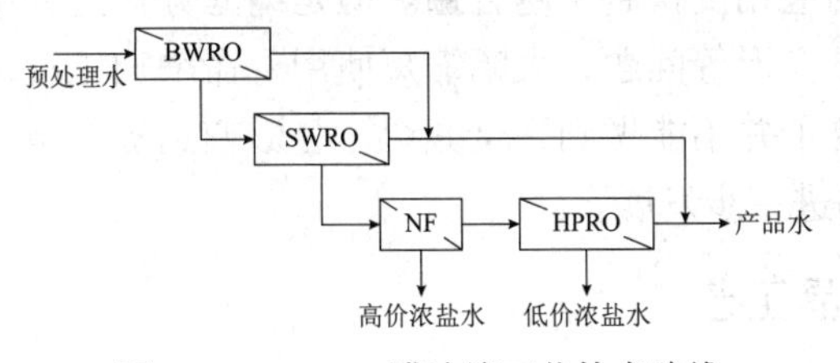

图 5-6　NF+RO 膜浓缩工艺技术路线

该工艺适用于原水水质一般，预处理水 TDS 质量浓度在 4000mg/L 以上的浓缩处理，基本情况与 BWRO+SWRO+DTRO 膜浓缩的工艺一致，主要通过 NF 对浓水中一价盐和二价盐进行了提前分离，为后续蒸发结晶分盐打下了基础，减少后续蒸发结晶的工艺成本和能源消耗。然而目前由于 NF 膜的成本较高，且膜易受污染，选择渗透性能较好的 NF 基本都是试验阶段的中试产品，NF 在零排放方面优势不明显。

5.3　分盐与结晶工艺

分盐与结晶工艺目前主要有纳滤分盐 – 热法结晶工艺和热法分盐结晶工艺。纳滤分盐－热法结晶工艺是通过纳滤膜的筛分作用将盐水中的盐分直接分离，进而分别蒸发结晶；热法分盐结晶工艺是通过特殊的蒸发结晶参数控制，将高浓盐水中的溶解性盐类分别结晶形成产品盐和少量杂盐。

5.3.1 纳滤分盐－热法结晶工艺

纳滤分盐－热法结晶工艺主要是在蒸发浓缩结晶之前进行，一般是利用一价离子和多价离子的离子半径和电荷特性的差异，采用纳滤膜分离过程实现不同盐分的分离，然后分别通过蒸发结晶得到不同的盐。典型的膜法分盐工艺如图 5-7 所示，原水因含有部分悬浮固体、有机污染物等，因此需先通过加药除硅、软化和除有机物，并达到膜分离系统的进水要求；然后通过 UF 进一步去除溶液中上述残留的物质；UF 的产水先进入 RO 系统进行预浓缩处理，RO 产水回用，浓水进入 NF 系统分盐；之后 NF 的产水通过 RO 进一步浓缩后，与 NF 的浓水分别直接通过蒸发结晶得到相应的盐产品。该工艺通过膜法分离浓缩不同种类的盐分，具有良好的分盐效果，可用于任意硫酸钠 / 氯化钠含量比的高浓盐水处理。

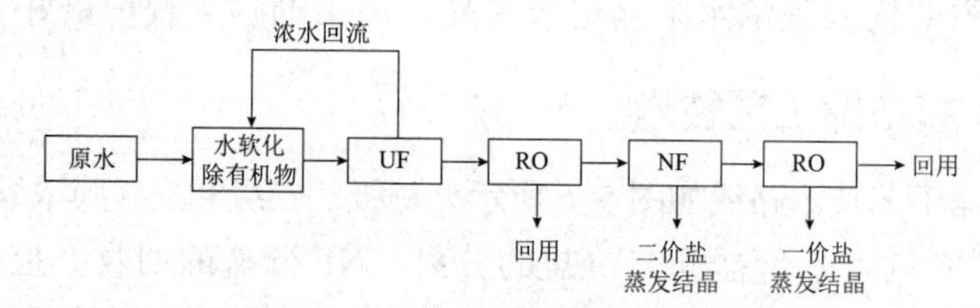

图 5-7 纳滤分盐－热法结晶工艺

由于膜处理的高效性和便捷性，再加上膜技术的成熟，以及膜材料成本的降低，膜法处理工艺在工业化的应用变得越来越普遍。但是纳滤分盐过程中无法避免膜污染，膜材料极易产生膜结垢、变形等问题，大幅缩短使用寿命增加工程成本。此外，纳滤膜脱盐并不彻底，对一价离子并不能做到完全截留，会影响到蒸发结晶时产盐的纯度。以上两点限制了纳滤分盐的进一步发展。

5.3.2 热法分盐结晶工艺

热法分盐结晶工艺包括盐硝联产分盐结晶和低温法分盐结晶。当被处理的高盐矿井水中硫酸钠或氯化钠含量差异较大时，盐硝联产分盐结晶和低温结晶就较为适用，这两种结晶工艺原理主要是利用了氯化钠和硫酸钠溶解度的差异，工艺流程分别如图 5-8（a）和图 5-8（b）所示。在 $NaCl\text{-}Na_2SO_4\text{-}H_2O$ 体系中，随着温度的升高，氯化钠的溶解度在 50~120℃的范围内呈现迅速增加的过程，但硫酸钠的溶解度在 50~120℃时却呈现递减趋势。盐硝联产分盐结晶就是依据两种盐在 50~120℃溶解度的不同，将氯化钠和硫酸钠在不同温度下分别结晶分离，得到优质产品盐。低温法分盐结晶则是利用硫酸钠在 0~20℃溶解度的急剧变化将两种盐进行分离，先将溶液的温度升高到 50℃以上，蒸发浓缩至硫酸钠饱和，之后冷却溶液析出硫酸钠结晶盐。

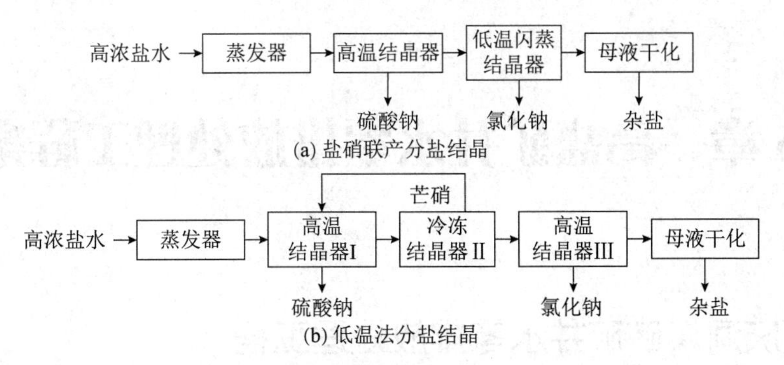

图 5-8　热法分盐结晶工艺

虽然热法分盐结晶在一定条件下能有效分离高浓盐水中的硫酸钠和氯化钠，但单一的热法工艺大多还是存在着一定的局限性，当硫酸钠与氯化钠浓度比例与三元体系中共饱和点比例接近时，无法有效分离；同时热法分盐能耗较大。为了促使热法分盐的经济效益和分盐效率最大化，实际工程中会根据处理高盐矿井水的水质情况做出合理工艺的选择。

第6章　高盐矿井水零排放处理工程案例

6.1　红庆河煤矿矿井水零排放处理工程

内蒙古伊泰集团红庆河煤矿矿井水深度处理厂项目是我国第一个煤矿矿井水零排放并成功实现结晶分盐的工程，设计处理能力为600m^3/h，采用“多级膜浓缩+多效蒸发结晶分盐”处理工艺，由中煤科工集团杭州研究院有限公司一次性设计完成。该项目三级膜浓缩单元一期工程于2017年1月投入运行，蒸发结晶单元一期工程于2017年7月投入运行，成功实现硫酸钠和氯化钠分离，混合产品水用于生产、生活用水，结晶盐品质达到设计要求。膜浓缩单元二期工程，于2018年1月投入运行，至此红庆河煤矿矿井水深度处理厂项目膜浓缩处理能力达600m^3/h，获得优质生产生活用水580m^3/h以上，除满足煤矿本身用水需要外，还可供给当地其他用水单位，解决了其他企业用水紧张的难题。氯化钠、硫酸钠由附近化工厂运走作为工业原料；杂盐作为危险废弃物填埋处理，该项目设计过程中没有过高的追求产品盐纯度，投运后杂盐率大大减少，极大地节约了杂盐处理费用，降低了运行成本。

本项目设计采用中煤科工集团杭州研究院有限公司开发的“多级膜浓缩+多效蒸发结晶分盐”处理工艺，适合钙镁含量低，硫酸根、氯化物含量差别较大，煤矿企业具有廉价蒸汽的应用场景，满足我国大部分煤矿矿井水深度处理及分盐工程的需要，具有处理工艺简短、投资省、能耗低、运行费用低等突出优势。

6.1.1　设计水量与水质

内蒙古鄂尔多斯红庆河煤矿矿井水抽排量为600m^3/h，TDS约为2500mg/L，按照环保部门要求矿井水全部回用于生产生活，实现零排放。矿井水处理后的产品水TDS≤1000mg/L，主要指标优于《生活饮用水卫生标准GB 5749—2006》要求，具体水质指标见表6-1；浓水经过两级浓缩后，进入三效蒸发结晶，离心分离得到工业产品级别的硫酸钠和氯化钠，以及少量杂盐，其中杂盐经过鉴定后可以作为一般固废或者危废填埋处理。

表6-1　矿井水水质指标

项　目	单　位	净化水质	设计进水水质	成品水水质
Ca^{2+}	mg/L	3.42	8.84	—
Mg^{2+}	mg/L	2.65	3.18	—
Na^+	mg/L	820.00	997.27	—
K^+	mg/L	45.00	54.00	—
Fe	mg/L	0.12	0.14	≤0.3

续表

项　目	单　位	净化水质	设计进水水质	成品水水质
Ba^{2+}	mg/L	0.01	0.01	≤0.7
Cl^-	mg/L	256.00	355.11	≤250
SO_4^{2-}	mg/L	1054.00	1264.80	≤250
HCO_3^-	mg/L	174.00	497.97	—
SiO_2	mg/L	16.00	19.20	—
pH 值	—	9.66	8.45	6.5~8.5
TDS	mg/L	2505.00	3011.75	≤1000

6.1.2 工艺流程及设施设备

1. 工艺流程

项目设计处理能力为 600m³/h，分两期建设，零排放工艺流程如图 6-1 所示，分为净化处理、深度处理、浓缩处理和蒸发结晶四个单元，预处理采用适度分步协同预处理工艺（SPMS2，Synergistic pretreatment of moderately and step by step），主要影响因素为 SS、Fe、SiO_2 等，各单元水质控制指标见表 6-2。

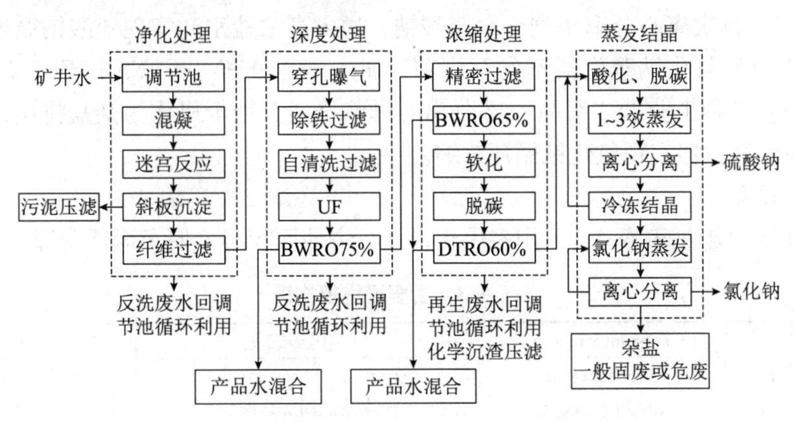

图 6-1　矿井水零排放工艺流程图

净化处理已由“三同时”先期建设完成，采用加药混凝 + 迷宫反应 + 斜板沉淀 + 纤维过滤 + 消毒工艺，设计处理能力为 900m³/h，要求 SS≤10mg/L，实际运行能力约为 400m³/h，出水 SS 在 20mg/L 左右。

该矿井水 Ca^{2+}、Mg^{2+} 极低，TDS 在 2500mg/L 左右，深度处理适合采用 BWRO 工艺，单元回收率可达 75% 以上，预处理采用自清洗过滤器与 UF 组合工艺；由于净化处理效果一般，作为深度处理进水 SS、Fe 等超过常规要求，为此在深度处理的预处理阶段增加设计了曝气除铁及过滤单元，保证 SS≤10mg/L、Fe≤0.03mg/L。

由于深度处理的浓水 TDS 在 13000mg/L 左右，Ca^{2+}、Mg^{2+} 不高，一级浓缩采用 BWRO，浓水经过两级精密过滤及药剂阻垢后回收率即可达 65%，减小了软化规模，降低了运行压力；一级浓缩浓水 TDS 约为 36000mg/L，SWRO 和 DTRO 均可以运行，但考虑蒸发结晶的经济性，选用 DTRO 工艺，浓盐水 TDS≥90000mg/L，回收率为 25%~60%，可调整。一级浓水通过钠离子软化除硬、脱碳、调节 pH 值至 10~10.5，保证 DTRO 浓水侧

SiO_2 等离子浓度小于其溶度积，离子交换器的再生采用蒸发结晶产生的工业氯化钠，降低了再生废液处理难度；DTRO 单元采用浓水再循环模式，矿井水 TDS 在 5000mg/L 以下波动时，保证高浓盐水 TDS≥90000mg/L。

表 6-2　矿井水零排放处理单元控制指标　　mg/L

项　目	深度处理浓水	一级浓缩浓水	二级浓缩浓水
Ca^{2+}	35. 5	99	250
Mg^{2+}	12. 6	37	92
Na^{+}	3960	11232	28105
K^{+}	213	601	1493
Cl^{-}	1432	4054	10119
SO_4^{2-}	5024	14266	35657
HCO_3^{-}	1927	5296	12835
TDS	12795	36202	90336

蒸发结晶采用三效强制循环蒸发器，加酸、脱碳后的高浓盐水蒸发至硫酸钠饱和，通过离心分离、干燥，得到《工业无水硫酸钠 GB/T 6009—2014》Ⅲ类合格品；离心母液冷冻至 -5℃，再次离心分离得到十水硫酸钠，送入高浓盐水池实现硫酸钠循环浓缩；离心母液进入单效氯化钠蒸发器蒸发至饱和，通过离心分离、干燥，得到《工业盐 GB/T 5462—2015》日晒工业盐二级品；部分离心母液排残至耙干机作为杂盐排出，其余循环至氯化钠单效蒸发器实现氯化钠循环浓缩。

2. 主要设施设备

工程主要设施见表 6-3，采用多层化设计，占地面积小、便于运行管理。

表 6-3　主要设施规格表

名　称	规格 /m×m×m	结构形式	用　途
膜处理车间	54×42×9. 6	地下一层、地上两层，	深度处理及浓缩处理
蒸发结晶车间	60×12×18. 6	一座地上四层，两座	蒸发结晶

工程主要设备见表 6-4 及图 6-2~ 图 6-6。

表 6-4　主要设备规格表

名　称	规格型号	数　量
深度处理 - 除铁过滤	Q=57m³/h，D=2600mm	12 台
深度处理 -UF	Q=170m³/h，回收率≥95%	4 套
深度处理 -BWRO	Q=155m³/h，回收率≥75%	4 套
浓缩处理 -BWRO	Q=45m³/h，回收率≥65%	4 套
浓缩处理 - 软化	Q=35m³/h，D=1600mm	4 台
浓缩处理 -DTRO	Q=35m³/h，回收率 25%~60%	2 套
蒸发结晶 - 三效蒸发	蒸发能力≥12t/h	2 套
蒸发结晶 - 冷冻结晶	Q=1. 2t/h，冷却温度 -5℃	2 套
蒸发结晶 - 氯化钠蒸发	蒸发能力≥0. 85t/h	2 套

图 6-2 超滤处理系统

图 6-3 反渗透处理系统

图 6-4 DTRO 处理系统

图 6-5 厂房一角

图6-6　泵房一角

6.1.3　运行效果

项目深度处理及浓缩处理单元一期于2017年1月投入试运行，矿井水进水TDS在1900~2500mg/L之间波动，水量300m³/h；混合产品水TDS≤300mg/L，水量超过290m³/h，作为生产生活用水。蒸发结晶单元一期于2017年7月投入试运行，成功实现硫酸钠和氯化钠分离。全系统运行稳定，总回收率≥96.5%（矿井水TDS≤3000mg/L），综合运行费用约为7.64元/t（水），深度处理及浓缩处理费用为4.87元/t（水），其中深度处理2.95元/t（水），浓缩处理-BWRO单元3.64元/t（水），浓缩处理-DTRO单元11.59元/t（水），蒸发结晶处理79.09元/t（水）。

矿井水作为煤炭开采的必然副产品，经过合理处理后，可以作为优质水资源得到充分利用，将煤炭生产对环境的影响降到最低水平。混凝澄清（沉淀）过滤为主的净化处理，BWRO为主的深度处理，BWRO、SWRO和DTRO/STRO结合的多级浓缩处理，多效蒸发结晶分盐处理，及适度分步协同预处理工艺适合煤矿矿井水零排放处理，具有技术可行性及比较优势。综合运行费用约为7.64元/t（水），深度处理及浓缩处理费用4.87元/t（水），略低于当地水资源开采及调水费用；通过开拓市场，实现多余产品水、氯化钠和硫酸钠的销售，将可以弥补部分运行费用，实现项目盈亏平衡。

6.2　营盘壕煤矿矿井水零排放处理工程

中煤科工集团杭州研究院有限公司依托净化处理、浓缩处理和结晶分盐处理，结合实际对工艺进行改进，开发出了高硫酸盐型矿井水零排放技术工艺，有效解决了各地区高硫酸盐型煤矿矿井水的处理问题，以下以营盘壕为具体案例展开论述。营盘壕煤矿位于内蒙古鄂尔多斯市，是典型的高硫酸盐型高盐矿井水；营盘壕煤矿高盐矿井水零排放项目，由中煤科工集团杭州研究院有限公司设计，设计规模为3000t/h，采用适度分步协同预处理+多级耦合膜浓缩+逆流热法盐硝联产工艺。

6.2.1　设计水量与水质

营盘壕煤矿年产煤量1200万t以上，矿井涌水量大，据预测井下正常涌水量为1867m³/h、最大涌水量为2614m³/h，远远超过煤矿自用水量。为了满足井下消防、洒水的水质标准，具体指标：浊度≤5NTU、COD_{Cr}≤20mg/L、BOD_5≤4mg/L，原营盘壕煤矿矿井水已采用重介速沉工艺的净化处理。然而净化处理缺少过滤系统，实际运行过程中存在处理水浊度无法稳定 <5NTU 的问题。

营盘壕高盐矿井水的原水水质如表6-5所示。根据园区用水需求，矿井水处理后需满足《地表水环境质量标准 GB 3838—2002》三类水质要求，主要的考核指标为TDS≤500mg/L，硫酸盐≤250mg/L，氯化物≤250mg/L。从表中可见营盘壕煤矿矿井水中的铁锰、硫酸根和TDS均明显超标，因此需经处理后达到以上各项指标才能排放或回用。

表6-5　营盘壕高盐矿井水水质及标准　mg/L

水质指标	原水水质	水质标准
氨氮	0.31~0.46	≤1
镁⁺	29.03~42.69	
钙	198.05~291.25	
钾	4.90~7.20	
钠	603.80~886.88	
铁	3.4~9.76	≤0.3
锰	0.29~0.61	≤0.1
氯化物	82.40~121.18	≤250
硫酸盐	1637.95~2408.75	≤250
碳酸氢盐	260.70~383.38	
TDS	2830.86~4163.03	≤500

6.2.2　工艺流程

营盘壕煤矿矿井水处理工程项目处理能力为3000m³/h，分两期建设，工艺流程如图6-7所示。井下经重介质速沉处理后的矿井水提至表面后先进入调节池，调节池内设曝气系统，氧化水中铁锰离子，出水进入V形滤池，过滤去除水中残留悬浮物、胶体及铁锰沉淀物，出水进入自清洗过滤器进一步预处理；之后出水进入超滤工艺，进一步提高反渗透进水水质以减少反渗透污染堵塞的风险，超滤产水进入一级反渗透，膜浓缩回收率为70%，一级膜浓缩产水TDS≤100mg/L，浓水TDS≥12000mg/L；一级膜浓缩的浓水作为二级膜浓缩的进水，该浓水经过药剂软化去除钙、镁、硅，通过管式微滤去除钙、镁、硅的沉淀物，进入二级膜浓缩的反渗透单元，进一步浓缩，回收率为80%，二级反渗透装置产水TDS≤200mg/L，浓水TDS≥50000mg/L；二级膜浓缩的浓水加药进一步软化去除钙、镁，通过管式微滤去除钙、镁沉淀物后进入离子交换系统，去除钡离子及少量钙、镁离子，脱碳后进入三级膜浓缩，回收率为55%，产水TDS≤3500mg/L，浓缩后浓盐水达100000mg/L以上，待蒸发结晶。三级膜浓缩产生的产品水混合后收集到产品水池，待回用。管式微滤的浓缩液、离子交换的再生废液收集经管式微滤、化学沉淀处理后，产生的泥渣压滤处理，上清液返回至各级浓水预处理系统，循环处理利用，产生的固废委托有相关资质的部门处理。滤池反冲洗水经澄清处理后的清水回至调节池，污泥水送至洗煤厂浓缩池处理。

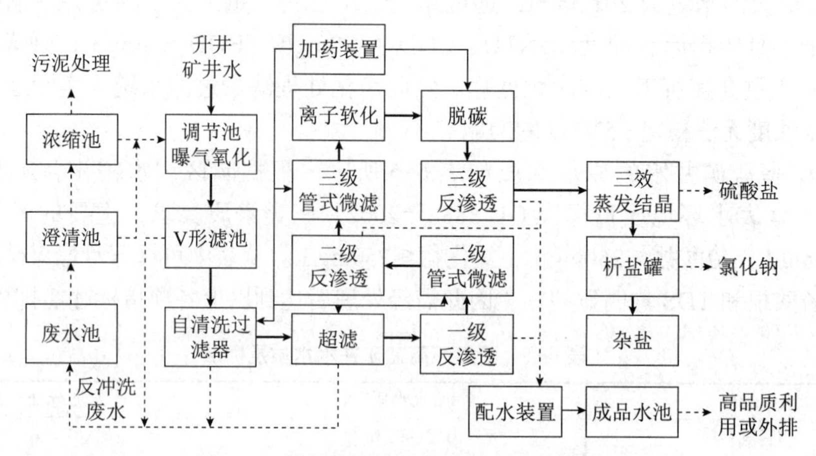

图 6-7　营盘壕煤矿矿井水处理工艺流程图

蒸发结晶阶段根据项目所提供蒸汽参数情况、经济性、能耗和实现后续分出氯化钠等综合考虑，三效蒸发结晶采用逆流式蒸发，如图 6-8 所示。在一效蒸发罐处，通过离心分离、干燥得到满足《工艺无水硫酸钠 GB/T 6009—2014》Ⅱ类合格品要求的硫酸钠，约为 4. 9t/h 将一效蒸发罐的硫酸钠母液送至氯化钠结晶罐进行降温析出氯化钠，通过氯化钠结晶罐与一效蒸发罐的母液回流实现各罐内盐分平衡，最终可得到 97% 以上的氯化钠产品，实现氯化钠的资源化利用，根据所给蒸发进水水质进行核算，可回收约 0. 23t/h 的氯化钠，杂盐量约为 0. 22t/h。相比于顺流式蒸发器最终杂盐量可减少 50%，若蒸发进水钙镁、总硅等结垢因子能降低，氯化钠回收率可进一步提高。

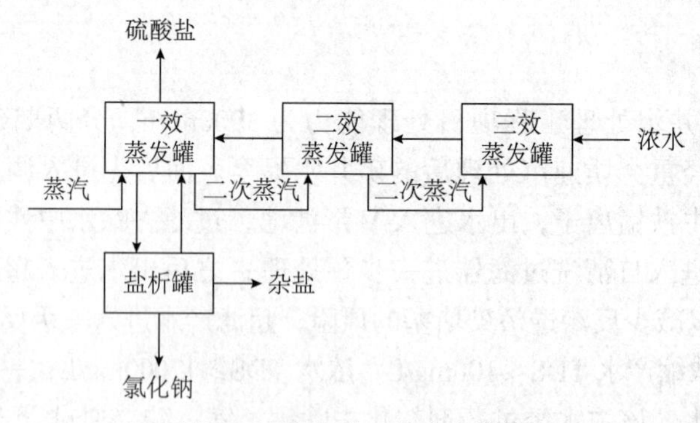

图 6-8　逆流式三效蒸发结晶

6. 2. 3　运行效果

本项目一期工程浓缩处理单元 2000m³/h 及蒸发结晶单元 45m³/h 于 2019 年 11 月一次性开车成功，产出的混合产品水 SS 在 66mg/L 左右，TDS≤500mg/L，水量为 1970m³/h，满足《地表水环境质量标准 GB 3838—2002》三类水质要求。产品水一部分去生态蓄水池作为农业、畜牧业灌溉及水产养殖用水，剩余部分并入鄂尔多斯工业供水管网，供给周边工业园区作为工业用水。蒸发结晶产出硫酸钠纯度≥97%，满足《工艺无水硫酸钠 GB/T 6009—2014》Ⅱ类合格品要求；结晶氯化钠纯度 97% 以上；两种优质盐作为化工原料销售供给周边生产企业。一期工程实施后，每年可减少盐排量约 3. 9 万 t;二期工程实施后，每年可减少盐排量约 7. 8 万 t，避免矿井水外排造成的环境污染和农作物破坏，同时矿井水得到处理利用，改善了矿区环境卫生，保护了矿区水资源环境（图 6-9~ 图 6-13）。

图 6-9　膜浓缩车间

图 6-10　DTRO 装置

图 6-11　BWRO 装置

图 6-12　TMF 装置

图 6-13　厂区鸟瞰图

6.3　中天合创矿井水零排放处理工程

中天合创化工分公司矿井水装置主要将煤矿矿井水进行深度处理，产水作为化工生产补充水循环使用，产盐作为产品外销。将废水充分资源化，不排放污染物，真正实现零排放。

6.3.1　设计水量与水质

中天合创矿井水装置综合运用高效反渗透、高效膜浓缩、催化氧化、结晶、干燥等工艺，达到了盐、水分离的效果。主要工艺分为脱盐、二次浓缩和蒸发结晶分盐三个部分。现场分别集中设置在脱盐车间、澄清脱水间及高效反渗透间、蒸发结晶间内。项目设计矿井水处理规模为3000m^3/h，全盐量为1700mg/L，出水满足《城市污水再生利用－工业用水水质》（GB/T 19923—2005）标准作为《中天合创鄂尔多斯煤炭深加工示范项目甲醇烯烃》生产用水。

6.3.2　工艺流程

工艺流程如图 6-14 所示。

矿井水装置脱盐段设计处理规模为3000m^3/h，通过高效沉淀池合理的水力和结构设计，使污泥浓缩沉淀，达到泥水分离。经过单套处理能力为238m^3/h，共15套超滤膜，去除水中的悬浮物、胶体、微粒等大分子物质，达到初步净化溶液效果。再经过单套处理能力为258m^3/h，共11套反渗透膜，将水中的无机离子、有机物及胶体等杂质去除，以获得高质量的纯净水。脱盐段的回收率高达75%，产生的纯净水回用于中天合创化工厂区生产用水，同时产生的浓盐水进入后续二次浓缩工艺环节。

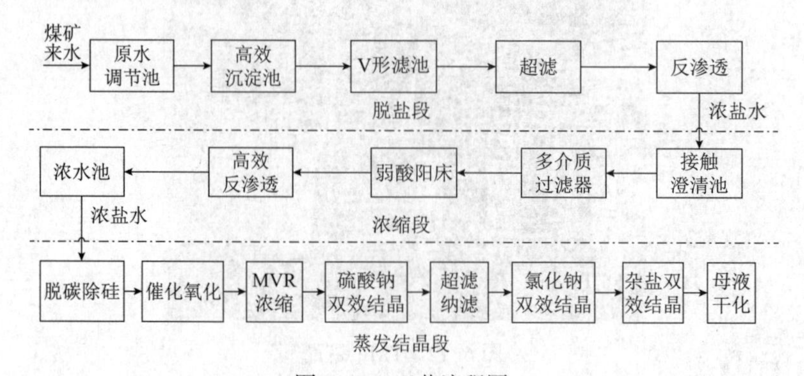

图 6-14　工艺流程图

二次浓缩段设计处理规模为 750m³/h，处理工艺为：接触澄清池 + 多介质过滤 + 弱酸阳床 + 高效反渗透。该工段有 2 座接触澄清池，主要通过投加石灰和碳酸钠去除来水中的硬度，确保出水总硬≤60mg/L；13 台多介质过滤器对接触澄清池的悬浮物进行过滤，保证产水浊度≤3NTU；5 台弱酸阳床主要对接触澄清池产水中的硬度进一步去除，确保反渗透不结垢；5 套高压反渗透，对弱酸阳床产水进行浓缩，设计回收率为 80%，脱盐率 98%，将来水 TDS 由 11000mg/L 浓缩到 53000mg/L。产水回用于中天合创化工厂区生产用水，产生的高浓盐水进入后续的蒸发结晶分盐工艺环节。

蒸发结晶段主要对浓缩段产生的高浓盐水进行蒸发浓缩，产出硫酸钠结晶盐和氯化钠结晶盐，实现零排放。处理规模为 160m³/h，处理工艺为：脱碳除硅 + 催化氧化 +MVR 蒸发浓缩 + 硫酸钠双效蒸发结晶 + 超滤纳滤 + 氯化钠双效蒸发结晶 + 杂盐干化。脱碳器主要是通过调节 pH 值降低水中碱度，减少后续蒸发结晶系统结垢；除硅系统主要通过添加偏铝酸钠进行除硅，使出水硅稳定≤40mg/L，减小后续系统硅垢污堵；为保证产品白度，产水进入催化氧化单元，通过投加臭氧，使水中的 COD 等有机物被氧化分解，确保产水色度≤10 度；被催化氧化后的水进入 MVR 蒸发器，进行两级蒸发浓缩，浓缩 4 倍，外排浓水 TDS 为 23 万 mg/L。MVR 外排水进入硫酸钠结晶系统，通过蒸发浓缩产出合格硫酸钠产品。硫酸钠系统外排母液进行 4 倍稀释后进入超滤纳滤系统，对母液进行分盐，纳滤产水进入氯化钠系统，通过蒸发浓缩产出合格氯化钠产品。氯化钠外排母液和纳滤浓水进入杂盐系统，杂盐系统外排母液进入耙式干燥机进行杂盐干化。

6.3.3 运行效果

中天合创矿井水装置（图 6-15、图 6-16）的反渗透膜进行 4 倍浓缩，回收率可达 75%，煤矿来水 TDS 保持在 1700mg/L 左右，目前已运行三年，脱盐率在 98% 左右，产水的电导率低于 50mg/L。

浓缩段采用高密池 + 阳床 + 高效反渗透工艺。高密池进水 TDS 在 7000mg/L、硬度在 1000mg/L 左右，高密池通过加入药剂使产水硬度达到 10~20mg/L，通过阳床进一步除硬，将产水硬度控制 10mg/L 以内；再经过高效反渗透 5 倍浓缩后，产水 TDS 稳定在 400mg/L 以内，脱盐率达到 95%~97%。

图 6-15　装置外景

图 6-16　装置内景

中天合创矿井水装置已运行三年，系统稳定，共处理煤矿矿井水 4800 万 t 以上，产出副产品硫酸钠约 7. 2 万 t，副产品氯化钠约 400t，产品质量稳定达标。处理后的清水满足黄河地表水的水质要求（脱盐段产水电导率为 90μS/cm 左右，浓缩段产水电导率为 800μS/cm 左右）；产出的硫酸钠产品纯度为 98%~99%，达到（GB/T 6009—2014 工业无水硫酸钠）Ⅱ类一等品，氯化钠产品纯度为 99% 以上，达到（GBT 5462—2016 工业干盐）优级品。

6. 4　袁大滩煤矿矿井水深度处理工程

6. 4. 1　设计水量与水质

该项目处理规模为 1500m^3/h（一期 1000m^3/h，预留远期 500m^3/h），采用“高密池 + 过滤 +RO+ 脱稳结晶器 + 药剂软化 + 过滤 +DTRO+ 药剂软化 + 离子交换 + 平板纳滤（CDNF）+ 蒸发结晶干燥”工艺。矿井水处理后，作为水源优先供矿井复用，多余水量供陕西未来能源化工有限公司及榆林地区疏干水综合利用工程回用。

1. *水量平衡分析*

该项目处理后的矿井水主要作为生活用水水源和复用水水源。根据各用水点对水质的要求，生产生活杂用水、场地消防用水、井下消防洒水、选煤厂生产补充水、防尘用水、灌浆用水和绿化用水等采用复用水。矿井总用水量为 6793. 1m^3/d，其中复用处理后的矿井水量为 5097. 46m^3/d。以井下排水作为水源的复用水量表统计情况详见表 6-6。

表 6-6　以井下排水作为水源的复用水量统计情况　　m^3/d

序　号	名　称	数　量	备　注
1	主副井场地杂用水	1785. 36	
2	风井场地杂用水	154. 6	
3	系统除尘洒水	115. 2	
4	井下消防洒水	2442. 3	
5	灌浆用水	600	
	合计	5097. 46	预处理

矿井水复用的供需水量平衡如图 6-17 所示。

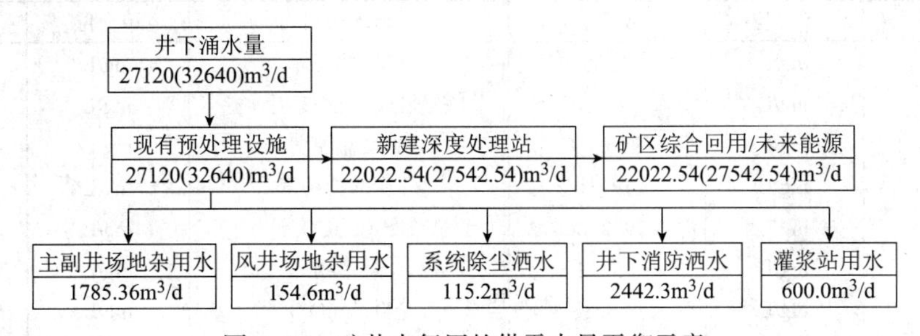

图 6-17　矿井水复用的供需水量平衡示意

注：括号内为矿井涌水量达 1360m³/h 时的水量。

2. 设计进水水质

进水水质全分析报告详见表 6-7。

对比同区域同类型煤矿矿井水水质，同时兼顾矿井水水质波动的实际情况，该工程设计进水水质按表 6-8 执行。

设计出水水质：根据《榆林市矿井水综合利用方案指导意见》（榆政发 2018[24 号]）的要求，对矿井疏干水应“循环利用，达标排放”，水质必须符合 GB 3838—2002《地表水环境质量标准》Ⅲ类标准。同时，结合生态环境部、国家发改委及国家能源局联合发布的

表 6-7　进水水质全分析报告

检测项目		单位	检测结果	检测项目		单位	检测结果
阳离子	Na^+	mg/L	495.5	硬度	总硬度	mmol/L	9.98
	Ca^{2+}	mg/L	340.0		碳酸盐硬度	mmol/L	2.03
	Mg^{2+}	mg/L	35.7		非碳酸盐硬度	mmol/L	7.95
	NH_4^+	mg/L	0.06	碱度	总碱度	mmol/L	2.03
	K^+	mg/L	4.89		酚酞碱度	mmol/L	0.00
	Tfe	mg/L	0.02		甲基橙碱度	mmol/L	2.03
	Al^{3+}	mg/L	0.15	其他	总固型物	mg/L	3135
	Cu^{2+}	mg/L	未检出		溶解固型物	mg/L	3130
	Ba^{2+}	mg/L	0.04		悬浮固型物	mg/L	5
	Sr^{2+}	mg/L	0.05		全硅	mg/L	15.00
	总计	mg/L	876.41		活性硅	mg/L	11.50
阴离子	OH^-	mg/L	0.00		非活性硅	mg/L	3.50
	Cl^-	mg/L	50.20		氨氮	mg/L	0.10
	SO_4^{2-}	mg/L	1774.54		COD	mg/L	5.00
	HCO_3^-	mg/L	158.55		BOD	mg/L	0.70
	CO_3^{2-}	mg/L	0.00		pH		7.85
	NO_3^-	mg/L	0.78		浊度	NTU	18.0
	NO_2^-	mg/L	0.02		电导率	μS/cm	4000
	PO_4^{3-}	mg/L	0.04				
	F^-	mg/L	0.2				
	总计	mg/L	1984.33				

注：本检测结果只对来样负责。

表 6-8　设计进水水质

检验项目	单　位	数　值	检验项目	单　位	数　值
K^+	mg/L	5.38	溶解性固体	mg/L	3233
Na^+	mg/L	545.08	总硬度（$CaCO_3$ 计）	mg/L	1050
Ca^{2+}	mg/L	355.00	碳酸盐硬度	mg/L	224
Mg^{2+}	mg/L	39.31	非碳酸盐硬度	mg/L	826
SO_4^{2-}	mg/L	1952.28	总碱度（$CaCO_3$ 计）	mg/L	224
Cl^-	mg/L	55.22	悬浮物	mg/L	50
HCO_{3^-}	mg/L	158.88	全硅（SiO_2）	mg/L	15
F^-	mg/L	1.1	COD_{Cr}	mg/L	8
pH 值	—	7-8.5	油类	mg/L	0.3*

注：* 矿井现有水处理设施的高效旋流净化器内设置有 EPS 发泡塑料滤珠，具有较强的表面吸附作用，结合特殊的出水机构，可拦截吸附矿井水中附带的大部分机械油污；同时考虑井下油污泄漏量与矿井涌水量的比例关系，进水油类含量按 0.3mg/L 执行。

《关于进一步加强煤炭资源开发环境影响评价管理的通知》（环环评 [2020]63 号）中相关要求："矿井水在充分利用后仍有剩余且确需外排的，经处理后拟外排原，除应符合相关法律法规政策外，其相关水质因子值还应满足或优于受纳水体环境功能区划规定的地表水环境质量对应值，含盐量不得超过 1000mg/L，且不得影响上下游相关河段水功能需求。"

另外，建设单位与陕西未来能源有限公司签订了《未来能源供水框架协议》，提出未来能源生产用水水质要求，确定该工程产水需要达到 GB 3838—2002《地表水环境质量标准》Ⅲ类标准，且 TDS≤600mg/L。

综上所述，该工程出水水质在遵守国家及地方相关政策与文件要求的同时，亦考虑用户（陕西未来能源化工有限公司）对水质的需求，确定出水水质在达到 GB 3838—2002《地表水环境质量标准》Ⅲ类标准的前提下，同时满足含盐量不超过 600mg/L 的要求。《地表水环境质量标准》中Ⅲ类水体标准限值指标详见表 6-9。

表 6-9　地表水Ⅲ类标准　mg/L

序号	项　目		Ⅲ类标准值
1	水温 /℃		人为造成的环境水温变化应限制在：周平均最大温升≤1、温降≤2
2	pH 值		6-9
3	溶解氧	≥	5
4	高锰酸盐指数	≤	6
5	化学需氧量（COD_{Cr}）	≤	20
6	五日生化需氧量（BOD_5）	≤	4
7	氨氮（以 NH_3-N 计）	≤	1
8	总磷（以 P 计）	≤	0.2（湖、库 0.05）
9	总氮（湖、库，以 N 计）	≤	1
10	铜	≤	1
11	锌	≤	1
12	氟化物（以 F- 计）	≤	1

续表

序号	项　目		Ⅲ类标准值
13	硒	≤	0. 01
14	砷	≤	0. 05
15	汞	≤	0. 0001
16	镉	≤	0. 005
17	铬（六价）	≤	0. 05
18	铅	≤	0. 05
19	氰化物	≤	0. 2
20	挥发酚	≤	0. 005
21	石油类	≤	0. 05
22	阴离子表面活性剂	≤	0. 2
23	硫化物	≤	0. 2
24	类大肠杆菌群（个 /L）	≤	10000

3. 副产物

（1）无水硫酸钠：该项目副产品主要指经过蒸发结晶工艺后产生的结晶盐，副产品元明粉达到 GB/T 6009—2014《工业无水硫酸钠》Ⅰ类一等品，具体指标详见表 6-10。

（2）石膏：一般所称的石膏可泛指生石膏和硬石膏两种矿物，生石膏为二水硫酸钙（$CaSO_4 \cdot 2H_2O$），硬石膏为无水硫酸钙（$CaSO_4$）。根据石膏的形成方式可以分为天然石膏和化学石膏。化学石膏是在工业生产过程中，化学反应产生的二水硫酸钙的总称。常见的两种化学石膏是在磷酸生产中用硫酸处理磷矿时产生的磷石膏和火力发电烟气脱硫产生的脱硫石膏。目前国家针对以上两种化学石膏制定了国家标准，分别为 GB/T 23456—2009《磷石膏》和 GB/T 37785—2019《烟气脱硫石膏》，但尚未制定矿井水处理领域副产物石膏的相关标准。

表 6-10　无水硫酸钠指标

序号	项目名称		Ⅰ类
			一等品 指标
1	硫酸钠（Na_2SO_4）/%（wt）	≥	99. 0
2	水不溶物 /%（wt）	≤	0. 05
3	钙和镁（以 Mg 计）/%（wt）	≤	0. 15
4	钙（Ca）/%（wt）	≤	—
5	镁（Mg）/%（wt）	≤	—
6	氯化物（以 Cl 计）/%（wt）	≤	0. 35
7	铁（Fe）/%（wt）	≤	0. 002
8	水分 /%（wt）	≤	0. 20
9	白度（R457）/%	≥	82
10	pH 值（50g/L 水溶液，25℃）		

通过分析 GB/T 23456—2009《磷石膏》和 GB/T 37785-2019《烟气脱硫石膏》可以发

现，标准中对二水硫酸钙（$CaSO_4 \cdot 2H_2O$）质量分数的最低要求为≥65%，因此该项目可以依据此指标作为副产石膏的质量要求。

6.4.2 工艺流程

工艺流程如图 6-18 所示。

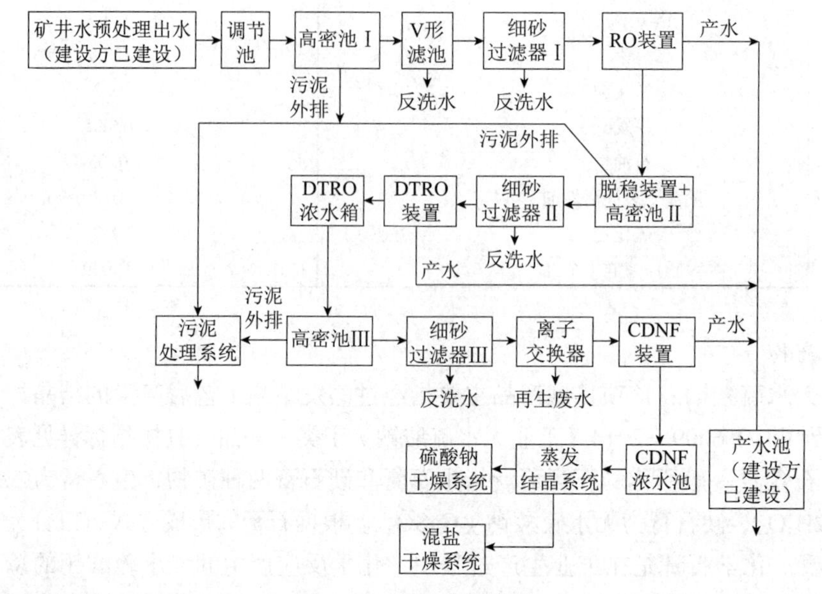

图 6-18　工艺流程示意

（1）预浓缩段：如图 6-19 所示。

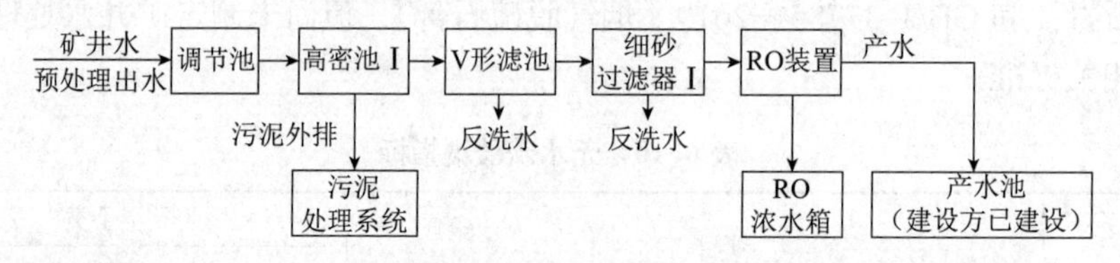

图 6-19　预浓缩段示意图

经场地内已建的高效旋流工艺预处理后的出水全部进入新建的原水调节池，经原水提升泵加压提升至高密池 I，在池内混合段投加 PAC、PAM、石灰及磁粉等药剂，经絮凝、沉淀等处理过程后，出水进入 V 形滤池进行过滤，滤后水储存在中间水池内，然后由泵提升至细砂过滤器 I 并进入反渗透（RO）浓缩，浓缩液继续进入脱稳浓缩段，产水进入产水池。

（2）脱稳浓缩段：如图 6-20 所示。

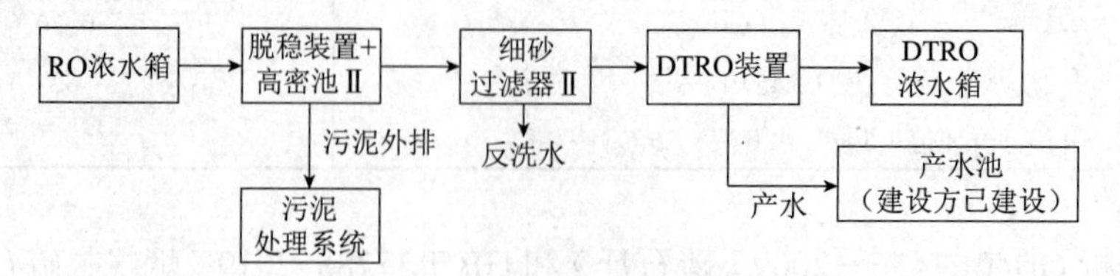

图 6-20　脱稳浓缩段示意图

反渗透（RO）浓水经提升泵提升后进入脱稳结晶器，过饱和硫酸钙析出去除水中大部分的硫酸钙，经过脱稳结晶器可去除水中超过 70% 的硫酸钙，大大降低软化药剂的投加费用；脱稳结晶器出水自流进入高密池Ⅱ，通过投加软化药剂的方式打破水中硫酸钙过饱和的状态，保证碟管式反渗透（DTRO）不会发生硫酸钙结垢，高密池Ⅱ出水经细砂过滤器Ⅱ截留水中的悬浮物和胶体，保证出水浊度达到进碟管式反渗透（DTRO）要求，其中碟管式反渗透（DTRO）产水进入产水池，浓水进入深度浓缩段。

（3）深度浓缩段：如图 6-21 所示。

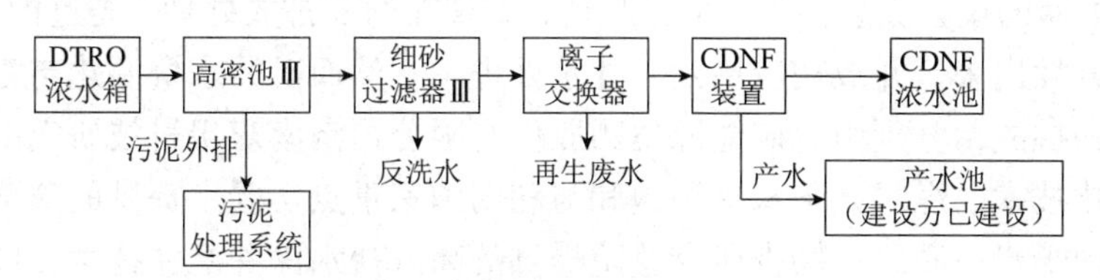

图 6-21　深度浓缩段示意图

碟管式反渗透（DTRO）浓水经提升泵提升后进入高密池Ⅲ，通过投加氢氧化钠、碳酸钠、混凝剂 /PAC、PAM 等药剂去除水中绝大多数的硬度、碱度、二氧化硅，其出水经细砂过滤器Ⅲ截留水中的悬浮物和胶体，保证出水浊度达到进离子交换要求；利用树脂吸附水中残存硬度，为预防后续膜系统和蒸发系统出现结垢提供保障；离子交换出水进入平板纳滤（CDNF），利用 NF 对一价、二价离子的选择透过性，使大部分氯离子进入产水中，浓水中硫酸钠的比例进一步提高，并进入蒸发干燥段进行最终浓缩。

（4）蒸发干燥段：如图 6-22 所示。

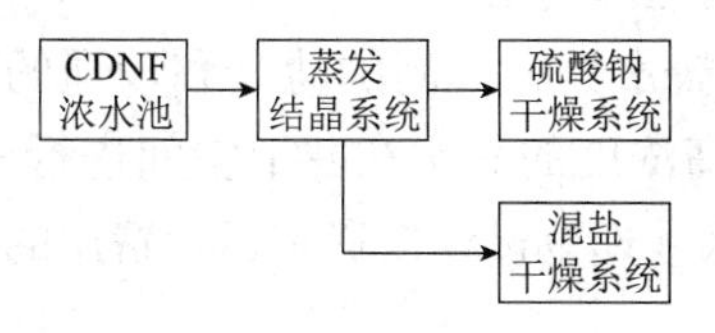

图 6-22　蒸发干燥段示意图

平板纳滤（CDNF）浓水进入 MVR，蒸发结晶系统处理产生硫酸钠结晶盐，经过流化床干燥处理后达到 GB/T 6009—2014《工业无水硫酸钠》I 类一等品，蒸发过程中产生的母液进入干燥设备经过干燥处理得到混盐。

（5）污泥处理工艺：高密池Ⅰ、Ⅱ、Ⅲ产生的软化污泥通过污泥排放泵输送至污泥池Ⅰ，然后经浓缩处理后由压滤机供料泵输送到软化污泥隔膜压滤机装置进行脱水处理。脱稳结晶器产生的二水硫酸钙通过污泥排放泵输送至污泥池Ⅱ，然后经浓缩处理后由压滤机供料泵输送到二水硫酸钙隔膜压滤机装置进行脱水处理。

6.4.3　运行效果

本项目产水溶解性总固体 <600mg/L，回收率约为 95.5%。产生的硫酸钠结晶盐约为 1.93t/h，满足《工业无水硫酸钠 GB/T 6009—2014》工业盐Ⅰ类一等品标准；产出混盐约为 0.10t/h，混盐产生率≤8%。

第7章　新技术展望和探讨

矿井水资源化与零排放处理技术随着我国煤炭行业的发展及环保要求不断地完善与提高，由早期的仅去除悬浮物、部分脱盐，到现在的零排放处理，先进的水处理工艺、技术不断被开发出来，并成功应用到矿井水处理中。然而矿井水资源化与零排放处理也面临很多新的挑战，分别由兖矿能源集团股份有限公司济南煤炭科技研究院提供的高浓盐水井下固化技术、煤炭开采水资源饱和与利用国家重点实验室提供的高浓盐水井下封存技术、中国煤炭地质总局勘查研究总院提供的高浓盐水深井灌注技术，以及中国矿业大学（北京）提供的聚瓷膜超滤预处理技术、杭州蓝然技术股份有限公司提供的双极膜处理技术等新兴技术也在蓬勃发展，为高盐矿井水资源化利用与零排放处理提供更多的技术选择，本书一并收录供各位读者参考。

7.1　高浓盐水井下固化

高浓盐水的固化结晶工艺是目前矿井水零排放的难点，机械蒸发结晶工艺是目前最彻底的溶解性盐类固化技术，但是投资和运行费用高昂；如果能将高浓盐水提前利用、减量，可进一步降低矿井水的处理费用。

矿井水处理产生的高浓盐水具有极高的盐分和较强的腐蚀性，常规利用途径极少。高浓盐水井下固存技术能将高浓度的盐水在井下空间进行固化、存储，减少高浓盐水的处理量，从而达到降低矿井水处理全过程投资和运行费用的目的。

7.1.1　井下固化原理

高浓盐水井下固化是将高盐矿井水浓缩处理后产生的高浓盐水、固化剂与输送的粉煤灰或灰渣混合，通过制浆机、滤浆机固化形成浆液，然后通过自重由输送管路输送至采空区。此方法除了能够处理大量的高浓盐水及粉煤灰，还可用于采空区充填及矸石充填开采置换煤柱等，且浆液灌入采空区在流动过程中覆盖、固结破碎煤岩体，可对采空区防灭火产生积极作用，具有成本低、效率高和绿色环保的特点。

1. 固化剂组成

高浓盐水处理固化剂由高分子接枝材料、渗透剂、流平剂、催化剂、触变剂、润湿剂、界面剂、凝固剂、固水剂等多种高分子材料改性复合而成，相关材料如表 7-1 所示。产品吸水速度快，保水、固水时间长，具有较好的触变性、渗透性，稠化能力强，是无毒、无味、无污染、无腐蚀性的环保产品。其中高分子接枝材料目前并不成熟,相关研究还处于试验阶段。

2. 固化剂作用原理

如图 7-1 所示，高浓盐水固化剂溶解在高浓盐水中，加入粉煤灰等填充材料，均匀混合后，在催化剂的作用下，会形成立体网状的互穿网络固结体结构，将液态的高浓盐水固化转变为浆液。

表 7-1　固化剂原料

序号	原料名称	类　型
1	高分子接枝材料	—
2	渗透剂	异辛醇聚氧乙烯醚磷酸酯钠盐、聚氧乙烯醚化合物、异构脂肪醇与环氧乙烷的聚合物
3	流平剂	聚醚改性二甲基硅氧烷、氟碳改性聚丙烯酸酯化合物
4	催化剂	*N*，*N*，*N*'，*N*' - 四甲基亚烷基二胺、*N*，*N*' - 二甲基吡啶、二丁基锡二月桂酸酯
5	触变剂	氢化蓖麻油、聚酰胺蜡
6	润湿剂	聚氧化乙烯烷化醚、六偏磷酸钠
7	界面剂	乙烯基三（2- 甲氧基乙氧基）硅烷、异丙基二油酸酰氧基钛酸酯
8	凝固剂	葡萄糖酸内酯、聚乙烯吡咯烷酮、柠檬酸亚锡二钠
9	固水剂	聚丙烯酰胺、羟丙基瓜胶
10	壳聚糖	工业级
11	硅藻酸钠	工业级
12	环氧丙基三甲基氯化铵	工业级
13	*N*-2- 羟基 - 丙基三甲基氯化铵	工业级
14	羟基纤维素	工业级
15	高盐水	营盘壕煤矿现场提取

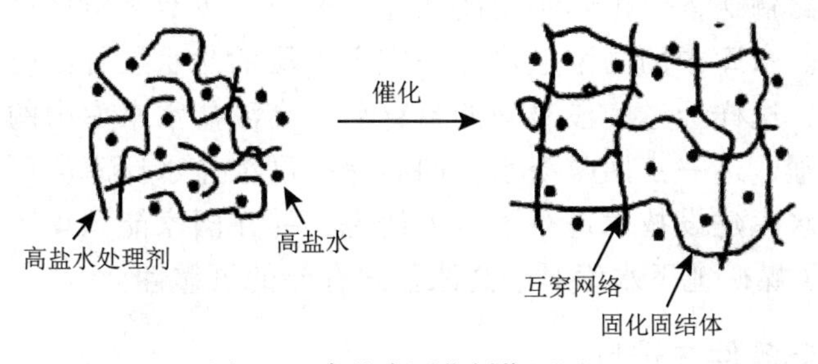

图 7-1　高盐水固化剂作用原理

7.1.2　高浓盐水固化注浆工艺

通过固化剂将高浓盐水固化成浆液后，需通过配套设施及工艺进行运输和井下存放，具体流程如图 7-2 所示。如图所示固化后的浆液会存放于浆料桶中，经过过滤器过滤后，由液压缸提供动力，通过输液管道运输至井下水仓。注浆防灭火工艺一般为：布孔→钻孔→清孔→制浆→注浆→封孔。布孔是根据采空区条件和注浆效果需要，一般采用矩形或梅花布置，间距 1~2m；钻孔是为安放注浆管，采用钻探方式进行；制浆主要是为了保证浆液均匀、防止沉淀；注浆后要对孔注浆孔要进行封堵。

布孔时，可在采煤工作面两端头预埋 Φ108mm 的注浆钢管，预埋深度 50~100m，预埋时注浆管路要采用钢丝绳吊挂在巷道的不采帮，吊挂牢固，并在注浆管路中间及管路末端留设好一段约 1m 长的花管，以便注浆液分布均匀。

施工中，可使用专用设备将高盐处理剂与矿井高盐水、粉煤灰定量混合，注入采空区，既能解决矿井高盐水外排问题，又能防止采空区自然发火。

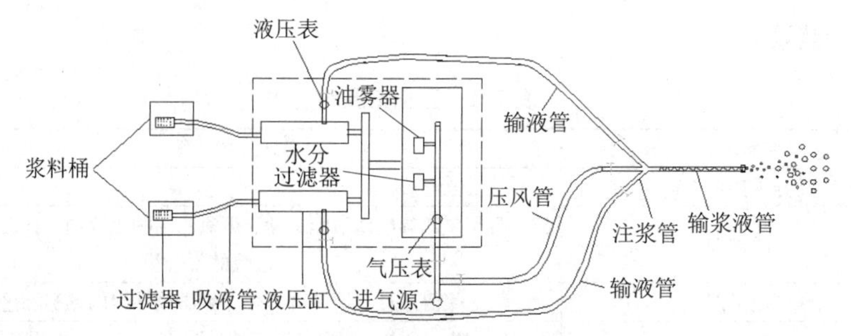

图 7-2　高浓盐水固化注浆工艺流程

高浓盐水井下固化技术，可以有效提高矿井高盐水的处理效率，减少费用支出，固化的浆液具有良好的防火性能，进一步提升了井下作业的安全性。

目前高浓盐水井下固化方面需要进一步研究开发成本低廉、固化效果好的高浓盐水固化剂；对固化过程中高浓盐水的渗出还需进一步研究和实践。

7.2　高浓盐水井下封存

高浓盐水井下封存也是高浓盐水低成本处置的一个研究方向。

高浓盐水井下封存是采用废弃采空区来封存高浓盐水，将矿井水处理过程产生的高浓盐水经排水管路输送入，由隔水密闭墙完全密封于废弃采空区中，形成一个安全稳定的地下水库。水库中的高浓盐水在采空区上层的含水层补给时，浓度会随着时间的变化而降低，这样经过一段时间的封存后，高浓盐水水库中的水可以再次被抽出来进行浓缩处理，进一步回收淡水，同时保持高浓盐水储库的可持续使用。顾大钊等对煤矿地下水库建设技术进行了深入研究，并在国家能源集团宁夏煤业进行了工程实践，验证了煤矿地下水库对于高浓盐水存储的可靠性。

7.2.1　井下封存条件与选址

考虑到高浓盐水在井下储存时的环境安全性，其必须满足两个条件：一是高浓盐水所含组分为钾、钙、钠、镁等无机盐常规组分，不含重金属、有毒有机物和放射性污染物等，或者其含量指标满足环评标准；二是所建地下水库项目不涉及集中饮用水水源地保护区，没有特殊地下水资源保护区。

水库选址是煤矿地下水库建设首要工作，为保证水库建成后运营管理和煤炭安全开采，需考虑矿井工程地质条件、水文地质条件、矿井水运移规律、煤炭开采工艺和矿井生产接续计划等因素。原则上水库选址优先布置在煤层底板岩层地形下凹处、渗透率低、无导水断裂带或不良地质条件的位置；且受下部和邻近煤层采动影响较小，并满足矿井生产安全、用水、调度等条件。

7.2.2　井下封存实施方案

1. *库容确定*

库容确定是煤矿地下水库的核心，决定了水库的储水能力。影响地下水库库容的因素包括煤层因素、上覆岩层性质、开采方法以及工作面尺寸等。以某煤矿为例，计算煤矿 3 个煤层采空区的库容，并绘制相应的库容曲线。将工作面底板以上分为煤层、冒落带以及导水裂隙带三部分，并对三个煤层、六个采区分别计算库容量，最后进行库容的叠加，如图 7-3 所示。

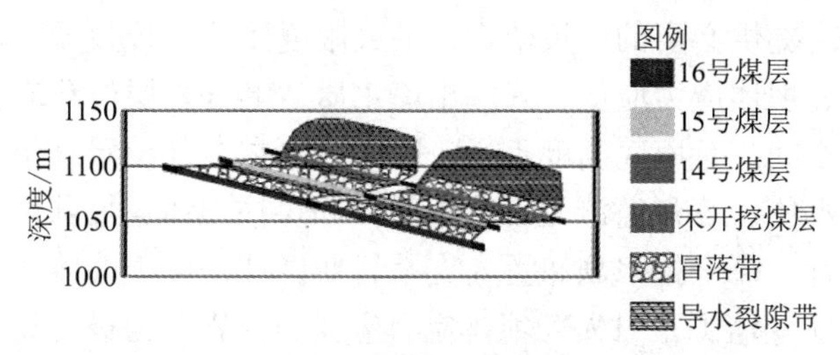

图 7-3　采空区剖面图

以煤层底板为基准，采空区、冒落带、导水裂隙带的孔隙率逐渐减小。根据工程经验，取煤层、冒落带以及导水裂隙带的平均孔隙率分别为 0. 25、0. 15 和 0. 05 进行计算。分别以工作面底板高程最低处为基准，沿着煤层开采方向，由于煤层倾角为 1º~3º，故在库容计算时按水平煤层处理。所以，根据图 7-3 所示剖面图，库容的计算可简化为计算“三棱柱 V_1”或“四棱柱 V_2”的体积。“三棱柱”是指水位在上升过程中未达到上层煤层时，水位线与下层煤层圈定的空间。当水位继续升高并到达上层煤层时，水位线与上、下煤层共同圈定的空间即为“四棱柱”。计算公式如下：

$$V = \frac{s \times h_1}{2} \times L \times \varphi \tag{7-1}$$

$$V = \frac{(l_1 + l_2) \times h_2}{2} \times L \times \varphi \tag{7-2}$$

$$V = V_1 + V_2 \tag{7-3}$$

式中　V——总库容量，万 m^3；

V_1、V_2——三棱柱空间和四棱柱空间的库容量，万 m^3；

h_1、h_2——三棱柱空间三角形底面和四棱柱空间梯形底面的高，m；

s——三棱柱空间底面的底边长，m；

L——各煤层开采区的开采长度，m；

l_1、l_2——四棱柱空间梯形底面的上底和下底，m；

φ——孔隙率。

基于上述库容计算方法，计算出煤矿三个煤层、六个采空区的总体库容曲线如图 7-4 所示。根据图所示库容曲线可知，该地下水库的最高水位为 1124m，最低水位为 1025m，最大水头差为 99m，库容可达 380 万 m^3。

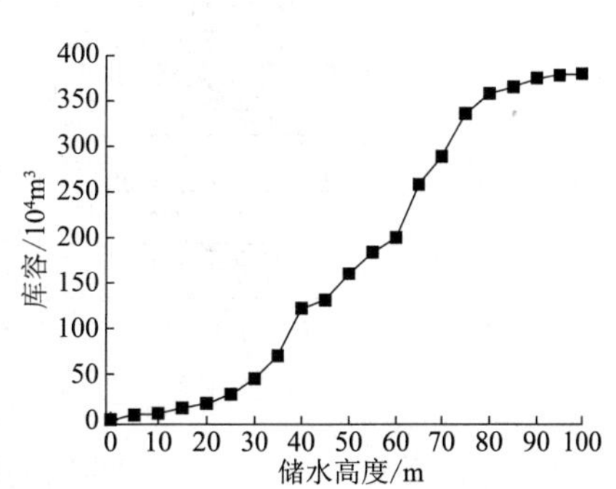

图 7-4　地下水库库容曲线

2. 坝体设计

与地面水库不同，煤矿地下水库坝体除了人为构筑挡水坝体外，还充分利用了煤炭开采时工作面预留的安全煤柱作为挡水坝体，实际工程中人工构筑坝体建于煤柱坝体之间，将煤柱坝体连成一体共同构成地下水库的坝体。地下水库坝体的设计除了要考虑开采深度、采高、矿压、和矿震等因素外，还应考虑煤层倾角和能够承受库内水体压力等因素。

3. 安全监测

安全监测的目的是对地下水库的运行状况进行数据采集和分析，以确保挡水坝体安全，为水库优化调度提供必要的决策依据，最大限度发挥工程效益。水库日常运行参数包括库内水位水压、坝体应力应变、入库出库水质、上方岩层位移变化等。由于煤矿地下水库是封闭储水空间，且库底高度不一，因此必须在多处设置水位监测仪，采用压力式水位计测量库内水位；变形监测是对人工坝体和煤柱坝体连接部位位移进行观测，采用振弦式基岩变位计，每个挡水坝布置 4 支基岩变位计，位于墙体四个角，通过钻孔进行埋设安装；应力应变监测是对人工坝体应力应变和山岩压力进行观测，采用振弦式应变计，每个挡水坝体布置 4 支应变计，位于墙体上顶、下底、左侧和右侧的中部，垂直于墙体与围岩交接面，按 4 个方向布设；渗流监测目的是对地下水库的水位和渗漏进行观测；管道压力和流量监测是通过输水管道压力观测掌握地下水库水位的变化，利用在人工坝安装的输排水管道上设置压力传感器进行库水压力的观测，同时在管道上设置流量计对水库输排水流量进行观测。此外，水库日常运行监测还包括矿震监测、水质监测和视频监控。矿震监测目的是对矿震和煤层开采产生的地震波和地震动力进行观测，用于分析评估挡水坝受震动破坏的影响，采用震动记录分析仪在人工坝体周边布置；水质监测的目的是掌握地下水库入库和出库水质，主要通过检测输排水管道进水和出水的水质确定。通常采用人工监测为主的移动式水质监测仪，同时辅助以固定式自动水质监测仪的监测方式；视频监控是对地下水库中挡水建筑物、排水沟、输排水系统运行状况进行图像采集、实施监控，在关键区域设置一套防爆红外网络摄像机，进行数据实时采集。在地下水库实体与监测数据可视化的基础上，利用可交互的操作仪表盘和控制面板，实现对所有可控设备的远程启停操作，配合视频监控等系统，可实现无人化生产。

单一的井下封存并不是万全之策，如果单方面持续向井下注入高浓度的盐水，长久之后会影响周边地下水的成分，因此井下封存技术需要与其他工艺技术组合，形成一个良好的循环态势，即减少高浓盐水处理的成本，又减少井下高浓盐水的封存压力。如图 7-5 所示，根据用水需求合理配置高矿化度矿井水的处理方式和处理量，有效降低矿井水的处理成本，提高矿井水的综合利用率。

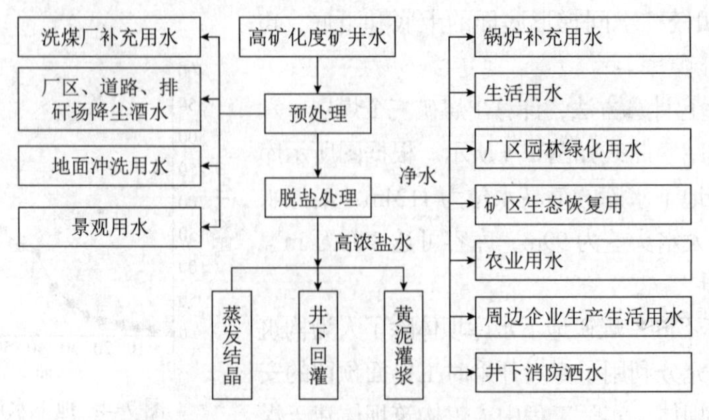

图 7-5　高矿化度矿井水分质综合利用途径

7.3　高浓盐水深井灌注处理

7.3.1　深井灌注的分类

美国环境保护局（EPA）的 UIC 管控法案把深井灌注技术分成了 6 个等级，即 6 类井，但实际只有前 5 类被用于废液及废弃物的处置，第 6 类井则是用于 CO_2 补集贮存的封存井：

Ⅰ类井，是将有害或无害流体注入地下含水层以下岩层的深井。该岩层上面必须有隔水层，将流体与地下饮用水源隔离。

Ⅱ类井，是注入高盐废水和油气开采过程中所带来其他废液。此类高盐废水的产量较大，且含盐量高。

Ⅲ类井，实为生产井，注入包含过热蒸汽、水或其他与采矿相关的流体，这些被注入的流体随后被泵力抽取到地表，而在溶浸过程中的矿物质被萃取出来。超过 50% 的盐和 80% 的铀的萃取都是利用这种方式。

Ⅳ类井，为注入区域高于地下水含水层的浅层井，这类井是美国 UIC 所禁止的，因为可能危害公众健康。

Ⅴ类井，为浅层的并借助重力排水或者将废水经处理后注入地表池子，例如沉淀池和化粪池，部分可以将处理达标后的水注入含水层。

Ⅵ类井，用于 CO_2 补集贮存的封存井或试验井。深井灌注的分类见表 7-2 及如图 7-6 所示。

表 7-2　深井灌注的分类

类别	定　义	应用领域	应用情况	包含类型
Class Ⅰ	Ⅰ类井通常是将有害或无害的废弃物（废水）灌注进入地层深部且封闭的岩层内 Ⅰ类井通常钻入地下饮用水源区域的数千厘米以下	工业和市政废弃物（废水）处置井	据统计全美有 800 座Ⅰ类井正在运行。海湾地区和湖区的地质更加适合此类井，因此多数井位于此	危险废物（水）处置井 无害工业废弃物（水）处置井市政废水处置井 放射性废弃物（水）处置井
Class Ⅱ	Ⅱ类井一般只用于石油和天然气开采行业，通常注入的是才开采石油或天然气过程中产生的高盐卤水（高盐废水）	石油天然气工业相关深井	据统计，在美国每天有超过 20 亿 gal（757 万 m^3）的废液被注入地下。大多数油气灌注井在得克萨斯、加利福尼亚、俄克拉荷马和堪萨斯。基于石油和天然气的生产和需求的变化，Ⅱ类井数量每年不同。在美国大约 180000 座Ⅱ类井正在运营	高盐水处置井 提高油、气回收率的生产井 二氧化碳灌注井
Class Ⅲ	Ⅲ类井是通过注入特殊液体从而溶解以及萃取矿物质的生产用井，这类井不在 UIC 计划的管理范围内	水溶开采井	全美大概 165 个矿山使用这类井进行生产，Ⅲ井全国总数为 18500 个	铀矿生产井 盐矿生产井 铜矿生产井 硫矿生产井

续表

类别	定　义	应用领域	应用情况	包含类型
Class Ⅳ	Ⅳ号井是浅层井，该类井通常在地下水含水层之上	低害或放射性废物（水）浅层灌注井（原）	1984年，EPA命令禁止使用该类井。目前在全美只有不超过32口这类井，并且必须获得EPA或者国家的授权才得以运营，通常用于地表污水的处置	EPA不允许擅自使用Ⅳ类井
Class Ⅴ	Ⅴ类井是将无害的液体注入地下饮用水源地之上的区域或者直接注入饮用水源区 Ⅴ类井可以包括其他类型井以外的任何深井，包括浅层沟渠到复杂的试验用深井	灌入无害液体进入地下饮用水源地或者饮用水源之上的区域	Ⅴ类井如何建设以及受纳何种液体取决于它的商业目的。1999年EPA牵头一个研究项目，对23种类型的Ⅴ类深井进行了评估，并且据初步统计，此类深井在全美有65万座以上	加油（气）站服务的化粪池系统用于公寓大楼公共厕所污水处置的化粪池系统 城市雨水收集系统 商业场所公共厕所废物及废水处理用的化粪池系统

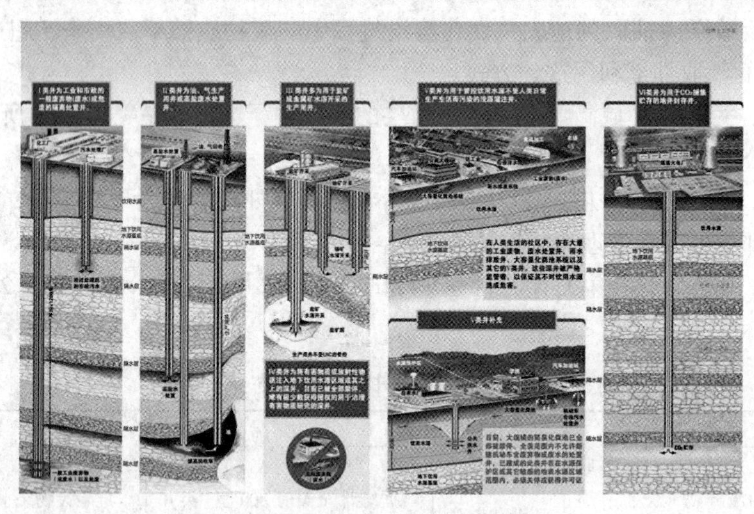

图 7-6　深井灌注的分类图例

7.3.2　国内外深井灌注技术应用及管理现状

在美国及欧洲的一些国家，深井灌注已成为有害废液重要的处置方式之一。据美国EPA的研究，有选择地对化学工业废液进行深井灌注，几乎比其他所有处理方式都要安全，其风险分析设想的所有情况中，泄漏概率在百万分之一到四百万分之一。至2001年，美国19个州已有Ⅰ类灌注井529口，其中有害废物灌注井163口，每年有超过3400万m^3有害废液被灌注到地下。据统计，在美国每天有超过20亿gal（757万m^3）的废液通过Ⅱ类井被注入地下，这类灌注井大多在得克萨斯、加利福尼亚、俄克拉荷马和堪萨斯，在全美大约有180000座Ⅱ类井正在运营。

7.3.2.1　国外应用历史与现状

1. 美国深井灌注技术

美国的深井灌注技术起源于20世纪30年代，最早应用于石油开采领域。杜邦公司1949年建设了第一座用于处理工业废弃物及废水的深井，从而开启了深井灌注技术用于处理工业废水和废弃物。到现在，深井灌注技术已有 80 年的应用历史，根据 BRS 报告，深井灌注方法仍然是当今美国使用最多的废物处置方法，数量超过其他处理方法，例如水和有机处置、焚烧、填埋等。

深井灌注技术在美国的发展史也是其相关法律法规的完善历史，1960 年起美国各州采用一定的管理制度逐渐对该项技术进行具体的管理，德州第一个通过立法管理深井灌注技术，但由于各州环境条件不同，所以标准很难统一起来。据统计，全美 1970 年深井灌注项目总计有 250 个，美国联邦政府在 1972 年修订了 Clean Water Act（CWA）法案，明确提出深井灌注的授权许可制度（Brasier，F. M.，and Kobelski，B. J.，1996.）。1974 年 EPA 出台了 Safe Drinking Water Act（SDWA）法案，这意味着联邦政府开始统一对深井灌注技术进行监管。直到 1980 年 Underground Injection Control（UIC）出台后，联邦政府明确了对全美境内深井灌注技术的具体管理办法。UIC 颁布至今约 40 年，期间深井灌注技术飞速发展，迄今为止全美有大概 40 万个深井在运行。在技术不断完善的同时，UIC 法案也在不断地完善（图 7-7）。

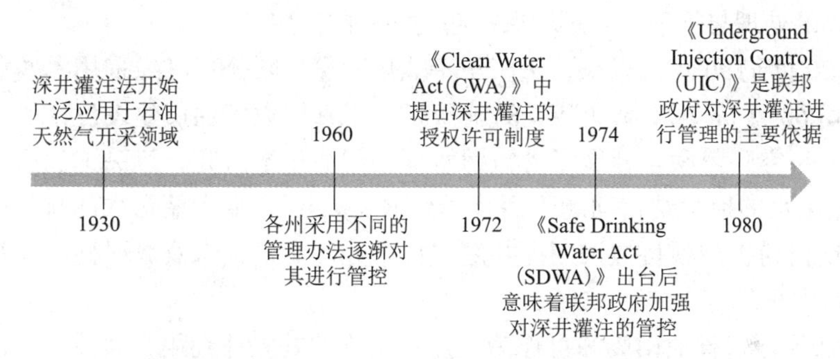

图 7-7　美国对深井灌注进行管控的历程

据统计美国每年有大概 2200 万 t 的废弃物是通过深井灌注方法处置的，占总有害废弃物处理量的 49. 7%。与过去相比，废弃物处置的总量有所减少，但是深井灌注所处置的有害废弃物比重在增加。

用于处理工业高盐废水的深井为Ⅱ类井。它们能够处理任何和油气开采相关的废水。油气工业用灌注井来处理含有高盐、化学物质、重金属和其他放射性物质的废水。废水也可以在私人处理设施进行处理。以宾夕法尼亚州为例，多家灌注井是商业化运营的，其中大多数公司每月可能需要处理约 3 万桶（200L 标准桶）。

2. 加拿大深井灌注技术的应用

加拿大也是允许深井灌注技术应用的，并且与美国一样，有专门的法律对此类技术进行专门的管理。加拿大国土土地法授权颁布的《石油与天然气钻探与生产条例》（Canada Oil Gas Drilling and Production Regulations）中对深井灌注技术进行了详细的要求，要求技术应用企业需根据具体项目，对灌注地层信息、注入物质成分、防渗保护措施、监控措施等信息进行详细的备案，并需一系列法律手续，方可申请许可证。加拿大政府也希望利用深井灌注技术解决工业废水及钻井废弃物的原位处置的难题。

3. 欧洲深井灌注技术的发展

欧盟明令禁止将污染物排放到地层中，但唯独对于深井灌注技术是可以允许按照法定程序申请许可的，因为深井灌注技术在其他国家（主要指北美）应用较为广泛，技术成熟，且有可参照的管理条例。

英国《1990 年环境保护法案》中的综合污染预防和控制（IPPC）部分中，明确指出深井灌注技术的应用需要一个专门的许可证，可以处置的钻井废物包括：钻屑、废钻井泥浆、钻液、返排液、废气和其他留在地下的废物等。

俄罗斯开展深井灌注技术的应用及研究也相对较早（Foley M，1998）。早期大多利用深井灌注技术处置核废料,达到降低放射性废物对地表水环境污染的目的。1966 年以来，随着俄罗斯联邦“原子反应堆”项目及国家科学中心在采矿领域的发展，深井灌注得到快速发展。1967 年，在位于俄罗斯特维尔州北部的加里宁核电站灌注场址，进行了非放射性废物深部地质封存试验。

7.3.2.2 中国应用及研究情况

王灿等认为中国现阶段在深井灌注技术的应用几乎是空白的，这不仅造成了大量资源（废弃深井）浪费，同时也使环境压力加大。如果能有效地利用这一实用技术，将大大有利污染物的处理与管理，对环境保护起到积极的作用。

中国自 20 世纪 90 年代以来，重庆索特盐化股份有限公司已经采用深井灌注技术成功处理了公司 60 万 t/a 真空制盐装置的制盐废水废渣；大庆油田建设设计研究院同大庆油田勘探开发研究院曾联合开展了含氰污水深井回注技术研究，解决了油田聚合物工程 74 万 t/a 含氰废水的地面纳污问题，而且最终解决 226 万 t/a 含氰污水的排放问题。2009 年杜邦东营钛白粉扩产项目拟采用深井灌注技术处理有机废水及放射性污染物，备受争议，最后项目中止。

鲁意扬认为辽宁省油田废井可作为工业污染物的处置井利用，地质条件符合深井灌注技术要求，但是相关法律法规有待于完善。

吴唯民、杜松等认为深井灌注技术可用于煤化工高盐废水的处置。

由于中国环境保护管理部门对地下饮用水资源的保护尤为重视，因此对深井灌注技术的引入较为谨慎，且深井灌注技术涉及地质学、环境生态学、地球化学、流体力学、材料学、自动化科学等多门学科，少有学者对此项技术展开研究。以上是中国未广泛研究及应用深井灌注的原因。

7.3.3 可行性分析与应用前景

如上所述，在建立规范的基础上，深井灌注技术在美国以及其他发达国家已经被广泛应用于污水、固废以及危险废弃物和放射性废弃物的处置。由于我国对该技术的研究和应用都非常少，而且与之相伴的管理办法尚不健全，对该技术的风险控制尚不能有效控制，因此笔者认为在我国目前不适用于对所有废水及固体废物都进行深井灌注技术处置，需要对不同的废水与固体废物分别进行可行性评估。

7.3.3.1 高盐

中国能源资源的特点是富煤缺油少气，煤炭资源总量居世界第一，占国内一次能源资源总量 94%。目前，国家十分重视新能源开发、低碳经济的发展，煤炭占总能源消费量的比重将逐步降低，为确保我国能源供求，预计 20~30 年内煤炭生产总量还要增加。

煤炭是赋存在地下沉积岩内的矿产资源，含煤层、含水层、隔水层共生在一起，为确保煤矿井下生产安全，在煤炭开采过程中，必然要排放大量的矿井涌水。随着科技进步及对环保的重视，我国政府出具了一系列的标准要求，矿井水处理的关注重点从以前的“去除有机物污染物”转变为“对废水中无机盐也要考虑脱除”（图 6-1），排放要求经历了达标排放、蒸发塘终端处置、浓盐水结晶蒸发 3 个重要阶段，即最后将废水中的盐分也通过分离、提纯从而达到工业盐要求。

7.3.3.2　高浓盐水水质特征分析

高浓盐水是指用双膜法处理矿井水后所产生的浓缩液。矿井水经过沉淀及精细过滤的预处理后再经纳滤反渗透的膜分离，最后再经软化、有机物深度去除等工艺处理，经过高压膜再浓缩后的浓缩液。以某矿井水处理工程的高浓盐水水质特性为例（表 7-3），可见高浓盐水有别于其他工业废水的水质，总有机污染物及氨氮等并不是很高，由于经过预处理，浊度、石油类、悬浮物等物理指标皆为 0mg/L；同时由于软化及混凝沉淀的处理，总 Fe、Al^{3+}、Cu^{2+}、Sr^{2+}、As^{3+} 高分子量离子浓度也为 0mg/L；但由于高倍浓缩的原因，低分子量的阴阳离子 Na^{+}、K^{+}、Cl^{-}、SO_4^{2-} 的浓度却是非常高。

表 7-3　高浓盐水水质参数

名称	水质指标 /（mg/L）	名称	水质指标 /（mg/L）
Na^{+}	77406. 21	F^{-}	151. 32
K^{+}	3436. 70	S^{2-}	0. 00
Ca^{2+}	26. 95	∑阴	133098. 23
Mg^{2+}	15. 78	pH 值	8. 84
总 Fe	0. 00	浊度（NTU）	0. 00
Mn^{2+}	0. 00	游离 CO_2	0. 24
Al^{3+}	0. 00	氨氮（以 N 计）	160. 18
NH_4^{+}	70. 45	石油类	0. 00
Cu^{2+}	0. 00	动植物油	0. 00
Ba^{2+}	0. 00	溶解性固体	216723. 58
Sr^{2+}	0. 00	悬浮物	0. 00
As^{3+}	0. 00	电导率（25℃，μs/cm）	238395. 93
∑阳	80956. 10	总硬度（以 $CaCO_3$ 计）	133
Cl^{-}	88587. 01	碳酸盐硬度（以 $CaCO_3$ 计）	133
SO_4^{2-}	43036. 58	甲基橙碱度（M）（以 $CaCO_3$ 计）	199
HCO_3^{-}	101. 52	TOC	68. 80
CO_3^{2-}	19. 31	COD_{Cr}	2113. 79
OH^{-}	0. 00	BOD_5	1860
NO_3^{-}	656. 89	全硅（以 SiO_2 计）	555. 45
NO_2^{-}	15. 10	活性硅（以 SiO_2 计）	375
PO_4^{3-}	34. 79	总磷（以 P 计）	0. 00

矿井水是煤炭工业地区的重要水源来源，矿井水本身的有机污染物及氨氮都非常低，虽然悬浮物及浊度比较高，但其对环境生态的危害性是比较低的。高浓盐水由于经过一定的处理，只有高盐为其最主要的污染特性，因此相比其他工业废水或废弃物，用深井灌注技术处理高浓盐水的环境风险相对较低。

对于煤矿高浓盐水的深井灌注技术应用主要对标美国深井灌注技术Ⅱ类井的相关技术要求，区别于国内传统意义的矿井涌水回灌，深井灌注技术是需要对地层结构进行详细识别及准备判断的基础上，将高浓盐水封存在远离煤层开采区及含水层的安全屏障区域，以确保被封存物的绝对隔离，因此对煤矿生产的安全影响风险较低。

7.3.3.3　地质条件优越性分析

我国作为地质大国，按照深井灌注的选址要求寻找适合的深部灌注地质结构是完全可行的，松嫩、松辽、华北、江汉盆地等地区都是较好的封存地质。新生代盆地多属陆相沉积、古生代盆地多属海相沉积，由于历经多重构造运动，多数海相沉积地层已经不是好的储集层。但在海相沉积盆地中，“华北地台”和扬子准地台以及西北某些地区的古生代和中新元古代地层是可供选择的存储层。江汉、苏北盆地也可以在其构造相对简单的部位选择灌注层。

我国积累了大量的地质环境信息与实践经验，并且近年来地质数字信息系统科学发展迅速，为深井灌注技术的研究与发展提供基础。从1950年代以来，随着石油开采行业的发展，我国的钻井技术不断突破，先进的钻井技术、丰富的钻井经验以及充足的钻井人才为深井灌注技术的实施及推广提供有力保障，在我国实行高盐废水地质封存处置技术推广完全可行。

7.3.3.4　深井灌注技术的特点

深井灌注属于终端处置技术，用于处理高浓盐水具有以下特点。

1. 优势

（1）通过深井灌注处理高浓盐水真正实现了将浓缩污染物与人类生态圈的隔绝，可以认为是一种广义的零排放技术。

（2）深井灌注技术被证实具有较高安全性，1989年EPA固废及应急中心（OSWER）对该技术进行了风险评估，研究证明用深井灌注技术处置危废是安全有效的，并且比填埋、罐装贮存以及焚烧等方法更为安全可靠。

（3）深井灌注技术与蒸发结晶零排放技术相比具有绝对的成本优势。

（4）我国的勘探技术、科学钻井技术的发展为推广深井灌注技术提供了一定的技术保障。

2. 不足

（1）灌注位置以及灌注总量需完全依据地质条件而确定，并且最大贮存量无法准确预计。

（2）深井灌注存在一定的引发地震的风险，1967年8月9日在丹佛科罗拉多附近的Mw4.8级地震是科学界广泛接受的由污水注入引发的最大事件。研究证明，地震可以通过增加作用在断层上的孔隙压力或作用于断层上的剪切力和正应力而引起，灌注速率以及总的灌注量可能是地震的重要影响因子。

（3）潜在一定的地下水源污染的风险，因此需要在运营维护过程中配置监控监测设施及建立完善的运行管理体系以及应急控制方法。

7.4　聚瓷超滤膜预处理技术

7.4.1　聚瓷超滤膜简介

7.4.1.1　材质

聚瓷超滤膜突破了传统有机高分子膜和无机陶瓷膜的界限，同时超越了传统的聚合物和陶瓷材料。它拥有陶瓷膜的化学稳定性，有机膜的过滤精度，以及可以与有机膜媲美的投资和运行成本。源自诺贝尔奖得主洛杉矶大学（UCLA）和加利福尼亚纳米系统研究所（CNSI）开发的膜材料。聚瓷聚合物材料是 100% 的有机物，但它们表现出独特的电子行为，从类似金属的导电性转变为金属氧化物状的半导电性，再到类似塑料的绝缘性。这些材料既不是传统的聚合物，也不是传统的金属或金属氧化物陶瓷。聚瓷超滤膜具有独特的亲水性、渗透性和耐用性。亲水性的提高意味着抗污染能力的提高和清洁的容易，最终，可以获得更多的水和花费更少的成本。聚瓷超滤膜的开发旨在扩大聚合物膜过滤的范围，以应对最具挑战性的应用，即使在极端的 pH 值、温度、污染和化学条件下也能提供稳定的性能。这意味着低能耗和高持续通量运行，延长膜寿命，最大限度地延长系统正常运行时间，并尽量减少残余废物的管理。

聚瓷超滤膜截留孔径为 0. 02μm（20nm，切割分子量 100kDa），是一种带有波纹状导流网的可反洗的卷式超滤膜（类似于卷式 RO 膜）（图 7-8），膜材质是一种基于诺贝尔奖技术的有机金属材料，兼具亲水耐油、耐高温、耐化学性，以及高通量、反洗恢复性好等特点。聚瓷超滤膜采用专利工艺将聚瓷膜和商品聚合物混合制成，这使得膜不仅具有商品聚合物的坚固性，并且具有超高的耐污性和可清洁性。

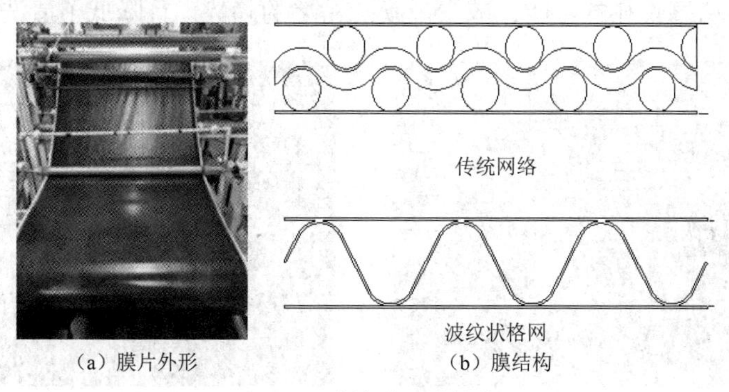

（a）膜片外形　　（b）膜结构

图 7-8　膜外形和膜结构

7. 4. 1. 2　性能

1. 亲水性

气泡捕获法测定常见的亲水性聚偏二氟乙烯膜（PVDF）和聚瓷超滤膜的接触角，接触角可以表征测量疏水性材料从膜表面置换水并牢固黏附在膜上的程度。若 θ<90°，则膜表面是亲水性的，即液体较易润湿固体，角度越小，表示润湿性越好，这种材料就越有利于水、抗污染和易于清洁。如图 7-9 所示，与亲水性 PVDF 相比（59. 5°），聚瓷耐污染超滤膜（31. 6°）有更好的亲水性。

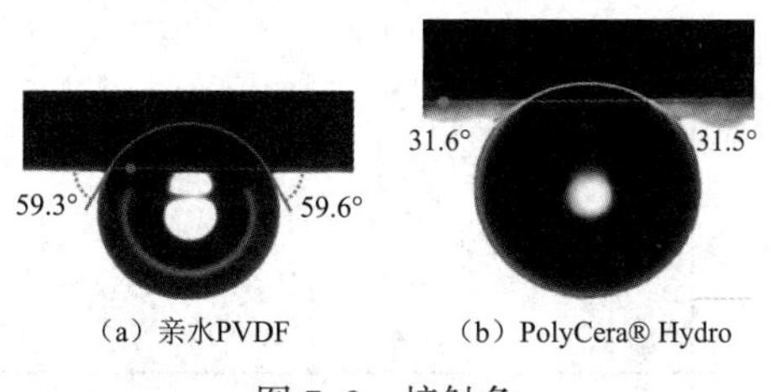

（a）亲水PVDF　　（b）PolyCera® Hydro

图 7-9　接触角

2. 坚固和可反冲洗

如图 7-10 所示，聚瓷超滤膜进水 pH 值远远大于传统高分子膜，pH 值范围广意味着可以通过更容易的清洗和延长膜寿命来降低运营成本。聚瓷超滤膜独特的电子特性与金属和陶瓷材料非常相似，这两种材料的热稳定性和化学稳定性非常显著。

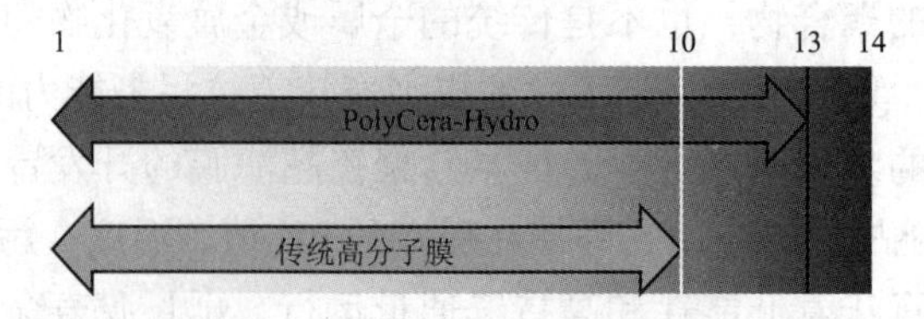

图 7-10　进水 pH 值

聚瓷超滤膜采用专利工艺将聚瓷膜和商品聚合物混合制成，这使得膜具有商品聚合物的坚固性，但具有无与伦比的耐污性和易于清洁。

如图 7-11 所示，通过对膜孔径分布进行分析，可以看出聚瓷超滤膜绝大部分孔径分布在一个极窄的范围内。这样集中分布的均匀膜孔，相比于孔径分布宽泛的膜材料而言，可获得更佳的污染物截留效果，因而产水水质更有保障。除此之外，均匀的膜孔径也避免了颗粒物直接堵塞膜孔的可能，减少了膜孔污堵的趋势，且降低了清洗难度。

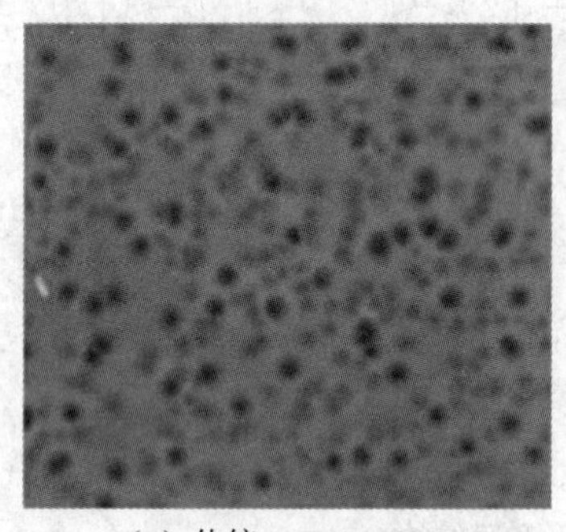

（a）传统 PVDF 100kDa

（b）PolyCera®-Hydro 100kDa

图 7-11　表面电镜照片

3. 性能

将聚瓷超滤膜、传统 PVDF 和传统 PES 进行比较，如表 7-4 膜性能比较所示。因为聚瓷超滤膜独特的结构，它的纯水渗透性能远远高于其他两种有机膜，聚瓷超滤膜的进水 pH 值范围也比其他两种膜大一点，这都导致聚瓷超滤膜性能较好。

表 7-4　膜性能比较

	聚瓷超滤膜	传统 PVDF	传统 PES
纯水渗透性能 /（lmh/bar）	180（450）	6（150）	6（150）
分子量 /100kDa	100	100	100
最大压力 /bar	8. 3	8. 3	8. 3
最大运行温度 /℃	50	50	50
pH 值范围	1~12	2~11	2~10
进水最大含油量 /（mg/L）	5	5	5

注：1bar=10^5Pa

7.4.1.3　聚瓷超滤膜特点

1. 特点

①高持续通量、防污、易清洗；②极端 pH 值、温度和氧化剂稳定性；③耐油性、COD/BOD、NOM 等溶剂；④表面性质抑制生物膜的形成、横流模块可最大限度地减少污垢物质的积聚。

2. 优势

①成本比商品陶瓷低 10 倍；②低能源需求、减少流程停机时间；③保持渗透性更长（低不可逆污垢）；④易于清洁、降低能耗、节省化学品、降低运营成本。

3. 应用

①工业废水处理、回收利用；②城市污水非饮用水回用的三级处理；③常规空气和高纯氧膜生物反应器；④饮用水过滤和用水点净化；⑤咸水和海水淡化的预过滤。

7.4.2　中试实验

7.4.2.1　中试实验背景

陕蒙地区某煤矿矿井水，工艺流程如图 7-12 所示，现有系统采用预沉调节→ PAC/PAM 混凝絮凝→迷宫斜板沉淀→无阀滤池的传统工艺处理之后，部分用于煤矿自用水，部分送往附近工厂作为回用水源。为了提高水资源综合利用的目的，减少损耗，目前用户计划进行深度处理回用，深度处理的前段工艺为药剂软化和精密除浊部分。基于上述原因，我们对矿井废水处理水进行除浊过滤的中试，验证其产水水质和产水水量以及超滤性能稳定性和可恢复性。

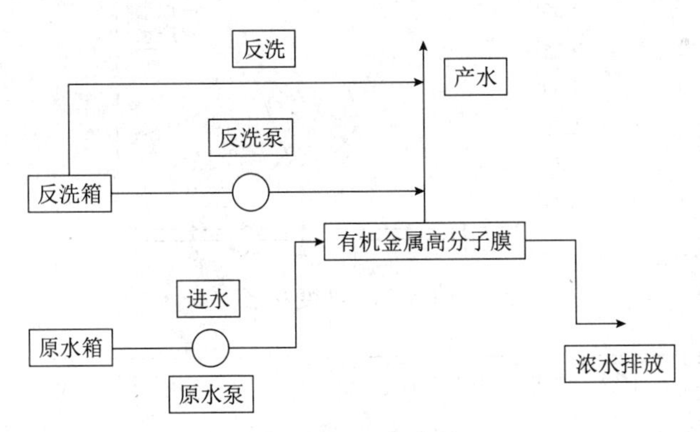

图 7-12　工艺流程

中试机组如图 7-13 所示，使用 1 支 8040 型带波纹格网卷式超滤膜，膜面积为 23. 6m^2，组件直径 203mm，长度 1016mm，进水端使用瓦楞形格网，格网尺寸为 40mil（1. 02mm）。膜组件安装于不锈钢制膜壳内。

进水取自无阀滤池后的清水池，通常 SS 不高，但存在水质波动，并且清水池低液位取水导致池底沉淀物被搅起时，超滤膜进水的悬浮物会突然急剧升高，有时会超过 100mg/L。除了悬浮物（SS）以外，水中存在大量胶体，相比悬浮物更容易引起超滤膜的堵塞。前端系统若存在聚丙烯酰胺（PAM）过量投加的现象，进水看似清澈，但存在大量“后絮凝”现象，导致原本装在超滤前面的保安滤袋不到 3h 就完全堵住；因而经过调整，向原水中适量添加一些 PAC，促进微絮凝效果。

图 7-13　中试机组

7.4.2.2　试验效果

原水和产水浊度情况，以及恒压模式下膜通量曲线中试期间的运行数据如图 7-14 和图 7-15 所示，尽管进水浊度有一定波动，但膜产水浊度基本在 0.1NTU 以下。聚瓷耐污染超滤膜通量在低压下可以维持在 80LMH 左右稳定运行。相比传统有机超滤膜和无机陶瓷膜，化学维护清洗（CEB）的频率大大降低。运行压力达到与无机陶瓷膜相当时，聚瓷膜通量可以达到 120LMH。

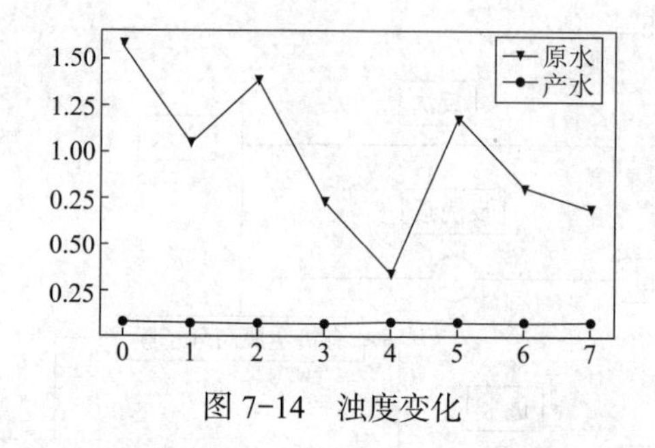

图 7-14　浊度变化

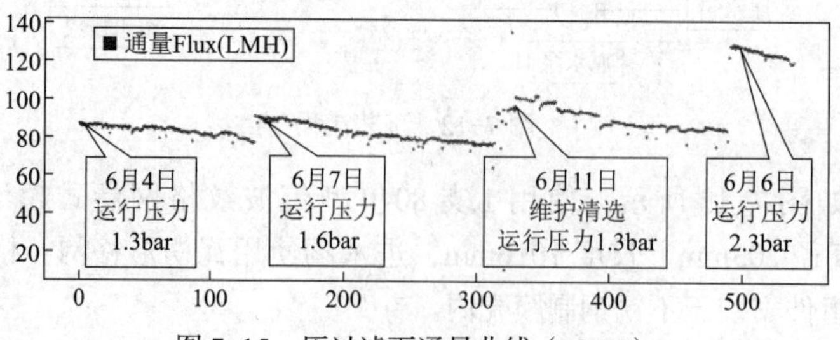

图 7-15　压过滤下通量曲线（LMH）

7.5　双极膜处理技术

双极膜是指把阴离子交换层和阳离子交换层贴合起来的离子交换膜，并在中间涂覆催化层。在膜的两侧施加 0. 83V 以上的电压，当达到水的理论分解电压后，膜内的水会分解为氢离子（H^+，酸）和氢氧根离子（OH^-，碱）。双极膜是废盐资源化的新选择，是实现零排的一种有效手段。

双极膜原理如图 7-16 所示。

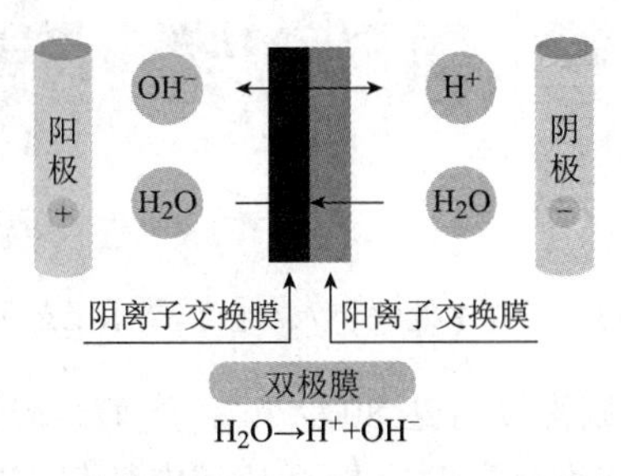

图 7-16　双极膜原理图示意

7. 5. 1　双极膜电渗析技术

双极膜电渗析技术是指通过向由双极膜与阴离子交换膜、阳离子交换膜组合而成的三室双极膜电渗析槽中供给无机盐（例如 Na_2SO_4），其中的阴离子（SO_4^{2-}）透过阴离子交换膜，与双极膜中的水分解出的氢离子（H^+）结合生成酸（H_2SO_4）；而阳离子（Na^+）则透过阳离子交换膜，与双极膜中的水分解的氢氧根离子（OH^-）结合生成碱（NaOH）的一种逆反应技术。

Na_2SO_4 类三室式双极膜电渗析示意如图 7-17 所示。

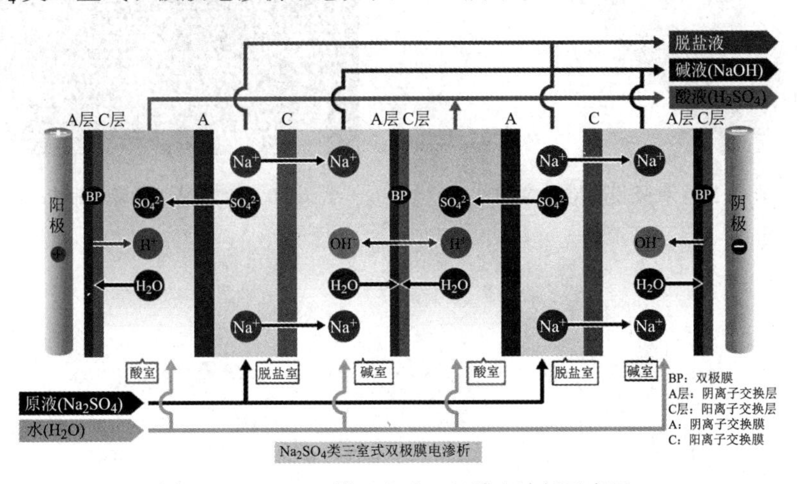

图 7-17　Na_2SO_4 类三室式双极膜电渗析示意图

7. 5. 2　双极膜在矿井水零排放处理中的应用

双极膜可将无机盐制成酸碱的技术使双极膜成为废盐资源化的新选择，实现盐的循环利用，真正实现零排放。矿井水处理亦可引入双极膜技术，即矿井水经过预处理后用均相膜电渗析进行浓缩（最高可浓缩至 200g/L 以上）。其浓水再进双极膜制备酸碱，酸碱浓度可达 2mol/L（以氢离子或氢氧根离子所带电荷的摩尔浓度计），所得酸碱回用至前序预处理工艺或出售。

矿井水处理引入双极膜技术工艺示意如图 7-18 所示。

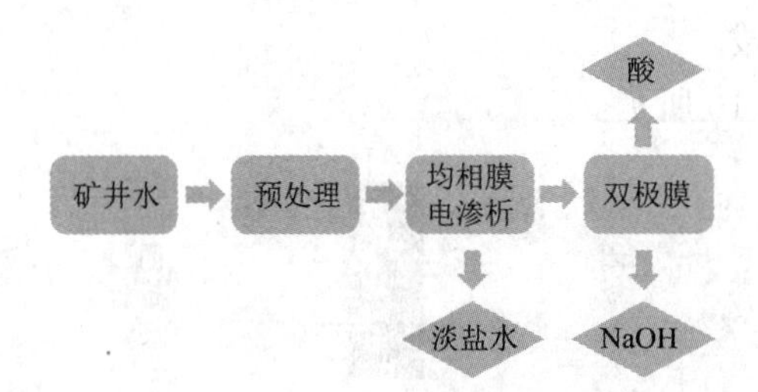

图 7-18　矿井水处理引入双极膜技术工艺示意图

国内双极膜系统设计电流密度可达 800A/m^2，产酸、碱浓度在 2mol/L（以氢离子或氢氧根离子所带电荷的摩尔浓度计）时，折百吨碱电耗仅 1700~2000kW·h（氯化钠折百吨碱电耗仅 1400~1700kW·h），可为客户增加碱收益 1000~1200 元 /t。此外，双极膜电渗析还可以用于硫酸锂制备硫酸和氢氧化锂，氯化钠制备盐酸和氢氧化钠，硝酸钠制备硝酸和氢氧化钠等。

双极膜膜堆图如图 7-19 所示；双极膜法硫酸钠制酸碱如图 7-20 所示。

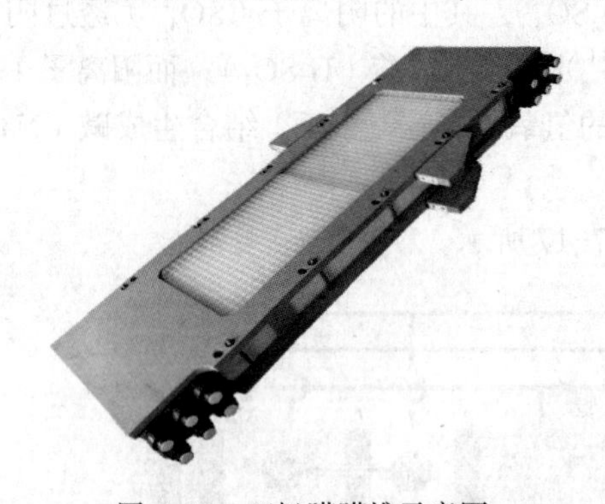

图 7-19　双极膜膜堆示意图

图 7-20　双极膜法硫酸钠制酸碱示意图

参 考 文 献

[1] 许世华 . 矿井水的来源及防治措施 [J]. 矿业安全与环保，2002，06（29）：84~86，88.

[2] 何绪文，贾建丽 . 矿井水处理及资源化的理论与实践 [M]. 煤炭工业出版社 . 2009.

[3] 刘勇，孙亚军，王猛 . 矿井水水质特征及排放污染 [J]. 洁净煤技术，2007，13（3）：83~86.

[4] 史伟 . 煤矿含悬浮物矿井水净化处理技术分析 [J]. 山西冶金，2018，41（02）：132~133+135.

[5] 王玉 . 高矿化度矿井水处理技术概述 [J]. 资源节约与环保，2019（05）：110.

[6] 郭建秋 . 中国高矿化度矿井水脱盐技术应用现状研究 [J]. 环境科学与管理，2014，39（7）：123~132.

[7] 陈俊清 . 煤矿井下废水处理与综合利用 [J]. 中国资源综合利用，2019，37（08）：64~66.

[8] GB/T 37764—2019 酸性矿井水处理与回用技术导则 .

[9] Akaike H. Fitting autoregressive models for prediction[J]. Annals of the institute of Statistical Mathematics, 1969, 21（1）: 243~247.

[10] 王燕 . 时间序列分析——基于 R[M]. 北京：中国人民大学出版社，2015.

[11] 张和喜，杨静 . 贵州区域干旱演变特征及预测模型研究 [M]：北京：中国水利水电出版社，2014.

[12] 邓聚龙 . 灰色系统综述 [J]. 世界科学，1983，4（7）：3~7.

[13] 邓聚龙，灰理论基础 [M]. 武汉：华中科技大学出版社，2002.

[14] 王鹏 . 基于支持向量机的矿井排水量预测 [J]. 科学技术与工程，2009，9（13）：3857~3859.

[15] 邵立南，何绪文，王春荣，等 . 基于人工神经网络的矿井水排水量预测 [J]. 煤炭工程，2007（10）：92~94.

[16] 邵立南 . 基于人工神经网络的矿井水排水量预测 [J]. 煤炭工程，2007，（10）：23~25.

[17] 彭小玉，周理程，毕军平，等 . 不同水质评价方法在浏阳河水质评价中的应用比较 [J]. 绿色科技，2020（02）：106~108.

[18] 夏苗文，陈宇 . 三种水质评价方法运用于江安河水质分析对比 [J]. 环境与发展，2020，32（04）：15~18.

[19] 唐青松，张日晨，刘治明，等 . 矿井水资源化技术综述 [J]. 中国科技信息，2008（21）：81+83.

[20] 崔子腾，马越，赵洪丽 . 煤矿矿井水处理现状与改进策略研究 [J]. 城市建设理论研究（电子版），2019（09）：70.

[21] 张超，王宏义，李红伟，等 . 含悬浮物矿井水处理技术现状及发展趋势 [J]. 煤炭加工与综合利用，2019（12）：72~75.

[22] 薛忠新，李文俊，韩伟 . 张家峁煤矿矿井水处理回用工艺研究 [J]. 煤炭工程，2018，50（12）：21~23.

[23] 靳学林，牛海军，王世海 . 高效旋流净化技术在矿井水处理中的应用 [J]. 山西煤炭，2008（03）：38~40.

[24] 张晓航，何绪文，王浩，等 . 磁絮凝工艺对含悬浮物矿井水处理效果的研究 [J]. 水处理技术，2018，44（04）：122~125+132.

[25] 何绪文，张晓航，李福勤，等 . 煤矿矿井水资源化综合利用体系与技术创新 [J]. 煤炭科学技术，2018，46（09）：4~11.

[26] Tolonen E T，Sarpola A，Hu T，et al. Acid mine drainage treatment using by-products from quicklime manufacturing as neutralization chemicals[J]. Chemosphere，2014，117：419~424.

[27] 孙亚军，陈歌，徐智敏，等 . 我国煤矿区水环境现状及矿井水处理利用研究进展 [J]. 煤炭学报，2020，45（01）：304~316.

[28] Anawar H M. Sustainable rehabilitation of mining waste and acid mine drainage using geochemistry，mine type，mineralogy，texture，ore extraction and climate knowledge[J]. Journal of Environmental Management，2015，158（01）：111~121.

[29] 李慧玲，桂和荣，段中稳 . 矿井水资源化技术的现状与发展趋势 [J]. 宿州学院学报，2015，30（02）：

104~108.

[30] 陈郭静 . 山西省煤炭开采对水资源影响及矿井水利用现状分析 [J]. 山西煤炭，2018，38（04）：76~78

[31] 曹庆一，任文颖，陈思瑶，等 . 煤矿矿井水处理技术与利用现状 [J]. 能源与环保，2020，42（03）：100~104.

[32] 倪深海，彭岳津，王亨力，等 . 我国矿井水资源利用管理对策研究 [J]. 煤炭加工与综合利用，2020（04）：75~79.

[33] 王奋力 . 矿井水综合利用技术应用研究 [J]. 能源与节能，2017（5）：134~135

[34] 蔡振禹，张禄璐 . 煤矿企业关闭后安全环境问题与相应策略 [J]. 邢台学院学报，2018，33（1）：96~98.

[35] 孙文洁，李祥，林刚，等，废弃矿井水资源化利用现状及展望 [J]. 煤炭经济研究，2019，39（5）：20~24.

[36] 武强 . 我国矿井水防控与资源化利用的研究进展、问题和展望 [J]. 煤炭学报，2014，39（5）：795~805.

[37] 贾玉州，李南骏 . 矿井水处理及其资源化利用 [J]. 技术与市场，2018，25（10）：125~126.

[38] 彭苏萍，张博，王佟，等 . 煤炭资源与水资源 [M]. 北京：科学出版社，2014.

[39] 王一淑 . 煤矿矿井水资源利用市场开发浅析 [J]. 科技创新导报，2017，14（26）：160~163.

[40] 贾玉州，李南骏 . 矿井水处理及其资源化利用 [J]. 技术与市场，2018，25（10）：125~126.

[41] 吴伟，胡友彪，张文涛 . 矿井水资源化利用问题与对策 [A]. 中国环境科学学会 . 2011 中国环境科学学会学术年会论文集（第一卷）[C]. 中国环境科学学会：中国环境科学学会，2011：3.

[42] 崔世兵 . 小流量颗粒分级旋流器的压降与分级性能 [D]. 北京：北京工业大学，2010.

[43] 高杰，周如禄，郑彭生，等 . 高浊度矿井水处理中混凝剂投加方式研究 [J]. 煤炭科学技术，2015，43（3）：142~145.

[44] 郭中权，王守龙，朱留生 . 煤矿矿井水处理利用实用技术 [J]. 煤炭科学技术，2008，36（7）：3~5.

[45] 李福勤，李建红，何绪文 . 煤矿矿井水井下处理就地复用工艺及关键技术 [J]. 河北工程大学学报：自然科学版，2010，27（2）：46~49.

[46] 肖利萍，王哲蒙，刘晓丹，等 . 高悬浮物矿井水处理系统工艺改进研究 [J]. 给水排水，2019，45（9）：70~76.

[47] 周如禄，张广文，郭中权，等 . 压力式汽水相互冲洗滤池的开发与应用 [J]. 煤炭科学技术，2013，41（2）：113~115，120.

[48] 周如禄，朱留生，崔东锋 . 矿井水净化处理自动加药装置：中国，200920307061. 7[J]. 2010-05-19.

[49] 张哲 . 磁絮凝技术深度处理焦化废水的试验研究 [D]. 太原理工大学，2012.

[50] 刘兴 . 磁絮凝反应器开发与应用研究 [D]. 江苏大学，2010.

[51] 林雅逢 . 磁加载混凝应急饮用水处理试验研究及设计 [D]. 浙江大学，2015.

[52] 张帅，李军，陈瑜 . 加载絮凝沉淀工艺在水处理中的应用 [J]. 给水排水，2009，45（S1）：274~278.

[53] 张晓航，何绪文，王浩，等 . 磁絮凝工艺对含悬浮物矿井水处理效果的研究 [J]. 水处理技术，2018，44（04）：122~125+132.

[54] 沈浙萍，梅荣武，韦彦斐 . 磁絮凝处理染整废水的中试研究 [J]. 环境工程，2014，32（S1）：367~368+344.

[55] 阳旭 . 高浊度原水磁加载混凝应急饮用水处理试验研究及工艺设计 [D]. 浙江大学，2017.

[56] 熊仁军 . 城市污水磁种絮凝——高梯度磁分离净化工艺及其理论机理研究 [D]. 武汉理工大学，2004.

[57] 刘红丽，崔东锋 . 重介质加载磁分离矿井水净化技术在亭南煤矿的应用 [J]. 能源环境保护，2014，28（05）：33~35+42.

[58] 朱丽榕 . 加载絮凝工艺预处理高浓度铜镍废水的试验研究 [D]. 湖南大学，2018.

[59] 郭建东，王智超 . 加载絮凝在水处理中的应用进展 [J]. 能源环境保护，2011，25（05）：40~43.

[60] 肖艳 . 煤矿高矿化度矿井水零排放处理技术现状及展望 [J]. 能源环境保护，2021，35（2）：7~13.

[61] 葛光荣，吴一平，张全．高矿化度矿井水纳滤膜适度脱盐技术研究 [J]. 煤炭科学技术，2021，49（3）：208~214.

[62] 顾大钊，李庭，李井峰，等．我国煤矿矿井水处理技术现状与展望 [J]. 煤炭科学技术，2021，49（1）：11~18.

[63] 郭中权．高矿化度矿井水处理技术及应用 [J]. 矿业安全与环保，2012，39（3）：72~374.

[64] Ben Ali H E，Neculita C M，Molson J W，et al. Performance of passive systems for mine drainage treatment at low temperature and high salinity：A review[J]. Minerals Engineering，Elsevier，2019，134：325~344.

[65] 苗立永，王文娟．高矿化度矿井水处理及分质资源化 综合利用途径的探讨 [J]. 煤炭工程，2017，49（3）：26~31.

[66] 李福勤，赵桂峰，朱云浩，等．高矿化度矿井水零排放工艺研究 [J]. 煤炭科学技术，2018，46（9）：81~86.

[67] Xiao C，He B，Wu C，et al. Development Strategy of Hollow Fiber Membrane Technology and Industry in China[J]. Chinese Journal of Engineering Science，2021，23（2）：153.

[68] 姜晓锋，张晓临，朱佳，等．平板陶瓷膜和中空纤维膜处理 重金属废水效能对比 [J]. 水处理技术，2017，43（3）：82~86，94.

[69] 关春雨，杭世珺，史骏，等．MBR 中平板膜和中空纤维膜的运行特性对比研究 [J]. 给水排水，2015，41（12）：35~40.

[70] Abdulgader H Al，Kochkodan V，Hilal N. Hybrid ion exchange–Pressure driven membrane processes in water treatment：A review[J]. Separation and Purification Technology，Elsevier B. V.，2013，116：253~264.

[71] Alghoul M A，Poovanaesvaran P，Sopian K，et al. Review of brackish water reverse osmosis （BWRO）system designs[J]. Renewable and Sustainable Energy Reviews，2009，13（9）：2661~2667.

[72] Lim Y J，Goh K，Kurihara M，et al. Seawater desalination by reverse osmosis：Current development and future challenges in membrane fabrication–A review[J]. Journal of Membrane Science，Elsevier B. V.，2021，629：119292.

[73] 彭向阳．煤化工废水零排放工程中膜集成技术的应用 [J]. 水处理技术，2020，46（1）：130~133，140.

[74] 朱泽民，刘晨．超滤 – 反渗透双膜法在甘肃某矿井水处理中的应用 [J]. 给水排水，2019，45（6）：77~81.

[75] Jones E，Qadir M，van Vliet M T H，et al. The state of desalination and brine production：A global outlook[J]. Science of The Total Environment，Elsevier B. V.，2019，657：1343~1356.

[76] 李玉林．煤化工废水零排放系统反渗透问题分析与优化 [J]. 膜科学与技术，2021，41（2）：104~109.

[77] 郑兴，吴林杰，曹昕，等．膜组件选取的指标体系与中试框架———以欧洲超滤应用为例 [J]. 给水排水，2021，37（6）：11~16.

[78] 李燕，徐荣，郭猛，等．PA/PEG 交联共聚反渗透膜的制备及耐污染性能 [J]. 化工进展，2021.

[79] 侯立安，张雅琴．海水淡化反渗透膜组件系统的研究现状 [J]. 水处理技术，2015，41（10）：21~25.

[80] 龙滔．DTRO 处理垃圾渗滤液工程应用关键技术的研究 [J]. 2019：1~165.

[81] Jing X，Yuan J，Cai D，et al. Concentrating and recycling of high–concentration printing and dyeing wastewater by a disc tube reverse osmosis–Fenton oxidation/low temperature crystallization process[J]. Separation and Purification Technology，Elsevier B. V.，2021，266：118583.

[82] 余超，刘飞峰，徐龙乾，等．新型电渗析工艺的技术发展与应用 [J]. 工业水处理，2021，41（1）：30~37.

[83] Mohammadi R，Tang W，Sillanpää M. A systematic review and statistical analysis of nutrient recovery from municipal wastewater by electrodialysis[J]. Desalination，Elsevier，2021，498：114626.

[84] Al–Amshawee S，Yunus M Y B M，Azoddein A A M，et al. Electrodialysis desalination for water and wastewater：

A review[J]. Chemical Engineering Journal，2020，380：122231.

[85] 张传亮，李国才，陈彦如，等. 从含氟废水中浓缩回收 2，6- 二氟苯甲酰胺 *[J]. 当代化工研究，2019：21~23.

[86] 陈玉姿，项军，程鹏高，等. 脱硫废水深度处理——电渗析浓缩规律研究 [J]. 膜科学与技术，2020，40（5）：85~94.

[87] 杜璞欣，宋卫锋，刘勇，等. 钽铌冶炼厂含氟废水资源化治理技术 [J]. 化工环保，2020，40（5）：487~493.

[88] Ahmed F E，Hashaikeh R，Hilal N. Hybrid technologies：The future of energy efficient desalination – A review[J]. Desalination，Elsevier，2020，495：114659.

[89] 周明飞，连坤宙，王璟，等. 电渗析技术处理脱硫废水的效果分析 [J]. 给水排水，2020，36（21）：80~86.

[90] Hansima M A C K，Makehelwala M，Jinadasa K B S N，et al. Fouling of ion exchange membranes used in the electrodialysis reversal advanced water treatment：A review[J]. Chemosphere，Elsevier Ltd，2021，263：127951.

[91] Elsaid K，Sayed E T，Abdelkareem M A，et al. Environmental impact of emerging desalination technologies：A preliminary evaluation[J]. Journal of Environmental Chemical Engineering，Elsevier，2020，8（5）：104099.

[92] Sadrzadeh M，Mohammadi T. Sea water desalination using electrodialysis[J]. Desalination，2008，221（1–3）：440~447.

[93] Fubao Y. Study on electrodialysis reversal （EDR）process[J]. Desalination，1985，56（C）：315~324.